MySQL性能优化和
高可用架构实践

宋立桓 著

清华大学出版社
北京

内 容 简 介

互联网公司里面几乎很少有公司不用 MySQL，国内互联网巨头都在大规模使用 MySQL。如果把 MySQL 比喻成数据库界的一条巨龙，则性能优化和高可用架构设计实践就是点睛之笔。本书将详细讲解 MySQL 5.7 高可用和性能优化技术，细致梳理思路，并与真实生产案例相结合，通过原理阐述到实战部署，帮助读者将所学知识点运用到实际工作中。

本书分为 13 章，详解 MySQL 5.7 数据库体系结构，InnoDB 存储引擎，MySQL 事务和锁，性能优化，服务器全面优化、性能监控，以及 MySQL 主从复制、PXC、MHA、MGR、Keepalived+双主复制等高可用集群架构的设计与实践过程，并介绍海量数据分库分表和 Mycat 中间件的实战操作。

本书既适合有一定基础的 MySQL 数据库学习者、MySQL 数据库开发人员和 MySQL 数据库管理人员阅读，同时也能作为高等院校和培训学校相关专业师生的参考用书。

图书在版编目（CIP）数据

MySQL 性能优化和高可用架构实践/宋立桓著. —北京：清华大学出版社，2020.6（2024.1重印）
ISBN 978-7-302-55417-2

Ⅰ. ①M… Ⅱ. ①宋… Ⅲ. ①SQL 语言—程序设计 Ⅳ. ①TP311.132.3

中国版本图书馆 CIP 数据核字（2020）第 073932 号

责任编辑：夏毓彦
封面设计：王　翔
责任校对：闫秀华
责任印制：沈　露

出版发行：清华大学出版社
　　　网　　址：https://www.tup.com.cn，https://www.wqxuetang.com
　　　地　　址：北京清华大学学研大厦 A 座　　　　邮　　编：100084
　　　社 总 机：010-83470000　　　　　　　　　邮　　购：010-62786544
　　　投稿与读者服务：010-62776969，c-service@tup.tsinghua.edu.cn
　　　质量反馈：010-62772015，zhiliang@tup.tsinghua.edu.cn

印 装 者：北京鑫海金澳胶印有限公司
经　　销：全国新华书店
开　　本：190mm×260mm　　　　印　张：14　　　字　数：358 千字
版　　次：2020 年 7 月第 1 版　　　　　　　　印　次：2024 年 1 月第 5 次印刷
定　　价：59.00 元

产品编号：083261-01

推荐序一

一花一世界、一叶一菩提

知晓立桓，是从《微软 Power BI 实践指南》这本书开始的，之后又得知他还写了《Cloudera Hadoop 大数据平台实战指南》，现在《MySQL 性能优化和高可用架构实践》又将要出版，数年之内，有三本书问世，码字不易，字字心血。立桓笔耕之勤，实感佩服。

《论语》说"不知言，无以知人也"。言语是人的心声，通过阅读本书的文字，流连于其文，徜徉于其文字构建起的世界中，进一步地认识了作者宋立桓。

《MySQL 性能优化和高可用架构实践》从 MySQL 的架构入手，建立一个整体印象，然后着手于 InnoDB，把重点技术从体系结构到事务处理一路展开，逐步引领读者打开 MySQL 的大门；之后从性能的角度，连续 3 章覆盖了数据库性能的 SQL 优化、Server 优化和监控等重点；在笔墨转换间，全书又从架构角度着手于主备技术和 MySQL 体系中的分布式集群技术，并涉及分布式系统的分库分表等技术，为初学者打开了 MySQL 知识体系的大门。

《MySQL 性能优化和高可用架构实践》没有琢磨于很多原理细节，而是从理论和实践角度出发，基于用的思路，于重点景观逐一导引浏览，展开每个涉及的主题，有益于快速掌握 MySQL 系统的整体技术，并展示 MySQL 世界的真实与美丽。相信本书能够帮助入门者把 MySQL 用起来、熟悉起来。

《梵网经》卷上谓：卢舍那佛坐千叶大莲花中，化出千尊释迦佛，各居千叶世界中，其中每一叶世界的释迦佛，又化出百亿释迦佛，坐菩提树。立桓的文字，构筑了立桓的花叶世界，愿立桓文字明心见性，好文丛生。愿读者循着文字感受作者的思路，体会文字背后的行文逻辑，有助于掌握本书讲述的内容。

李海翔（网名：那海蓝蓝）

数据库内核开发者，腾讯公司数据库 T4 专家

《数据库查询优化器的艺术：原理解析与 SQL 性能优化》作者

《数据库事务处理的艺术：事务管理和并发访问控制》作者

推荐序二

作为最流行的开源数据库软件之一，MySQL 数据库软件已经广为人知了。当前很火的 Facebook、腾讯、淘宝等大型网站都在使用 MySQL 的数据库。

互联网行业的多数业务场景有非常明显的特点：用户量大、引发数据容量大、并发高、业务复杂度适中。MySQL 数据库产品初期的定位就是 Web 应用的数据服务，故几乎所有互联网企业都使用 MySQL 数据库产品，有很多企业几乎全部使用 MySQL 提供的数据服务。

选择开源产品是国家和企业的主流选择，而开源 MySQL 数据库在国内外应用最广泛，从业的技术人员也最多，它成为"去 IOE"分布式技术架构中最关键的关系型数据库产品。数据库系统作为 IT 业务系统的核心，其高可用性和容灾能力对整个业务系统的连续性和数据完整性起着至关重要的作用，是企业正常运营的基石。

本书的作者宋立桓是我深为熟悉的架构师专家，很高兴看到宋老师将他的宝贵经验和心得通过《MySQL 性能优化和高可用架构实践》分享给大家。这本书中关于 MySQL 数据库高可用和性能优化的实战经验的介绍对于广大技术工程师来说绝对是提高数据库技术的首选。感谢宋老师邀请作序，在此祝愿读者开卷有益，也期待宋老师有更多的佳作分享。

包玉杰
腾讯云产业生态华南区总监

推荐序三

在最近的二十年，我们目睹了云计算、大数据、物联网、区块链、5G、人工智能、数字化转型等多重浪潮的冲击。一些技术随着热潮的褪去而降低了热度，另一些技术在多次冲刷与洗礼中屹立不倒，拥有半个世纪历史的数据库技术便是其中的代表。

随着云计算的蓬勃发展，人们刚刚意识到传统的 IaaS、PaaS、SaaS 不足以精确划分云计算的架构层级，崭新的 DaaS（Data-as-a-Service）已经裹挟着百花齐放的数据技术汹涌而来，在大数据落地的历史时期大放异彩。人们终于发现，在核心业务的安全、稳定、强一致性与事务方面，没有任何技术能够替代传统的关系型数据库。从业者们在仰望星空、探索全新数据库架构的同时，更要脚踏实、回归本心，跟上传统数据库的技术发展，用以支撑数据时代更海量、更高效、更可靠的业务需求。

作为应用最广泛的开源数据库，MySQL 的衍生技术百花齐放，拓展架构异彩纷呈。尤其是在性能优化与高可用架构两方面，很多从业多年的 DBA 限于生产环境的固定体系，往往盲人摸象，难窥全局。而性能优化和高可用又是一对存在根本矛盾的特性。可以说，掌握了这两项技术的平衡，就掌握了 MySQL 的绝大部分内容，也就把握了数据库核心技术的最主流脉络。

这本《MySQL 性能优化和高可用架构实践》从企业实战的角度纵观整个 MySQL 生态体系，将两大关键技术有机融合，并对比了多种方案，为读者展现了多种在两个本质上矛盾的特性之间取得平衡的精妙方法，对理论架构与企业实战都有丰富的指导意义。阅读本书，你可以站在对数据领域有多年深耕经验的作者肩膀上，汲取作者的实践经验与心血总结，从作者的角度理解和认识数据技术，一步赶上云与智能时代的数据技术发展前沿。

嘉为科技是国内一流的信息化综合服务与解决方案供应商，我与宋立桓老师相识也有十五年了，宋立桓老师对 IT 行业发展趋势的把握度和对技术钻研的深度令我敬佩。感谢宋老师邀请作序，祝愿读者在阅读本书后，对数据库技术有全新的认识。

邹方波

广州嘉为科技有限公司 CEO

推荐序四

　　很高兴看到宋立桓老师的新作《MySQL 性能优化和高可用架构实践》。本书作者宋立桓曾服务于微软公司，目前就职于腾讯云，十几年的架构设计和优化经验使得他在云计算、大数据及数据可视化等方面有极深的认识及独特的见解。

　　目前，被越来越多的企业及开发者所青睐的 MySQL，市场份额越来越大。与其他数据库相比，MySQL 易学易用并在我们的日常开发中成为"熟客"。MySQL 数据库作为最流行的开源数据库产品，拥有许多成熟的高可用架构方案，其方案的可用性覆盖率为90%~99.999%，能够适用于对可用性级别的多种不同的需求。本书介绍了如何设计一个高可用可扩展的企业级 MySQL 数据库集群，另外剖析了高性能高可用 MySQL 调优方法，探索低成本数据库系统构建之道。

　　全书内容丰富，深入浅出地对基础理论知识进行了介绍，同时也注重实用性，操作性很强，适用于广大软件开发和数据库管理人员学习提高以及日常工作的有效参考。

　　感谢立桓将自己的所学所悟整理成书，与读者共享，真诚希望广大读者通过本书能快速精通 MySQL！

李乐庆

腾讯云华南区资深售前架构师

推荐序五

　　和本书的作者宋立桓的初次见面是在近十年前微软的一次公司年会上，但在此之前我们已经有过多次电话的沟通，当时他作为微软 SQL Server 的 MVP，把多年的经验无私分享给那时在项目里因为数据库性能问题而焦头烂额的我们，帮助我们解决了很多数据库调优的问题。以前在我的脑海里，立桓是个非常专注的技术宅男，但那次年会见面后才发现他是一个非常健谈、知识面非常宽广、性格外向的人，和我认知当中的技术宅男形象差距颇大。从那以后我们经常探讨技术问题，他对新技术的痴迷和钻研精神以及对技术发展方向判断之精准，都是我所遇到的技术人员中少见的。我曾经和他开玩笑说应该把他的经验分享出来，开个网上直播成为网红。后来，立桓告诉我，他要把他的心得体会出书分享出来。他所著的两本书《人人都是数据分析师：微软 Power BI 实践指南》和《Cloudera Hadoop 大数据平台实战指南》我都仔细拜读过，通俗易懂，条理清晰，深入浅出地娓娓道来，看后收益良多。

　　宋立桓作为一直深耕在数据库领域的国内资深专家，从微软转战到腾讯，从早年精通 Oracle、SQL Server，到近年在 MySQL 等开源数据库中摸爬滚打，一直在探索数据的价值和最佳实践，对数据系统的建设研究得非常深入和透彻。《MySQL 性能优化和高可用架构实践》是他的又一力作，从概念到原型，从理论到实战，从部署到操作，凝聚着他深厚的技术功底和丰富的实践经验，是近年来在该领域不可多得的理论和实战宝典。

　　希望你们和我一起加入到本书的学习旅程中。感谢立桓的作序邀请，也希望他有更多的真知灼见早日凝结成册。

易朝晖

腾云悦智科技（长沙）总经理

前　言

数字化转型开始从 IT 时代进入 DT 时代。面对大量的数据和业务，更多的公司意识到了数据价值的重要性，如何管理和利用好数据变得越来越重要。MySQL 是开源数据库方向的典型代表，以 MySQL 为主的开源技术生态正变得越来越流行。它的发展历程见证了互联网的成长。

相对于成熟的商业数据库，MySQL 缺乏高质量的技术文档，我在接触 MySQL 的过程中，也感觉市面上的相关图书还存在一些不足，基础运维工作（安装部署、备份恢复等）的内容比较多，而高可用架构设计和性能优化方面的图书比较少，技术人员也需要技能提高升级。

说到写书的缘由，我从国企大胆走出来，去了知名外企工作，从外企出来后也做过独立顾问和自由讲师。人到中年的时候，独自一人求职进互联网大厂做架构师，一路走来，才发现克服中年危机的秘诀就是十六个字 "不忘初心，永不止步，锐意进取，砥砺前行"。虽然写书的过程着实是一件很辛苦的事情，但还是坚持了下来。写书就是一种记忆打卡，不但能提升自我，而且能够帮助到别人。

关于本书

目前生产环境中主流的版本是 MySQL 5.7，本书知识结构主要包括 MySQL 5.7 性能优化和高可用架构设计实践两方面。全书共 13 章，内容覆盖 MySQL 5.7 数据库体系结构、InnoDB存储引擎、MySQL 事务和锁、性能优化、服务器全面优化、性能监控、主从复制，以及 PXC集群、MHA 自动故障转移群集、MGR 组复制、Keepalived+双主复制等高可用集群架构的设计与实践，还有针对海量数据进行分库分表和 Mycat 中间件介绍和实战操作。全书秉承 "实践为主、理论够用" 的原则，将实战操作融入各个知识点的讲解之中。

资源下载

本书使用的源码、工具软件等资源，可以扫描右边二维码通过出版社网盘下载，资源中有技术支持信息。如果下载有问题，请联系 booksaga@163.com，邮件主题为 "MySQL 性能优化和高可用架构实践"。

致谢

完成本书也离不开家庭的大力支持，感谢妻子给予支持和理解，为此她承担了更多家庭事务；感谢父母默默地支持我的想法，虽然看不懂我写的内容，但总是会询问写书的进度；还有我可爱的女儿，看着她活泼可爱的模样，我理解了陪伴是最深情的告白。

感谢清华大学出版社的编辑夏毓彦和其他工作人员对本书的大力支持，帮助我出版了这本有意义的著作。

同时感谢领导及同事们在这段时间里对我工作的支持与帮助，在这里我学到了很多。

宋立桓

腾讯云架构师

2020 年 3 月

目　录

第1章
◄ MySQL架构介绍 ►

MySQL 作为目前互联网工作的主流数据库，有着不容撼动的地位。DB-Engines 这个排名在业界引用得非常多，权威性也很高，排名前三依然是 Oracle、MySQL、Microsoft SQL Server。MySQL 是 20 世纪 90 年代出来的数据库，整个架构上吸取了其他数据库的一些优良特性，也去除了不好的地方，整个架构比较稳定、比较简洁。MySQL 的架构可以在多种不同的场景中应用，Facebook、Twitter、Google、腾讯、阿里等都在大量使用 MySQL 存储海量数据。

1.1 MySQL 简介

MySQL 的海豚标志的名字叫 "sakila"，是 MySQL AB 的创始人根据 "海豚命名" 竞赛中用户建议的大量名字表中选出的。对于 MySQL 的历史，相信很多人早已耳熟能详，这里不再赘述。

下面仅列举其发展过程中重要的里程碑事件：

2000 年的时候，MySQL 公布了自己的源代码，并采用 GPL（GNU General Public License）许可协议，正式进入开源世界。

2005 年 10 月，发布了一个里程碑版本，即 MySQL 5.0。在 5.0 中加入了游标、存储过程、触发器、视图和事务的支持。这也为 MySQL 5.0 之后的版本奠定了迈向高性能数据库的发展基础。

2008 年 1 月，MySQL AB 公司被 Sun 公司以 10 亿美金收购，MySQL 数据库进入 Sun 时代。在 Sun 时代，Sun 公司对其进行了大量的推广、优化、Bug 修复等工作。

2009 年 4 月，Oracle 公司以 74 亿美元收购 Sun 公司，自此 MySQL 数据库进入 Oracle 时代。

2010 年 12 月，MySQL 5.5 发布，InnoDB 存储引擎变为 MySQL 的默认存储引擎，并且大大加强了 MySQL 各个方面在企业级的特性。

2011 年 4 月，MySQL 5.6 发布，作为被 Oracle 收购后第一个正式发布并做了大量变更的版本（实际上 MySQL 5.6 才是 Oracle 开发的第一个版本），对复制模式、优化器等做了大量的变更，其中最重要的主从 GTID 复制模式，大大降低了 MySQL 高可用操作的复杂性。除此之外，由于对源代码进行了大量的调整，到 2013 年 5.6 版本才成为正式发布的版本（General

Availability，GA）。

2015 年最重磅的当属 MySQL 5.7 GA 的发布，号称 160 万只读 QPS，大有赶超 NoSQL 趋势。Oracle 这个版本中对 MySQL 进行了一次强悍的加工，是到目前为止最新的稳定版本分支。

2016 年 12 月，在 MySQL 5.7.17 GA 版发布，正式推出 Group Replication（组复制）插件，通过这个插件增强了 MySQL 原有的高可用方案（原有的 Replication 方案），提供了重要的特性——多写，保证组内高可用，确保数据最终一致性。

2019 年 7 月 22 日，MySQL 官网正式发布 8.0.17 GA，在整体可用性上继续加强，特别是在组复制方面持续改进。

MySQL 5.x 版本的时间跨度之长，仅次于 Linux kernel 2.x 的发布，中间经历了两次收购，并没有影响它的发展势头。这个有着 20 多年历史的数据库产品重焕新生，变得越来越强大、越来越现代，依然稳坐最流行的开源数据库宝座。

1.2 MySQL 主流的分支版本

目前业界的 MySQL 主流分支版本有 Oracle 官方版本的 MySQL、Percona Server、MariaDB。接下来看一下各个分支的特点。

1. 官方版本的 MySQL

目前生产环境中主流的版本是 MySQL 5.7，无论是在 InnoDB 存储引擎性能和功能上的提升还是安全性上的加固、复制功能、sys schema 库的增强等都改进得相当出色。Oracle 是 8i、9i、10g、11g、12c 这样的一个版本迭代速度；而 MySQL 从 5.0、5.1、5.5、5.6 直到目前最成熟的 5.7 都基于 5 这个大版本，升级其小版本。

针对不同的用户，MySQL 分为两个版本：

- MySQL Community Server（社区版）：该版本完全免费，但是官方不提供技术支持。
- MySQL Enterprise Server（企业版）：该版本需要付费使用，多了企业级管理工具（备份、监视、审计等），官方提供电话技术支持。

让我们来看一下 MySQL 5.5、5.6、5.7 的性能对比图，这样可以更加直观地观察到这些年的发展变化。

在 OLTP 只读模式下，MySQL 5.7 比 MySQL 5.6 快近 3 倍的速度，MySQL 5.6 比 MySQL 5.5 快近 1.5 倍的速度，而且 5.7 有将近 100 万的 QPS（每秒的查询量），如图 1-1 所示。

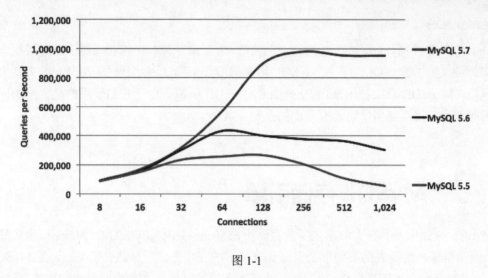

图 1-1

在 OLTP 读写模式下，MySQL 5.7 比 MySQL 5.6 快近 2.5 倍的速度，比 MySQL 5.5 快近 3 倍的速度，而且 5.7 有近 60 万的 QPS，如图 1-2 所示。

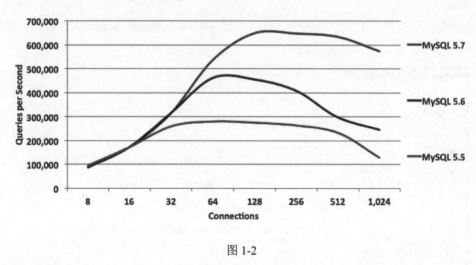

图 1-2

2. Percona Server

Percona Server 是 MySQL 重要的分支之一，由领先的 MySQL 咨询公司 Percona 发布。它基于 InnoDB 存储引擎的基础上提升了性能和易管理性，最后形成了增强版的 XtraDB 引擎，可以用来更好地发挥服务器硬件上的性能。所以，Percona Server 也可以称为增强的 MySQL 与开源的插件（plugin）的结合。Percona 团队的最终声明是"Percona Server 是由 Oracle 发布的最接近官方 MySQL Enterprise 发行版的版本"。Percona 不仅提供了高性能 XtraDB 引擎，还提供了在生产环境中的 DBA 必备武器，诸如 xtrabackup、percona-toolkit 等。更重要的是还提供 Percona XtraDB-Cluster 这种支持多点写入的强同步高可用集群架构，真正实现数据一致性。Percona Server 自己管理代码，不接受外部开发人员的贡献，以这种方式确保他们对产品中所包含功能的控制。

3. MariaDB

MariaDB 是由 MySQL 创始人 Monty 创建的,主要由开源社区维护,采用 GPL 授权许可。甲骨文公司收购了 MySQL 后有将 MySQL 闭源的潜在风险,因此社区采用分支的方式来避开这个风险。MariaDB 直接利用来自 Percona 的 XtraDB 引擎,由于它们使用的是完全相同的引擎,因此每次使用存储引擎时没有显著的差别。

1.3 MySQL 存储引擎

MySQL 数据库及其分支版本主要的存储引擎有 InnoDB、MyISAM、Memory 等。简单地理解,存储引擎就是指表的类型以及表在计算机上的存储方式。存储引擎的概念是 MySQL 的特色,使用的是一个可插拔存储引擎架构,能够在运行的时候动态加载或者卸载这些存储引擎。不同的存储引擎决定了 MySQL 数据库中的表可以用不同的方式来存储。我们可以根据数据的特点来选择不同的存储引擎。

在 MySQL 中的存储引擎有很多种,可以通过 SHOW ENGINES 语句来查看,如图 1-3 所示。

```
mysql> SHOW ENGINES;
+--------------------+---------+---------------------------------------------------
----------------+--------------+------+------------+
| Engine             | Support | Comment
                     | Transactions | XA   | Savepoints |
+--------------------+---------+---------------------------------------------------
----------------+--------------+------+------------+
| InnoDB             | DEFAULT | Supports transactions, row-level locking, and f
oreign keys   | YES          | YES  | YES        |
| CSV                | YES     | CSV storage engine
                     | NO           | NO   | NO         |
| MyISAM             | YES     | MyISAM storage engine
                     | NO           | NO   | NO         |
| BLACKHOLE          | YES     | /dev/null storage engine (anything you write to
 it disappears) | NO         | NO   | NO         |
| PERFORMANCE_SCHEMA | YES     | Performance Schema
                     | NO           | NO   | NO         |
| MRG_MYISAM         | YES     | Collection of identical MyISAM tables
                     | NO           | NO   | NO         |
| ARCHIVE            | YES     | Archive storage engine
                     | NO           | NO   | NO         |
| MEMORY             | YES     | Hash based, stored in memory, useful for tempor
ary tables    | NO           | NO   | NO         |
| FEDERATED          | NO      | Federated MySQL storage engine
                     | NULL         | NULL | NULL       |
+--------------------+---------+---------------------------------------------------
----------------+--------------+------+------------+
9 rows in set (0.01 sec)
```

图 1-3

在 Support 列中,YES 表示当前版本支持这个存储引擎;DEFAULT 表示该引擎是默认的引擎,即 InnoDB。

下面重点关注 InnoDB、MyISAM、MEMORY 这 3 种。

（1）InnoDB 存储引擎

① InnoDB 是事务型数据库的首选引擎,支持事务 ACID,简单地说就是支持事务完整性、一致性。

② InnoDB 支持行级锁。行级锁可以在最大程度上支持并发，以及类似 Oracle 的一致性读、多用户并发。

③ InnoDB 是为处理巨大数据量的最大性能设计，InnoDB 存储引擎完全与 MySQL 服务器整合，InnoDB 存储引擎为在主内存中缓存数据和索引而维持它自己的缓冲池。

④ InnoDB 支持外键完整性约束,存储表中的数据时,每张表的存储都按照主键顺序存放,如果没有显式在表定义时指定主键，InnoDB 会为每一行生成一个 6 字节的 ROWID，并以此作为主键。

⑤ InnoDB 支持崩溃数据自修复。InnoDB 存储引擎中就是依靠 redo log 来保证的。当数据库异常崩溃后，数据库重新启动时会根据 redo log 进行数据恢复，保证数据库恢复到崩溃前的状态。

（2）MyISAM 存储引擎

① MyISAM 存储引擎不支持事务，所以对事务有要求的业务场景不能使用。

② 其锁定机制是表级索引，虽然可以让锁定的实现成本很小，但是也同时大大降低了其并发性能。

③ 不仅会在写入的时候阻塞读取，MyISAM 还会在读取的时候阻塞写入，但读本身并不会阻塞另外的读。

④ 只会缓存索引：MyISAM 可以通过 key_buffer 缓存，以大大提高访问性能减少磁盘 I/O，但是这个缓冲区只会缓存索引，而不会缓存数据。

⑤ 适用于不需要事务支持（不支持）、并发相对较低（锁定机制问题）、数据修改相对较少（阻塞问题）、以读为主这类场景。

（3）MEMORY 存储引擎

MEMORY 存储引擎是 MySQL 中的一类特殊存储引擎，使用存储在内存中的内容来创建表，而且所有数据也放在内存中。

① 每个基于 MEMORY 存储引擎的表实际对应一个磁盘文件。该文件的文件名与表名相同，类型为 frm 类型。该文件中只存储表的结构，数据文件则存储在内存中。

② MEMORY 默认使用哈希索引，速度比使用 B 型树索引快。如果想用 B 型树索引，可以在创建索引时指定。

③ MEMORY 存储引擎是把数据存到内存中，如果内存出现异常就会影响数据。如果重启或者关机，那么所有数据都会消失。

在实际工作中，选择一个合适的存储引擎是比较复杂的问题。每种存储引擎都有自己的优缺点，不能笼统地说谁比谁好。如果需要对事务的完整性要求比较高（比如银行），要求实现并发控制（比如售票），那么选择 InnoDB 有很大的优势。如果表主要是用于插入记录和读出记录，那么选择 MyISAM 能实现处理高效率。如果需要很快的读写速度，对数据的安全性要求较低，可以选择 MEMORY，它对表的大小有要求，不能建立太大的表。

1.4 MySQL 逻辑架构

MySQL 数据库的逻辑架构简单的图示如图 1-4 所示。

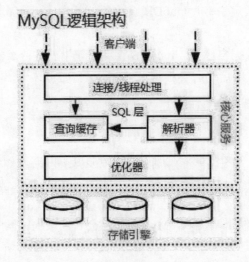

图 1-4

MySQL 逻辑架构整体分为 3 层：

● 第一层是客户端层，所包含的并不是 MySQL 独有的技术，它们都是服务于 C/S 程序或者是这些程序所需要的，诸如连接处理、身份验证、安全性等功能均在这一层处理。

● 第二层是 SQL 层（SQL Layer），因为这是 MySQL 的核心部分，通常也叫作核心服务层。在 MySQL 数据库系统处理底层数据之前的所有工作都是在这一层完成的，包括权限判断、SQL 解析、执行计划优化、Query cache 的处理以及所有内置的函数（如日前时间、加密等函数）、存储过程、视图、触发器等。

● 第三层是存储引擎层（Storage Engine Layer），是底层数据存取操作实现的部分，由多种存储引擎共同组成。它们负责存储和获取所有存储在 MySQL 中的数据，类似 Linux 的众多文件系统。每个存储引擎都有自己的优势和劣势，通过存储引擎 API 来与它们交互，这些 API 接口隐藏了各个存储引擎不同的地方。对于查询层尽可能透明。

虽然看起来 MySQL 架构好像比较简单，但是实际上每一层中都含有各自的很多小模块，尤其是第二层 SQL Layer，结构蛮复杂的，如图 1-5 所示。

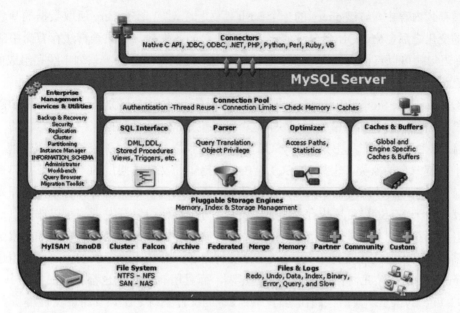

图 1-5

我们简单地做如下剖析：

（1）Connectors：指的是不同语言中与 SQL 的交互。

（2）Management Services & Utilities：管理服务和工具组件，从备份和恢复的安全性、复制、集群、管理、配置、迁移和元数据等方面管理数据库。

（3）Connection Pool：连接池，是为解决资源的频繁分配、释放所造成的问题而为数据库连接建立的一个"缓冲池"。原理是预先在缓冲池中放入一定数量的连接，当需要建立数据库连接时，只需从"缓冲池"中取出一个，使用完毕之后再放回去。它的作用是进行身份验证、线程重用、连接限制、管理用户的连接、线程处理等需要缓存的需求。

（4）SQL Interface（SQL 接口）：接受用户的 SQL 命令，并且返回用户需要查询的结果。比如 select from 就是调用 SQL Interface。

（5）Parser：解析器，验证和解析 SQL 命令。SQL 命令传递到解析器的时候会被解析器验证和解析，并生成一棵对应的解析树。在这个过程中，解析器主要通过语法规则来验证和解析。比如 SQL 中是否使用了错误的关键字或者关键字的顺序是否正确等。

（6）Optimizer：查询优化器。SQL 语句在查询执行之前，会使用查询优化器对查询进行优化，得出一个最优的策略。多数情况下，一条查询可以有很多种执行方式，最后都返回相应的结果。优化器的作用就是找到其中最好的执行计划。

用一个例子就可以理解，比如"select uid,name from user where gender=1"。这个 select 查询先根据 where 语句进行选取，而不是先将表全部查询出来以后再进行 gender 过滤；这个 select 查询先根据 uid 和 name 进行属性投影，而不是将属性全部取出来以后再进行过滤；将这两个查询条件联接起来生成最终查询结果。

（7）Cache 和 Buffer：主要功能是将客户端提交给 MySQL 的 select 类 query 请求的返回

结果集缓存到内存中，与该 query 的一个 hash 值做一个对应。该 query 所取数据的基表发生任何数据的变化之后，MySQL 会自动使该 query 的 Cache 失效。如果查询缓存有命中的查询结果，查询语句就可以直接去查询缓存中取数据。这个缓存机制是由一系列小缓存组成的，比如表缓存、记录缓存、key 缓存、权限缓存等。

（8）Pluggable Storage Engines：可插拔存储引擎。MySQL 区别于其他数据库的最重要的特点就是其插件式的存储引擎接口模块，这个可以说是 MySQL 数据库中最有特色的一个特点了。目前，各种数据库产品中只有 MySQL 可以实现底层数据存储引擎的插件式管理。这个模块实际上只是一个抽象类，根据 MySQL AB 公司提供的文件访问层的一个抽象接口来定制一种文件访问机制，这种访问机制就称为存储引擎。正是因为它成功地将各种数据处理高度抽象化才成就了今天 MySQL 可插拔存储引擎的特色。每个存储引擎开发者都可以按照自己的意愿来进行开发，存储引擎是基于表的。MyISAM 存储引擎的查询速度快，有较好的索引优化和数据压缩技术，但是它不支持事务。InnoDB 支持事务，并且提供行级的锁定，应用也相当广泛。Memory 使用存储在内存中的数据来创建表，而且所有的数据也都存储在内存中。

（9）File System：数据存储在运行于裸设备的文件系统之上，支持的文件类型有 EXT3、EXT4、NTFS、NFS。

（10）File&Logs：数据文件以及 redo、undo 等各种日志文件。

1.5 MySQL 物理文件体系结构

MySQL 在 Linux 系统中的数据文件目录如图 1-6 所示，可以归结为如下几类。

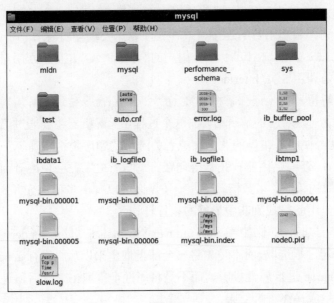

图 1-6

（1）binlog 二进制日志文件：不管使用的是哪一种存储引擎，都会产生 binlog。如果开启了 binlog 二进制日志，就会有若干个二进制日志文件，如 mysql-bin.000001、mysql-bin.000002、mysql-bin.00003 等。binlog 记录了 MySQL 对数据库执行更改的所有操作。查看当前 binlog 文件列表，如图 1-7 所示。

```
mysql> show master logs;
+-------------------+-----------+
| Log_name          | File_size |
+-------------------+-----------+
| mysql-bin.000001  |       177 |
| mysql-bin.000002  |      6889 |
| mysql-bin.000003  |       217 |
| mysql-bin.000004  |       217 |
| mysql-bin.000005  |       688 |
| mysql-bin.000006  |       724 |
+-------------------+-----------+
6 rows in set (0.00 sec)

mysql>
```

图 1-7

在 MySQL 5.1 之前，所有的 binlog 都是基于 SQL 语句级别的。应用这种格式的 binlog 进行数据恢复时，如果 SQL 语句带有 rand 或 uuid 等函数，可能导致恢复出来的数据与原始数据不一致。从 MySQL 5.1 版本开始，MySQL 引入了 binlog_format 参数。这个参数有可选值 statement 和 row：statement 就是之前的格式，基于 SQL 语句来记录；row 记录的则是行的更改情况，可以避免之前提到的数据不一致的问题。做 MySQL 主从复制，statement 格式的 binlog 可能会导致主备不一致，所以要使用 row 格式。我们还需要借助 mysqlbinlog 工具来解析和查看 binlog 中的内容。如果需要用 binlog 来恢复数据，标准做法是用 mysqlbinlog 工具把 binlog 中的内容解析出来，然后把解析结果整个发给 MySQL 执行。

（2）redo 重做日志文件：ib_logfile0、ib_logfile1 是 InnoDB 引擎特有的、用于记录 InnoDB 引擎下事务的日志，它记录每页更改的物理情况。首先要搞明白的是已经有 binlog 了为什么还需要 redo log，因为两者分工不同。binlog 主要用来做数据归档，但是并不具备崩溃恢复的能力，也就是说如果系统突然崩溃，重启后可能会有部分数据丢失。Innodb 将所有对页面的修改操作写入一个专门的文件，并在数据库启动时从此文件进行恢复操作，这个文件就是 redo log file。redo log 的存在可以完美解决这个问题。默认情况下，每个 InnoDB 引擎至少有一个重做日志组，每组下至少有两个重做日志文件，例如前面提到的 ib_logfile0 和 ib_logfile1。重做日志组中的每个日志文件大小一致且循环写入，也就是说先写 iblogfile0，写满了之后写 iblogfile1，一旦 iblogfile1 写满了，就继续写 iblogfile0。当 innodb log 设置过大的时候，可能会导致系统崩溃后恢复需要很长的时间；当 innodb log 设置过小的时候，在一个事务产生大量日志的情况下，需要多次切换重做日志文件。

（3）共享表空间和独立表空间：在 MySQL 5.6.6 之前的版本中，InnoDB 默认会将所有的数据库 InnoDB 引擎的表数据存储在一个共享表空间 ibdata1 中，这样管理起来很困难，增删数据库的时候，ibdata1 文件不会自动收缩，单个数据库的备份也将成为问题。为了优化上述问题，在 MySQL 5.6.6 之后的版本中，独立表空间 innodb_file_per_table 参数默认开启，每个数据库的每个表都有自己独立的表空间，每个表的数据和索引都会存在自己的表空间中。即便是 innnodb 表指定为独立表空间，用户自定义数据库中的某些元数据信息、回滚（undo）信息、插入缓冲（change buffer）、二次写缓冲（double write buffer）等还是存放在共享表空间，所以又称为系统表空间。

这个系统表空间由一个或多个数据文件组成，默认情况下其包含一个叫 ibdata1 的系统数据文件，位于 MySQL 数据目录（datadir）下。系统表空间数据文件的位置、大小和数目由参数 innodb_data_home_dir 和 innodb_data_file_path 启动选项控制。

当开启独立表空间参数 innodb_file_per_table 选项时，该表创建于自己的数据文件中，而非创建于系统表空间中。这样的好处在于在 drop 或者 truncate 时空间可以被收回至操作系统用作其他用途，而且进行单表空间在不同实例间移动，而不必处理整个数据库表空间。

如图 1-8 所示，参数 innodb_file_per_table 独立表空间选项开启，同时通过 "show variables like 'innodb_data%';" 命令可以查询共享表空间（系统表空间）的文件信息。

```
mysql> show variables like 'innodb_file_per_table%';
+-----------------------+-------+
| Variable_name         | Value |
+-----------------------+-------+
| innodb_file_per_table | ON    |
+-----------------------+-------+
1 row in set (0.00 sec)

mysql> show variables like 'innodb_data%';
+-----------------------+------------------------+
| Variable_name         | Value                  |
+-----------------------+------------------------+
| innodb_data_file_path | ibdata1:128M:autoextend |
| innodb_data_home_dir  |                        |
+-----------------------+------------------------+
2 rows in set (0.00 sec)

mysql> _
```

图 1-8

（4）undo log：undo log 是回滚日志，如果事务回滚，则需要依赖 undo 日志进行回滚操作。MySQL 在进行事务操作的同时，会记录事务性操作修改数据之前的信息，就是 undo 日志，确保可以回滚到事务发生之前的状态。innodb 的 undo log 存放在 ibdata1 共享表空间中，当开启事务后，事务所使用的 undo log 会存放在 ibdata1 中，即使这个事务被关闭，undo log 也会一直占用空间。为了避免 ibdata1 共享表空间暴涨，建议将 undo log 单独存放。如图 1-9 所示，innodb_undo_directory 参数指定单独存放 undo 表空间的目录，该参数实例初始化之后不可直接改动（可以通过先停库，修改配置文件，然后移动 undo 表空间文件的方式去修改该参数）；innodb_undo_tablespaces 参数指定单独存放的 undo 表空间个数，推荐设置为大于等于 3；innodb_undo_logs 参数指定回滚段的个数，默认为 128 个。MySQL 5.7 引入了新的参数 innodb_undo_log_truncate，这个参数开启后可在线收缩拆分出来的 undo 表空间。

```
mysql> show variables like '%undo%';
+-------------------------+------------+
| Variable_name           | Value      |
+-------------------------+------------+
| innodb_max_undo_log_size | 1073741824 |
| innodb_undo_directory    | /data/undo |
| innodb_undo_log_truncate | OFF        |
| innodb_undo_logs         | 128        |
| innodb_undo_tablespaces  | 3          |
+-------------------------+------------+
5 rows in set (0.02 sec)

mysql>
```

图 1-9

（5）临时表空间：存储临时对象的空间，比如临时表对象等。如图 1-10 所示，参数 innodb_temp_data_file_path 可以看到临时表空间的信息，上限设置为 5GB。

```
mysql> show variables like '%innodb_temp_data_file_path%';
+----------------------------+-----------------------------+
| Variable_name              | Value                       |
+----------------------------+-----------------------------+
| innodb_temp_data_file_path | ibtmp1:100M:autoextend:max:5G |
+----------------------------+-----------------------------+
1 row in set (0.00 sec)

mysql>
```

图 1-10

MySQL 5.7 对于 InnoDB 存储引擎的临时表空间做了优化。在 MySQL 5.7 之前，InnoDB 引擎的临时表都保存在 ibdata 里面，而 ibdata 的贪婪式磁盘占用导致临时表的创建与删除对其他正常表产生非常大的性能影响。

在 MySQL 5.7 中，对于临时表做了下面两个重要方面的优化：MySQL 5.7 把临时表的数据从共享表空间里面剥离出来，形成自己单独的表空间，参数为 innodb_temp_data_file_path；MySQL 5.7 中把临时表的相关检索信息保存在系统信息表中：information_schema.innodb_temp_table_info。在 MySQL 5.7 之前的版本中，想要查看临时表的系统信息没有太好的办法。

虽然 InnoDB 临时表有自己的表空间，但是目前还不能自己定义临时表空间文件的保存路径，只能是继承 innodb_data_home_dir。此时如果想要拿其他的磁盘（比如内存盘）来充当临时表空间的保存地址，只能用老办法做软链。

需要注意的一点就是：有时执行 SQL 请求时会产生临时表，极端情况下可能导致临时表空间文件暴涨，所以为了避免以后再出现类似的情况，一定要限制临时表空间的最大上限，超过上限时，需要生成临时表的 SQL 无法被执行（一般这种 SQL 效率也比较低，可借此机会进行优化）。

（6）errorlog：错误日志记录了 MySQL Server 每次启动和关闭的详细信息，以及运行过程中所有较为严重的警告和错误信息。如图 1-11 所示，可以用参数 log-error[=file_name]选项来开启 MySQL 错误日志，该选项指定保存错误日志文件的位置。

```
mysql> show variables like 'log_error';
+---------------+---------------------+
| Variable_name | Value               |
+---------------+---------------------+
| log_error     | /data/mysql/error.log |
+---------------+---------------------+
1 row in set (0.00 sec)

mysql>
```

图 1-11

（7）slow.log：如果配置了 MySQL 的慢查询日志，MySQL 就会将运行过程中的慢查询日志记录到 slow_log 文件中。MySQL 的慢查询日志是 MySQL 提供的一种日志记录，用来记录在 MySQL 中响应时间超过阀值的语句，具体指运行时间超过 long_query_time 值的 SQL。如图 1-12 所示，参数 slow_query_log_file 指定慢查询日志文件的存放路径；参数 long_query_time 的默认值为 10，意思是运行 10s 以上的语句。默认情况下，MySQL 数据库并不启动慢查询日志，需要我们手动来设置这个参数。慢查询日志支持将日志记录写入文件，也支持将日志记录写入数据库表。

```
mysql> show variables like '%slow_query_log%';
+--------------------+---------------------+
| Variable_name      | Value               |
+--------------------+---------------------+
| slow_query_log     | ON                  |
| slow_query_log_file | /data/mysql/slow.log |
+--------------------+---------------------+
2 rows in set (0.00 sec)

mysql> show variables like 'long_query_time';
+-----------------+-----------+
| Variable_name   | Value     |
+-----------------+-----------+
| long_query_time | 10.000000 |
+-----------------+-----------+
1 row in set (0.00 sec)

mysql>
```

图 1-12

（8）general_log：如图 1-13 所示，参数 general_log=off 表明没有启用通用查询日志，如果配置了通用查询日志，将记录建立的 client 连接和运行的语句。参数 general_log_file 表明通用查询日志位置及名字，MySQL 将运行过程中的所有 SQL 都记录在此文件中。

```
mysql> show variables like '%general%';
+------------------+---------------------+
| Variable_name    | Value               |
+------------------+---------------------+
| general_log      | OFF                 |
| general_log_file | /data/mysql/node0.log |
+------------------+---------------------+
2 rows in set (0.00 sec)

mysql>
```

图 1-13

（9）数据库路径：可以看到系统数据库 mysql、sys、performance_schema 和用户自定义的数据库 test、mldn（展开具体的路径之后是具体的每个数据库自己的对象）。

① 系统数据库：系统数据库包括以下几种。

- information_schema 系统数据库，提供了数据库的元数据信息，是数据库的数据，比如数据库的名字和数据库中的表名、字段名、字段类型等，可以说是数据库的数据字典信息。这个库中的信息并非物理地保存在表中，而是动态地去读取其他文件得到的。例如，上面一开始提到的共享表空间，用户数据中的对象（比如表结构等）就都保存在共享表空间中，information_schema 库中的一些信息可以认为是直接映射到共享表空间中的信息的。
- performance_schema 系统数据库，是数据库性能相关的信息的数据，记录的是数据库服务器的性能参数，保存历史事件汇总信息，为 MySQL 服务器性能评估提供参考信息。
- sys 系统数据库，可以根据 sys 库中的数据快速了解系统的运行信息，方便地查询出数据库的信息，在性能瓶颈、自动化运维等方面都有很大的帮助。sys 库中的信息通过视图的方式将 information_schema 和 performance_schema 库中的数据结合起来，可以得到更加直观和容易理解的信息。
- mysql 系统数据库，存储系统的用户权限信息及帮助信息。新建的用户、用户的权限信息等都存储在 mysql 库。例如，在修改 MySQL 的 root 密码时，要先调用 mysql 这个系统库再执行用户、授权等操作。

② 用户数据库：用户数据库（如 mldn）实际上是一个目录，保存了数据库中的表以及数据信息。图 1-14 是一个典型的数据库目录下的文件信息。对于 InnoDB 引擎的表，InnoDB 为独立表空间模式，每个数据库的每个表都会生成一个数据空间（而不是在共享表空间 ibdata1 文件中）。例如，member 表分别对应两个文件：一个是 member.frm，存储的是表结构信息；另一个是 member.ibd，存储的是表中的数据。同理，customers 表也是两个文件。另外，还有一个 db.opt 文件，是用来记录该库的默认字符集编码和字符集排序规则的。

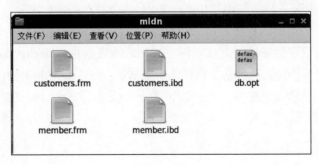

图 1-14

13

第 2 章
◀ InnoDB存储引擎体系结构 ▶

从 MySQL 5.5 版本开始,InnoDB 是默认的表存储引擎,特点是支持事务、支持数据行锁、支持多版本并发 MVCC、支持外键。InnoDB 存储引擎的体系结构如图 2-1 所示,包括内存池、后台线程和底层的数据文件。

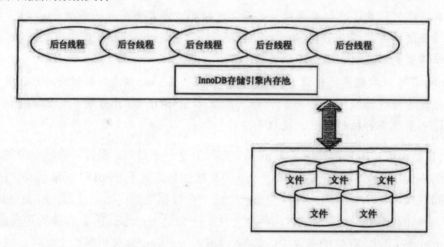

图 2-1

InnoDB 存储引擎有各种缓冲池(Buffer Pool),这些缓冲块组成了一个大的 InnoDB 存储引擎内存池,主要负责的工作是:维护所有进程/线程需要访问的多个内部数据结构;缓存磁盘上的数据,方便快速读取,同时在对磁盘文件修改之前进行缓存;重做日志缓存等。

后台线程的主要作用是:负责刷新内存池中的数据,保证缓冲池中的内存缓存的是最新数据;将已修改数据文件刷新到磁盘文件;保证数据库发生异常时 InnoDB 能恢复到正常运行的状态。

2.1 缓冲池

InnoDB 存储引擎是基于磁盘存储的。由于 CPU 速度和磁盘速度之间的鸿沟,InnoDB 引擎使用缓冲池技术来提高数据库的整体性能。

　　在数据库中进行读取页的操作时，将从磁盘读到的页存放在缓冲池中，下一次读取相同的页时首先判断该页是不是在缓冲池中，如果在，就称该页在缓冲池中被命中，直接读取该页。对于数据库中页的修改操作，首先修改在缓冲池页中，然后以一定的频率刷新到磁盘。这里需要注意的是，页从缓冲池刷新回磁盘的操作并不是在每次页发生更新时触发，而是通过一种称为 checkpoint 的机制刷新回磁盘，这也是为了提高数据库的整体性能。

　　InnoDB 存储引擎的缓存机制和 MyISAM 的最大区别就在于 InnoDB 缓冲池不仅仅缓存索引，还会缓存实际的数据。InnoDB 存储引擎可以使用更多的内存来缓存数据库相关的信息，这对于内存价格不断降低的时代无疑是很吸引人的特性。

　　InnoDB Buffer Pool 是 InnoDB 性能提升的核心，不像 Query Cache 仅存的 SQL 对应的结果集，Buffer Pool 上可以完成数据的更新变化、减少随机 I/O 的操作、提高写入性能，而 Query Cache 最忌讳表的数据更新，会导致相应的 Cache 失效，带来额外系统消耗。在实际中，尽可能增大 innodb_buffer_pool_size 的大小，把频繁访问的数据都放到内存中，尽可能减少 InnoDB 对于磁盘 I/O 的访问，把 InnoDB 最大化为一个内存型引擎。

　　如图 2-2 所示，innodb_buffer_pool_size 参数用来设置 InnoDB 的缓冲池（InnoDB Buffer Pool）的大小，也就是缓存用户表及索引数据的最主要缓存空间，这个对 InnoDB 整体性能影响也最大，一般可以设置为 50% 到 80% 的内存大小。在专用数据库服务器上，可以将缓冲池大小设置得大些，多次访问相同的数据表数据所需要的磁盘 I/O 就更少。在 MySQL 5.7 版本之前，调整 innodb_buffer_pool_size 大小必须在 my.cnf 配置里修改，然后重启 mysql 进程才可以生效。如今到了 MySQL 5.7 版本，可以直接动态调整这个参数修改 Buffer Pool 的大小，方便了很多。尤其是在服务器内存增加之后，运维人员更不能粗心大意，要记得调大 innodb_buffer_pool_size 这个参数。在调整 innodb_buffer_pool_size 期间，用户的请求将会阻塞，直到调整完毕，所以请勿在业务高峰期调整，最好在凌晨两三点低峰期调整。

```
mysql> set global innodb_buffer_pool_size=1073741824;
Query OK, 0 rows affected (0.00 sec)

mysql> show variables like 'innodb_buffer_pool_size%';
+-------------------------+------------+
| Variable_name           | Value      |
+-------------------------+------------+
| innodb_buffer_pool_size | 1073741824 |
+-------------------------+------------+
1 row in set (0.01 sec)

mysql>
```

图 2-2

　　在 InnoDB 存储引擎中，缓冲池中页的大小默认为 16KB，通过 LRU（Letest Recent Used，最近最少使用）算法来进行数据页的换进换出操作。也就是说，最频繁的页放在 LRU 列表的前端，而最少使用的页放在 LRU 列表的尾端。缓冲池不能存放新读取到的页时，会释放 LRU 列表中尾端的页。

　　InnoDB 存储引擎对传统的 LRU 算法做了一些优化。因为如果直接将最新读取的页放到 LRU 列表的首部，那么某些 SQL 操作（比如全表扫描或者索引扫描）如果要访问很多页，甚至是全部页（通常来说仅在此次查询操作中需要，并不是活跃的热点数据），很可能会将活跃的热点数据挤出 LRU 列表。在下一次需要读取这些热点数据页时，InnoDB 存储引擎则需要再一次从磁盘读取。所以 InnoDB 存储引擎的 LRU 列表中还加入了 midpoint 位置，即新读取的页并不是直接放到 LRU 列表首部，而是放到 LRU 列表的 midpoint 位置。这个算法在 InnoDB 存储引擎下称为 midpoint insertion strategy，默认该位置在 LRU 列表长度的 5/8 处。midpoint 的位置可由参数 innodb_old_blocks_pct 控制，如图 2-3 所示。

```
mysql> show variables like '%innodb_old_blocks_pct%';
+-----------------------+-------+
| Variable_name         | Value |
+-----------------------+-------+
| innodb_old_blocks_pct | 37    |
+-----------------------+-------+
1 row in set (0.00 sec)

mysql> show variables like 'InnoDB_old_blocks_time%';
+-----------------------+-------+
| Variable_name         | Value |
+-----------------------+-------+
| innodb_old_blocks_time | 1000  |
+-----------------------+-------+
1 row in set (0.00 sec)

mysql>
```

图 2-3

在图 2-3 中，innodb_old_blocks_pct 默认值为 37，表示新读取的页插入到 LRU 列表尾端 37%的位置。在 InnoDB 存储引擎中，把 midpoint 之后的列表称为 old 列表，之前的列表称为 new 列表。new 列表的数据可以简单理解为都是活跃的热点数据。InnoDB 还有一个参数 innoDB_old_blocks_time，表示页读取到 midpoint 位置后需要等待多久才会被加入到 LRU 列表的热端。

在 MySQL 5.6 之前的版本里，如果一台高负荷的机器重启后内存中大量的热数据被清空，buffer 中的数据就需要重新预热。所谓预热，就是等待常用数据通过用户调用 SQL 语句从磁盘载入到内存，这样高峰期间性能就会变得很差，连接数就会很高。通常要手动写一个脚本或存储过程来预热。

MySQL 5.6 之后的版本提供了一个新特性来快速预热 buffer_pool 缓冲池，如图 2-4 所示。参数 innodb_buffer_pool_dump_at_shutdown=ON 表示在关闭 MySQL 时会把内存中的热数据保存在磁盘里 ib_buffer_pool 文件中，其保存比率由参数 innodb_buffer_pool_dump_pct 控制，默认为 25%。参数 innodb_buffer_pool_load_at_startup=ON 表示在启动时会自动加载热数据到 Buffer_Pool 缓冲池里。这样，始终保持热数据在内存中。

```
mysql> show variables like 'innodb_buffer_pool_load_at_startup%';
+-----------------------------------+-------+
| Variable_name                     | Value |
+-----------------------------------+-------+
| innodb_buffer_pool_load_at_startup | ON   |
+-----------------------------------+-------+
1 row in set (0.00 sec)

mysql> show variables like 'innodb_buffer_pool_dump_at_shutdown%';
+-------------------------------------+-------+
| Variable_name                       | Value |
+-------------------------------------+-------+
| innodb_buffer_pool_dump_at_shutdown | ON   |
+-------------------------------------+-------+
1 row in set (0.00 sec)

mysql> show variables like 'innodb_buffer_pool_dump_pct%';
+---------------------------+-------+
| Variable_name             | Value |
+---------------------------+-------+
| innodb_buffer_pool_dump_pct | 25  |
+---------------------------+-------+
1 row in set (0.00 sec)

mysql> show variables like 'innodb_buffer_pool_filename%';
+---------------------------+----------------+
| Variable_name             | Value          |
+---------------------------+----------------+
| innodb_buffer_pool_filename | ib_buffer_pool |
+---------------------------+----------------+
1 row in set (0.00 sec)

mysql>
```

图 2-4

只有在正常关闭 MySQL 服务或者 pkill mysql 时才会把热数据 dump 到内存，机器宕机或者 pkill -9 mysql 时是不会 dump 的。

2.2　change buffer

change buffer 的主要目的是将对二级索引的数据操作缓存下来，以减少二级索引的随机 I/O，并达到操作合并的效果。

工作原理是有一个或多个非聚集索引，且该索引不是表的唯一索引时，插入时数据会按主键顺序存放，但叶子节点需要离散地访问非聚集索引页，插入性能会降低；此时，插入缓冲生效，先判断非聚集索引页是否在缓冲池中，若在则直接插入；若不在，则先放入一个插入缓冲区，再以一定的频率执行插入缓冲和非聚集索引页子节点的合并操作。在 MySQL 5.5 之前的版本中，由于只支持缓冲 insert 操作，因此最初叫作 insert buffer；后来的版本中支持了更多的操作类型缓冲，所以才改叫 change buffer。

如图 2-5 所示，将对索引的更新记录存入 insert buffer 中，而不是直接调入索引页进行更新；择机进行 merge insert buffer 的操作，将 insert buffer 中的记录合并（merge）到真正的辅助索引中，大大提高了插入的性能。

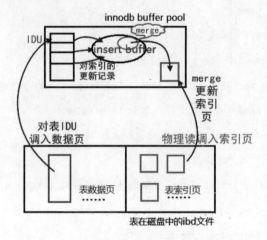

图 2-5

二级索引通常是非唯一的，插入也是很随机的顺序，更新删除也都不是在邻近的位置，所以 change buffer 就避免了很多随机 I/O 的产生，将多次操作尽量变为少量的 I/O 操作。change buffer 也是可以持久化的，将 change buffer 中的操作应用到原数据页、得到最新结果的过程称为 merge。

change buffer 合并在有大量的二级索引页更新或有很多影响行的情况下会花费很长的时间。注意，change buffer 会占用 InnoDB Buffer Pool 的部分空间，在磁盘上 change buffer 会占用共享表空间，所以在数据库重启后，索引变更仍然被缓存。

如图 2-6 所示，参数 innodb_change_buffering 表示缓存所对应的操作，all 值表示缓存 insert、delete、purges 操作；innodb_change_buffer_max_size 参数用于配置 change buffer 在 Buffer Pool 中所占的最大百分比，默认是 25%，最大可以设置为 50%。

```
mysql> show variables like 'innodb_change_buffering%';
+-------------------------+-------+
| Variable_name           | Value |
+-------------------------+-------+
| innodb_change_buffering | all   |
+-------------------------+-------+
1 row in set (0.04 sec)

mysql> show variables like 'innodb_change_buffer_max_size%';
+-------------------------------+-------+
| Variable_name                 | Value |
+-------------------------------+-------+
| innodb_change_buffer_max_size | 25    |
+-------------------------------+-------+
1 row in set (0.00 sec)

mysql>
```

图 2-6

可以在 show engine innodb status\G 命令结果中查看 change buffer 的信息。在 insert buffer and adaptive hash index 部分中，merged operations 代表了辅助索引页与 change buffer 的合并操

作次数。使用下面的语句也能监控：

```
SELECT NAME, COMMENT FROM INFORMATION_SCHEMA.INNODB_METRICS WHERE NAME LIKE
'%ibuf%' \G;
```

因此，对于写多读少的业务来说，页面在写完以后马上被访问到的概率比较小，此时change buffer 的使用效果最好，常见的就是账单类、日志类的系统。

2.3　自适应哈希索引

哈希（hash）是一种非常快的查找方法，一般情况下查找的时间复杂度为 $O(1)$，即一般仅需要一次查找就能准确定位。B+Tree 的查找次数则取决于 B+Tree 的高度，在大多数的生产环境中，B+Tree 的高度一般为 3 到 5 层，故需要 3~5 次的查询。

InnoDB 存储引擎会监控对表上二级索引的查找。如果发现某二级索引被频繁访问，二级索引就成为热数据；如果观察到建立哈希索引可以带来速度的提升，则建立哈希索引，所以称之为自适应（adaptive）的，即自适应哈希索引（Adaptive Hash Index，AHI）。

经常访问的二级索引数据会自动被生成到 hash 索引里面（最近连续被访问 3 次的数据），自适应哈希索引通过缓冲池的 B+Tree 构造而来，因此建立的速度很快，而且不需要将整个表都建立哈希索引，InnoDB 存储引擎会自动根据访问的频率和模式来为某些页建立哈希索引。

自适应哈希索引会占用 InnoDB Buffer Pool，而且只适合搜索等值的查询，如 select * from table where index_col='xxx'；对于其他查找类型，如范围查找，是不能使用的。MySQL 自动管理，人为无法干预。

查看当前自适应哈希索引的使用状况可以使用 show engine innodb status\G 命令，通过 hash searches、non-hash searches 计算自适应哈希索引带来的收益以及付出，确定是否开启自适应哈希索引。

对于某些工作负载，如使用 like 和 % 的范围查询以及高并发的 joins，不适合使用自适应哈希索引，维护哈希索引结构的额外开销会带来严重性能损耗。这种情况更适合于禁用自适应哈希索引，建议关掉，尽管默认情况下仍然启用。可以通过"set global innodb_adaptive_hash_index=off/on"命令来关闭或打开该功能。

2.4　redo log buffer

redo log buffer 是一块内存区域，存放将要写入 redo log 文件的数据。redo log buffer 大小是通过设置 innodb_log_buffer_size 参数来实现的。redo log buffer 会周期性地刷新到磁盘的 redo log file 中。一个大的 redo log buffer 允许大事务在提交之前不写入磁盘的 redo log 文件。因此，如果有事务需要 update、insert、delete 许多记录，则可增加 redo log buffer 来节省磁盘 I/O。

参数 innodb_flush_log_at_trx_commit 选项控制 redo log buffer 的内容何时写入 redo log file，即控制 redo log flush 的频率。

innodb_flush_log_at_trx_commit 的参数取值及其说明如下：

- 设置为 0：在提交事务时，InnoDB 不会立即触发将缓存日志 log buffer 写到磁盘文件的操作，而是每秒触发一次缓存日志回写磁盘操作，并调用操作系统 fsync 刷新 I/O 缓存。
- 设置为 1：每次事务提交时 MySQL 都会立即把 log buffer 的数据写入 redo log file，并且调用操作系统 fsync 刷新 I/O 缓存（刷盘操作）。值为 1 时，每次事务提交都持久化一次，当然是最安全的，但是数据库性能会受影响，I/O 负担重，适合对安全要求极高的交易系统场景（建议配置 SSD 硬盘提高 I/O 能力）。
- 设置为 2：每次事务提交时 MySQL 都会把 redo log buffer 的数据写入 redo log file，但是 flush（刷到磁盘）操作并不会同时进行，而是每秒执行一次 flush（磁盘 I/O 缓存刷新）。注意，由于进程调度策略问题，并不能保证百分之百的"每秒"。

刷写其实是两个操作，即刷（flush）和写（write）。区分这两个概念（两个系统调用）是很重要的。在大多数的操作系统中，把 InnoDB 的 log buffer（内存）写入日志（调用系统调用 write），只是简单地把数据移到操作系统缓存（内存）中，并没有实际持久化数据。

通常设置为 0 的时候，mysqld 进程的崩溃会导致上一秒钟的所有事务数据丢失。当该值为 2 时，表示事务提交时不写入重做日志文件，而是写入文件系统缓存中，当 DB 数据库发生故障时能恢复数据，如果操作系统也出现宕机，就会丢失掉文件系统没有及时写入磁盘的数据。

设为 1 当然是最安全的，适合数据安全性要求非常高的而且磁盘 I/O 写能力足够支持业务，比如订单、交易、充值支付消费系统。如果对数据一致性和完整性要求不高，完全可以设为 2，推荐使用带蓄电池后备电源的缓存 cache，防止系统断电异常。如果只要求性能，例如高并发写的日志服务器，就设置为 0 来获得更高性能。

2.5 double write

double write（两次写）技术的引入是为了提高数据写入的可靠性。这里先说明一下 page 页坏的问题。因为数据库中一个 page 的大小是 16KB，数据库往存储上写数据是以更小的单位进行的，这就产生了一个问题：当发生数据库宕机时，可能 InnoDB 存储引擎正在写入某个页到表中，而这个页只写了一部分，比如 16KB 的页，只写了前 4KB，之后就发生了宕机，这种情况被称为部分写失效（partial page write）。在 InnoDB 存储引擎未使用 double write 技术前，曾经出现过因为部分写失效而导致数据丢失的情况。

double write 的原理是：每次写入一个 page 时，先把 page 写到 double write buffer 中。如

果在写 double write buffer 时发生了意外，但是数据文件中原来的 page 不受影响，这样在下次启动时可以通过 InnoDB 的 redo log 进行恢复。在写 double write buffer 成功后，MySQL 会把 double write buffer 的内容写到数据文件中，如果在这个过程又出现了意外，没有关系，重启后 MySQL 可以从 double write buffer 找到好的 page，再用好的 page 去覆盖磁盘上坏的 page，解决 page 坏的问题。这就是 double write，说白了就是一种备份镜像的思想。

如图 2-7 所示，double write 默认存放在 ibdata1 共享表空间里，默认大小为 2MB，写之前将脏页写入到 innodb buffer 中的 double write buffer（2MB）中，将 2MB 的 buffer 数据直接写入共享表空间 ibdata1 的 double write 段中。若写共享表空间的 double write 失败了，没有关系，因为此时的数据文件 ibd 中的数据是完整干净的，处于一致的状态，可以通过 redo log 进行恢复；如果是写到 ibd 文件时发生了宕机，此刻在原来的 ibdata1 中存在副本，可以直接覆盖到 ibd 文件（对应的页）中去，然后用 redo log 进行恢复。

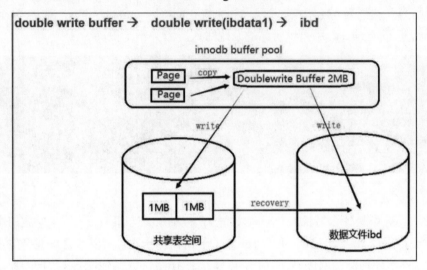

图 2-7

肯定有读者要问，MySQL redo log 不是已经记录了所有的数据历史记录了吗？

要弄明白这个问题，首先要了解一下 MySQL redo log 里面记录的是什么东西。日志分为物理日志和逻辑日志。物理日志就是直接记录数据、记录被修改的页的偏移量，优点就是不依赖原页面的内容，用日志的内容可以直接覆盖到磁盘上面，缺点是占用的空间太多。逻辑日志的优点是比较简洁，而且占用的空间要小，缺点是需要依赖原 page 内容，而且会有部分执行和操作一致性的问题。

所以说 MySQL redo log 是物理逻辑的，它将物理日志和逻辑日志相结合，取其利，避其害，从而达到一个更好的状态，具体说明就是：物理表示记录的日志针对的是页（page）的修改，为每个页上的操作单独记日志；逻辑表示记录日志的内容是逻辑的，比如物理上来说要修改 Page Header 页头的内容、要修改相邻记录里的链表指针等。这些本是一些物理操作，而 InnoDB 为了节省日志量，设计为逻辑处理的方式。这样的一个 MySQL redo log 其实仍然没有解决数据的一致性问题。如果在 redo log 应用到磁盘时，在写一个 Page 到磁盘时发生了故障，可能导致 Page Header 的记录数被加 1（表示此 Page 已恢复完成），但是页内的逻辑日志发生了故障，这时数据就不一致了。MySQL 用 double write 方法来解决此问题。

可能有人会问 double write 对性能影响大吗？如果页大小是 16KB，那么就有 128 个页（1MB）需要写，但是 128 个页写入到共享表空间是 1 次 I/O 完成的，也就是说 double write 写开销是 1+128 次。其中，128 次是写数据文件表空间。在传统的机械式硬盘中，double write buffer 写入是顺序操作。相对于数据文件写入这样的随机写操作来说，顺序写入的代价还是小的。在新型的 SSD 存储中，double write buffer 导致数据重复写入对于 SSD 寿命有较大影响。如果 SSD 设备支持原子写，那么在 MySQL 中可以通过设置参数 innodb_doublewrite=0 关掉 double write 的功能。

查看 double write 的工作情况，如图 2-8 所示。执行命令 "show global status like 'innodb_dblwr%'\G"，可以观察到 double write 运行的情况。这里 double write 一共写了 18445 页，但实际的写入次数为 434。如果发现你的系统在高峰时 Innodb_dblwr_pages_written:Innodb_dblwr_writes 远小于 64:1，那么说明你的系统写入压力并不是很高。

```
mysql> show global status like 'innodb_dblwr%'\G
*************************** 1. row ***************************
Variable_name: Innodb_dblwr_pages_written
        Value: 18445
*************************** 2. row ***************************
Variable_name: Innodb_dblwr_writes
        Value: 434
2 rows in set (0.00 sec)
```

图 2-8

其实两次写并不是什么特性或优点，只是一个被动解决方案而已。这个问题的本质就是磁盘在写入时不能保证 MySQL 数据页面 16KB 的一次性原子写，所以才有可能产生页面断裂的问题。有些厂商从硬件驱动层面做了优化，可以保证 16KB（或其他配置）数据的原子性写入，那么两次写就完全没有必要了。在以前的一个项目中，Fusion-I/O 的 SSD 卡是支持原子写的技术，不需要开启两次写即可提升 MySQL 数据写入延迟，同时延长 SSD 存储寿命。

2.6 InnoDB 后台线程

2.6.1 InnoDB 主线程

master thread 是 InnoD 存储引擎非常核心的一个在后台运行的主线程，相当重要。它做的主要工作包括但不限于：将缓冲池中的数据异步刷新到磁盘，保证数据的一致性，包括脏页的刷新、合并插入缓冲等。

master thread 的线程优先级别最高，其内部由几个循环组成：主循环（loop）、后台循环（background loop）、刷新循环（flush loop）、暂停循环（suspend loop）。master thread 会根

据数据运行的状态在 loop、background loop、flush loop 和 suspend loop 这 4 个循环之间进行切换。loop 称为主循环，因为大多数的操作都在这个循环中，其中有两大部分操作：每秒钟的操作和每 10 秒的操作。

loop 循环通过 thread sleep 来实现，这意味着所谓的每秒一次或每 10 秒一次的操作是不精确的。在负载很大的情况下可能会有延迟，只能说大概在这个频率下。当然 InnoDB 源代码中还采用了其他的方法来尽量保证这个频率。

每秒一次的操作包括：

● 日志缓冲刷新到磁盘，即使这个事务还没有提交（总是）。

● 执行合并插入缓冲的操作（可能）。

● 刷新缓冲池中的脏页到磁盘（可能）。

● 如果当前没有用户活动，切换到 background loop（可能）。

需要注意的是，即使某个事务还没有提交，InnoDB 存储引擎仍然会每秒将重做日志缓冲中的内容刷新到重做日志文件。这一点是必须知道的，可以很好地解释为什么再大的事务提交的时间也是很快的。合并插入缓冲（insert buffer）并不是每秒都发生，InnoDB 存储引擎会判断当前一秒内发生的 I/O 次数是否小于 5 次，如果小于 5 次，InnoDB 会认为当前的 I/O 压力很小，可以执行合并插入缓冲的操作。同时 InnoDB 存储引擎通过判断当前缓冲池中的脏页比例（buf_get_modified_ratio_pct）是否超过了配置文件中 innodb_max_dirty_pages_pct 这个参数来决定是否需要进行磁盘同步操作，如果超过了这个阈值，InnoDB 存储引擎认为需要做磁盘同步操作。

每 10 秒的操作包括如下内容：

● 刷新脏页到磁盘（可能）。

● 执行合并插入缓冲的操作（总是）。

● 将日志缓冲刷新到磁盘（总是）。

● 删除无用的 undo 页（总是）。

● 产生一个检查点 checkpoint（总是）。

这里需要注意的是，不同于 1 秒操作时可能发生的合并插入缓冲操作，这次的合并插入缓冲操作总会在这个阶段进行。InnoDB 存储引擎会再执行一次将日志缓冲刷新到磁盘的操作，与每秒发生的操作是一样的。InnoDB 存储引擎会执行一步 full purge 操作，即删除无用的 undo 页。对表执行 update、delete 这类操作时，原生的行被标记为删除，但是因为一致性读的关系，需要保留这些行版本的信息，但是在 full purge 过程中，InnoDB 存储引擎会判断当前事务系统中已被删除的行是否可以删除，比如有时可能还有查询操作需要读取之前版本的 undo 信息，如果可以，InnoDB 会立即将其删除。

2.6.2　InnoDB 后台 I/O 线程

在 InnoDB 存储引擎中大量使用了 AIO（Async I/O）来处理写 I/O 请求，这样可以极大地提高数据库的性能。I/O 线程的工作主要是负责这些 I/O 请求的回调（call back）处理。InnoDB 1.0 版本之前共有 4 个 I/O 线程，分别是 write、read、insert buffer 和 log I/O thread。在 Linux 平台下，I/O 线程的数量不能进行调整，但是在 Windows 平台下可以通过参数 innodb_file_io_threads 来增大 I/O 线程。从 InnoDB 1.0.x 版本开始，read thread 和 write thread 分别增大到了 4 个，并且不再使用 innodb_file_io_threads 参数，而是分别使用 innodb_read_io_threads 和 innodb_write_io_threads 参数进行设置，如此调整后，在 Linux 平台上就可以根据 CPU 核数来更改相应的参数值了。

假如 CPU 是 2 颗 8 核的，那么可以在配置文件 my.cnf 中设置：

```
innodb_read_io_threads = 8
innodb_write_io_threads = 8
```

2.6.3　InnoDB 脏页刷新线程

MySQL 5.6 版本以前，脏页的清理工作交由 master 线程处理。page cleaner thread 是 5.6.2 版本引入的一个新线程，实现从 master 线程中卸下缓冲池刷脏页的工作。为了进一步提升扩展性和刷脏效率，在 5.7.4 版本里引入了多个 page cleaner 线程，从而达到并行刷脏的效果。

如图 2-9 所示，如果调整参数 innodb_page_cleaners，需要在配置文件 my.cnf 中添加 innodb_page_cleaners=num 值（默认是 1；最大可以是 64，也就是会有 64 个 page cleaner 线程并发清理脏页）。

```
mysql>  show variables like 'i%cleaners';
+---------------------+-------+
| Variable_name       | Value |
+---------------------+-------+
| innodb_page_cleaners | 1     |
+---------------------+-------+
1 row in set (0.00 sec)

mysql>
```

图 2-9

如何判断是否要修改 innodb_page_cleaners 呢？如图 2-10 所示，参数 Innodb_buffer_pool_wait_free 标志着脏页有没有成为系统的性能瓶颈，如果它的值很大，则需要增加 innodb_page_cleaners 值，同时增加写线程。

```
mysql> show global status like '%wait_free';
+----------------------------+-------+
| Variable_name              | Value |
+----------------------------+-------+
| Innodb_buffer_pool_wait_free | 0     |
+----------------------------+-------+
1 row in set (0.00 sec)

mysql>
```

图 2-10

通常，对于 Buffer Pool 的写发生在后台，当 InnoDB 需要读或创建一个数据页但是没有干净的可用页时，InnoDB 就会为使等待的操作能完成而先将一些脏页刷入磁盘。

Innodb_buffer_pool_wait_free 就是等待操作的实例数。如果 innodb_buffer_pool_size 的大小设置适当，这个值就会很小，甚至为 0。

2.6.4　InnoDB purge 线程

purge thread 负责回收已经使用并分配的 undo 页。由于进行 DML 语句的操作都会生成 undo，因此系统需要定期对 undo 页进行清理，可使用 purge 操作。

为什么 MySQL InnoDB 需要 purge 操作呢？明确这个问题的答案，首先还得从 InnoDB 的并发机制开始。为了更好地支持并发，InnoDB 的多版本一致性读采用了基于回滚段的方式。另外，对于更新和删除操作，InnoDB 并不是真正地删除原来的记录，而是设置记录的 delete mark 为 1。为了解决数据 page 和 undo log 膨胀的问题，需要引入 purge 机制进行回收。

purge 数据产生的背景是 undo log 和 mark deleted 数据：

（1）undo log 保存了记录修改前的镜像。在 InnoDB 存储引擎中，undo log 分为 insert undo log 和 update undo log。insert undo log 是指在 insert 操作中产生的 undo log。由于 insert 操作的记录只是对本事务可见，其他事务不可见，因此 undo log 可以在事务提交后直接删除，不需要 purge 操作。update undo log 是指在 delete 和 update 操作中产生的 undo log。该 undo log 会被后续用于 MVCC 当中，因此不能在提交的时候删除。提交后会放入 undo log 的链表，等待 purge 线程进行最后的删除。

（2）当我们删除数据行时，对数据页中要删除的数据行做标记"deleted"，事务提交（速度快）；后台线程 purge 线程对数据页中有"deleted"标签的数据行进行真正的删除。

purge 操作默认是在 master thread 中完成的。从 MySQL 5.6 开始，为了减轻 master thread 的工作、提高 CPU 使用率以及提升存储引擎的性能，把 purge thread 单独从 master thread 分离出来，已经支持多个 purge 线程同时进行。提供了参数 innodb_purge_threads 来控制做 purge 操作的后台线程数，从 MySQL 5.7.8 开始，这个参数默认是 4，如果实例的写压力比较大，则可调整 innodb_purge_threads=8，增加并发 purge 线程数，最大可以设置为 32。

2.7　redo log

首先明确一下 InnoDB 修改数据的基本流程。当我们想要修改 DB 上某一行数据的时候，InnoDB 是把数据从磁盘读取到内存的缓冲池上进行修改。这个时候数据在内存中被修改，与磁盘中相比就存在了差异，我们称这种有差异的数据为脏页。InnoDB 对脏页的处理不是每次生成脏页就将脏页刷新回磁盘，因为这样会产生海量的 I/O 操作，严重影响 InnoDB 的处理性能。既然脏页与磁盘中的数据存在差异，那么如果在此期间 DB 出现故障就会造成数据丢失。为了解决这个问题，redo log 就应运而生了。

我们着重看看 redo log 是怎么一步步写入磁盘的。redo log 本身由两部分所构成，即重做日志缓冲（redo log buffer）和重做日志文件（redo log file）。这样的设计同样也是为了调和内存与磁盘的速度差异。InnoDB 写入磁盘的策略可以通过 innodb_flush_log_at_trx_commit 这个参数来控制。

DB 宕机后重启，InnoDB 会首先去查看数据页中 LSN 的数值，即数据页被刷新回磁盘的 LSN（LSN 实际上就是 InnoDB 使用的一个版本标记的计数）的大小，然后去查看 redo log 的 LSN 大小。如果数据页中的 LSN 值大，就说明数据页领先于 redo log 刷新回磁盘，不需要进行恢复；反之，需要从 redo log 中恢复数据。

当一个日志文件写满后，InnoDB 会自动切换到另一个日志文件，但切换时会触发数据库检查点 checkpoint（checkpoint 所做的事就是把脏页刷新回磁盘，当 DB 重启恢复时只需要恢复 checkpoint 之后的数据即可），导致 InnoDB 缓存脏页的小批量刷新，明显降低 InnoDB 的性能。可以通过增大 log file size 避免一个日志文件过快被写满，但是如果日志文件设置得过大，恢复时将需要更长的时间，同时也不便于管理。一般来说，平均每半个小时写满一个日志文件比较合适。

参数 innodb_log_buffer_size 决定 InnoDB 重做日志缓冲池的大小。对于可能产生大量更新记录的大事务，增加 innodb_log_buffer_size 的大小，可以避免 InnoDB 在事务提交前就执行不必要的日志写入磁盘操作。因此，对于会在一个事务中更新、插入或删除大量记录的应用，可以通过增大 innodb_log_buffer_size 来减少日志写磁盘操作，提高事务处理性能。

2.8 undo log

undo log 是 InnoDB MVCC 事务特性的重要组成部分。当我们对记录做了变更操作时就会产生 undo 记录，undo 记录默认被记录到系统表空间（ibdata）中，但从 MySQL 5.6 开始，也可以使用独立的 undo 表空间。

在 InnoDB 中，insert 操作在事务提交前只对当前事务可见，undo log 在事务提交后即会被删除，因为新插入的数据没有历史版本，所以无须维护 undo log；对于 update、delete 操作，则需要维护多版本信息。

举个 undo log 作用的例子：Session1 会话（以下简称 S1）和 Session2 会话（以下简称 S2）同时访问（不一定同时发起，但 S1 和 S2 事务有重叠）同一数据 A，S1 想要将数据 A 修改为数据 B，S2 想要读取数据 A 的数据。如果没有 MVCC（Multi-Version Concurrency Control，多版本并发控制）机制就只能依赖锁了，谁拥有锁谁先执行，另一个等待，但是高并发下的效率很低。InnoDB 存储引擎通过 MVCC 多版本控制的方式来读取当前执行时间数据库中行的数据，如果读取的行正在执行 delete 或 update 操作，这时读取操作不会因此等待行上锁的释放；相反，InnoDB 会去读取行的一个快照数据（undo log），从历史快照（undo log 链）中获取旧版本数据来保证数据一致性。由于历史版本数据存放在 undo 页当中，对数据修改所加的锁对于 undo 页没有影响，因此不会影响用户对历史数据的读，从而达到非一致性锁定读，提高并发性能。

如果出现了错误或者用户手动执行了 rollback，系统可以利用 undo log 中的备份将数据恢复到事务开始之前的状态。与 redo log 不同的是，磁盘上不存在单独的 undo log 文件，它存放在数据库内部的特殊段（segment）中。

MySQL 5.6 以后的版本支持把 undo log 分离到独立的表空间，并放到单独的文件目录下。采用独立 undo 表空间，再也不用担心 undo 会把 ibdata1 文件搞大，同时也给我们部署不同 I/O 类型的文件位置带来了便利。对于并发写入型负载，我们可以把 undo 文件部署到单独的高速存储设备上。

2.9　Query Cache

在这个"Cache 为王"的时代，我们总是通过不同的方式去缓存我们的结果，从而提高响应效率，但是一个缓存机制是否有效、效果如何是需要好好思考的问题。在 MySQL 中的 Query Cache 是一个适用较少情况的缓存机制。

如果你的应用对数据库的更新很少，那么 Query Cache 将会作用显著。例如，比较典型的博客系统，一般博客更新相对较慢，数据表相对稳定不变，这时 Query Cache 的作用会比较明显。Query Cache 有如下规则：如果数据表被更改，那么和这个数据表相关的全部 Cache 都会无效，并会被删除。这里"数据表更改"包括 insert、update、delete、truncate、alter table、drop table、drop database 等。举个例子，如果数据表 posts 访问频繁，那么意味着它的很多数据会被 Query Cache 缓存起来，但是每一次 posts 数据表的更新，无论是不是影响 Cache 的数据，都会将全部和 posts 表相关的 Cache 清除。如果数据表更新频繁，那么 Query Cache 将会成为系统的负担，会降低系统 13% 的处理能力。在 OLTP 的业务场景下，Query Cache 建议关闭。如果可以应用层实现缓存，那么 Query Cache 可以忽略。

下面是关于 Query Cache 的相关参数：

- **query_cache_size**：设置 Query Cache 所使用的内存大小，默认值为 0。大小必须是 1024 的整数倍，如果不是整数倍，MySQL 会自动调整降低最小量以达到 1024 的倍数。

- **query_cache_type**：控制 Query Cache 功能的开关，可以设置为 0（OFF）、1（ON）和 2（DEMAND）3 种。其中，0 表示关闭 Query Cache 功能，任何情况下都不会使用 Query Cache；1 表示开启 Query Cache 功能，但是当 SELECT 语句中使用的 SQL_NO_CACHE 提示后将不使用 Query Cache；2 表示开启 Query Cache 功能，但是只有当 SELECT 语句中使用了 SQL_CACHE 提示后才使用 Query Cache。

因为任何更新操作都会导致 QC 失效，在并发高的时候也是有影响的，还有 Bug，偶尔来个 Crash，所以 MySQL 的 Query Cache 在大部分情况下只是鸡肋而已，建议全面禁用。想要彻底关闭 Query Cache，建议在一开始就设置 query_cache_type=0，在 MySQL 5.7 中 Query Cache 默认为关闭。

第 3 章
◀ MySQL事务和锁 ▶

为什么需要事务，其实用脚趾头想想也能知道它的重要性。举个简单的例子：一个用户提交了一个订单，这条数据里包含了两个信息，即用户信息和购买的商品信息。现在需要把它们分别存到用户表和商品表，如果不采用事务，可能会出现商品信息插入成功而没有用户信息，这时就会出现用户付了钱却得不到商品这样尴尬的事情；如果采用事务，就可以保证用户信息和商品信息都插入成功，该次事务才算成功，也就不会出现前面的问题了。InnoDB 数据库引擎支持事务。事务具有 ACID（原子性、一致性、隔离性和持久性），还有不同的隔离级别（具有不同的隔离性）。事务的隔离级别是通过锁的机制来实现的。

锁在计算机中是协调多个进程或线程并发访问某一资源的一种机制。在数据库中，除了传统的计算资源（CPU、RAM、I/O 等）争用之外，数据也是一种供许多用户共享访问的资源。数据库在进行并发访问的时候会自动对相应的对象进行加锁，以保证数据并发访问的一致性。InnoDB 存储引擎既支持行级锁，也支持表级锁，但默认情况下采用行级锁。

3.1 MySQL 事务概述

事务可以只包含一条 SQL 语句，也可以包含多条复杂的 SQL 语句。事务中的所有 SQL 语句被当作一个操作单元，换句话说，事务中的 SQL 语句要么都执行成功，要么全部执行失败。事务内的 SQL 语句被当作一个整体进行操作。

我们来看一个场景，这个场景就是"转账"。例如，"天都银行"有很多用户，目前 A 用户账户上的余额为 9000 元，B 用户账上的余额为 4000 元，现在 A 用户要向 B 用户转账 2000元。当转账结束以后，A 用户账户上的余额应该为 7000 元，B 用户账户上的余额应该为6000 元。

上述过程在数据库中应该转换为如下操作：

- 操作 1：修改 A 用户账户对应的余额记录，即 9000-2000。
- 操作 2：修改 B 用户账户对应的余额记录，即 4000+2000。

上述操作好像没有问题，如果数据库刚刚完成操作 1，很不凑巧停电了，过了三分钟，来电了，当我们再次查看数据库时，会发现 A 用户余额为 7000，比停电之前少 2000，B 用户的账户余额仍然为 4000，与停电之前一样。出现这种情况是因为数据库只完成了操作 1，而没来得及完成操作 2，2000 元就凭空消失了。我们应该防止这样的惨剧发生，解决方法就是使用事务。

我们之前说过，事务中的所有 SQL 语句都被当作一个整体，要么全部执行成功，要么在其中某些操作执行失败后回滚到最初状态，就好像什么都没有发生过一样。利用事务这个特性，就可以解决之前的问题。我们可以把转账的 SQL 语句写入到事务中，具体如下：

- begin 事务开始
- update A 用户余额 - 2000
- update B 用户余额 + 2000
- commit 提交事务（事务结束）

利用事务完成上述操作，即使数据库刚刚将 A 用户账户余额减去 2000 时停电了，由于事务的特性，当再次使用数据库时，也不会出现 A 用户余额变为 7000、B 用户余额仍然为 4000 的情况。为什么呢？事务其实和一个操作没有什么太大的区别，它是一系列数据库操作（可以理解为 SQL）的集合，如果事务不具备原子性，就没有办法保证同一个事务中的所有操作都被执行或者未被执行了，整个数据库系统就既不可用也不可信了。

想要保证事务的原子性，就需要在异常发生时对已经执行的操作进行回滚。在 MySQL 中，恢复机制是通过回滚日志（undo log）实现的，所有事务进行的修改都会先记录到回滚日志中，然后对数据库中的对应行进行写入。这个过程其实非常好理解，为了能够在发生错误时撤销之前的全部操作，肯定是需要将之前的操作都记录下来的，这样在发生错误时才可以回滚。回滚日志除了能够在发生错误或者用户执行 ROLLBACK 时提供回滚相关的信息，还能够在整个系统发生崩溃、数据库进程直接被杀死后，当用户再次启动数据库进程时立刻通过查询回滚日志将之前未完成的事务进行回滚，这也就需要回滚日志必须先于数据持久化到磁盘上，是我们需要先写日志后写数据库的主要原因。

MySQL 中，InnoDB 存储引擎是支持事务的，而且完全符合 ACID 的特性，即原子性（Atomicity）、一致性（Consistency）、隔离性（Isolation）和持久性（Durability）。

- 原子性：整个事务中的所有操作要么全部执行成功，要么全部执行失败后回滚到最初状态。
- 一致性：数据库中的数据在事务操作前和事务处理后必须都满足业务规则约束，比如 A 和 B 账户总金额在转账前和转账后必须保持一致。
- 隔离性：一个事务在提交之前所做出的操作是否能为其他事务可见。由于不同的场景需求不同，因此针对隔离性来说有不同的隔离级别。
- 持久性：一旦提交，事务所做出的修改就会永久保存，即使数据库崩溃，修改的数据也不会丢失。

在 MySQL 中，既可以通过 START TRANSACTION 语句来开始一个事务，也可以使用别名 BEGIN 语句。事务结束时可以使用 COMMIT 语句提交事务或通过 ROLLBACK 语句回滚事务撤销修改。

MySQL 默认情况下开启了一个自动提交的模式 autocommit，一条语句被回车执行后便生效了，变更会保存在 MySQL 的文件中，无法撤销。当使用相应语句（比如 BEGIN）显式声明开始一个事务时，autocommit 默认会是关闭状态。无论是否是自动提交模式，语句执行后都会生效，区别在于非自动模式下没有提交的那些操作是可以回滚的，一旦提交就不可撤销了。换句话说，当 autocommit 关闭时，一直是处于事务操作中的，可随时调用 ROLLBACK 进行回滚。

3.2 MySQL 事务隔离级别

事务还会通过锁机制满足隔离性。在 InnoDB 存储引擎中，有不同的隔离级别，它们有着不同的隔离性。

为什么要设置隔离级别？在数据库操作中，在并发的情况下可能出现如下问题：

（1）脏读（Dirty Read）：当前事务能够看到别的事务中未提交的数据。A 事务读取 B 事务尚未提交的数据并在此基础上操作，而 B 事务执行回滚，那么 A 读取到的数据就是脏数据。

解决办法：如果在第一个事务提交前，任何其他事务不可读取其修改过的值，则可避免该问题。

（2）不可重复读（Non-repeatable Reads）：一个事务对同一行数据重复读取两次，但是却得到了不同的结果。事务 T1 读取某一数据后，事务 T2 对其做了修改，当事务 T1 再次读该数据时得到与前一次不同的值。

解决办法：如果只有在修改事务完全提交之后才可以读取数据，则可避免该问题。

（3）幻读：在其中一个事务中读取到了其他事务新增的数据，仿佛出现了幻影现象。

解决办法：在操作事务完成数据处理之前任何其他事务都不可以添加新数据，则可避免该问题。

正是为了解决以上情况，数据库提供了 4 种隔离级别，由低到高依次为 read uncommitted（读未提交）、read committed（读已提交）、repeatable read（可重复读取）、serializable（序列化）。

（1）读未提交：在读未提交这个隔离级别下，即使别的事务所做的修改并未提交，也能看到其修改的数据。当事务的隔离级别处于"读未提交"时，其并发性能是最强的，但是隔离性与安全性是最差的，会出现脏读，在生产环境中不使用。

（2）读已提交：读取数据的事务允许其他事务继续访问该行数据，但是未提交的写事务将会禁止其他事务访问该行。该隔离级别避免了脏读，但是却可能出现不可重复读。例如，事务 A 事先读取了数据，事务 B 紧接着更新并提交了事务，当事务 A 再次读取该数据时数据已经发生改变。

（3）可重复读：是指在一个事务内多次读同一数据。假设在一个事务还没有结束时，另一个事务也访问同一数据，那么在第一个事务中的两次读数据之间，即使第二个事务对数据进行了修改，第一个事务两次读到的数据也是一样的。这样在一个事务内两次读到的数据就是一样的，因此称为可重复读。读取数据的事务禁止写事务（但允许读事务），写事务则禁止任何其他事务，这样即可避免不可重复读和脏读，但是有时可能出现幻读。

（4）序列化：提供严格的事务隔离。它要求事务序列化执行，即事务只能一个接着一个地执行，但不能并发执行。仅仅通过"行级锁"是无法实现事务序列化的，必须通过其他机制保证新插入的数据不会被刚执行查询操作的事务访问到。序列化是最高的事务隔离级别，同时代价也最高，性能很低，一般很少使用。在该级别下，事务顺序执行，不仅可以避免脏读、不可重复读，还避免了幻读。

隔离级别越高，越能保证数据的完整性和一致性，但是对并发性能的影响也越大。对于多数应用程序，可以优先考虑把数据库系统的隔离级别设为 read committed。它能够避免脏读，而且具有较好的并发性能。尽管它会导致不可重复读、幻读这些并发问题，但是可以在可能出现这类问题的个别场合采用悲观锁或乐观锁来控制。大多数数据库的默认级别就是 read committed， 比如 SQL Server。MySQL 默认设置的隔离级别为 REPEATABLE-READ，即"可重复读"。

使用 show variables like 'tx_isolation'语句可以查看当前设置的隔离级别，如图 3-1 所示。

```
mysql> show variables like 'tx_isolation';
+---------------+-----------------+
| Variable_name | Value           |
+---------------+-----------------+
| tx_isolation  | REPEATABLE-READ |
+---------------+-----------------+
1 row in set (0.00 sec)

mysql>
```

图 3-1

可以通过参数配置 MySQL 的事务隔离级别，注意不是 tx_isolation，而是 transaction_isolation。例如，在 my.cnf 配置文件中设置 transaction_isolation=REPEATABLE-READ。也可以使用 set 语句设置当前会话隔离级别，比如 set session transaction isolation level repeatable read。

我们先来总结一下 MySQL 默认事务隔离级别（可重复读隔离级别）的特性，如图 3-2 所示，在会话 1 与会话 2 中同时开启两个事务，在事务 1 的事务中修改了 t1 表的数据以后（将第二条数据的 tanme 的值修改为 ddd），事务 2 中查看到的数据仍然是事务 1 修改之前的数据。

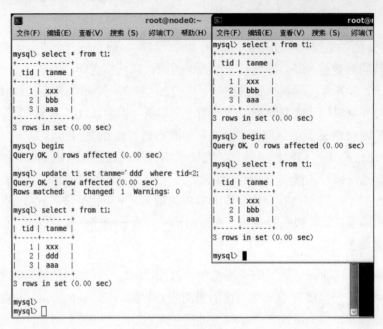

图 3-2

如图 3-3 所示，即使事务 1 提交了，在事务 2 没有提交之前，事务 2 中查看到的数据都是相同的。不管事务 1 是否提交，在事务 2 没有提交之前，这条数据对于事务 2 来说一直都是没有发生改变的，这条数据在事务 2 中可以被重复地读到。

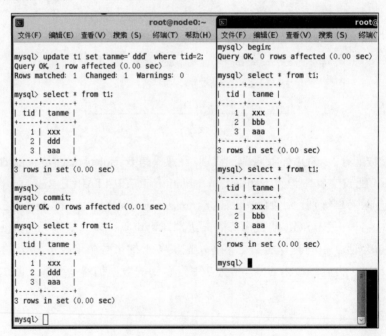

图 3-3

但是，可能会有一个问题，之前说过，事务的隔离性是由锁来实现的，那么当事务 1 中执行更新语句时，应该对数据增加了排他锁，但是在事务 2 中仍然可以进行读操作，为什么呢？

这是因为 InnoDB 采用了"一致性非锁定读"的机制,提高了数据库并发性。一致性非锁定读表示如果当前行被施加了排它锁,那么当需要读取行数据时,则不会等待行上锁的释放,而是会去读取一个快照数据,如图 3-4 所示。

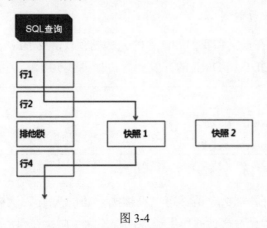

图 3-4

InnoDB 中一致性非锁定读的过程之所以称为非锁定读,是因为它不需要等待被访问的行上排他锁的释放。其实快照就是该行所对应的之前版本已提交的数据,即历史数据,快照的实现是由事务日志所对应的 undo 段来完成的。

3.3 InnoDB 的锁机制介绍

锁机制是事务型数据库中为了保证数据的一致性手段。在对 MySQL 进行性能调优时,往往需要重点考虑锁机制对整个事务的影响。

InnoDB 主要使用两种级别的锁机制: 行级锁和表级锁。InnoDB 的行级锁类型主要有共享(S)锁(又称读锁)、排他(X)锁(又称写锁)。共享(S)锁允许持有该锁的事务读取行;排他(X)锁允许持有该锁的事务更新或删除行。

如果事务 T1 在行 r 上持有共享(S)锁,则其他事务 T2 对行 r 的锁的请求按如下方式处理:

(1)可以立即授予事务 T2 对 S 锁的请求,这样事务 T1 和 T2 都在 r 上持有 S 锁,但是事务 T2 的 X 锁定请求不能立即授予。例如,查询 select 语句后面增加 LOCK IN SHARE MODE,MySQL 会对查询结果中的每行都加共享锁,其他事务可以读,但要想申请加排他锁,就会被阻塞。

(2)如果事务 T1 在行 r 上持有排他(X)锁,则不能立即授予其他事务 T2 对 r 上任何类型的锁请求,事务 T2 必须等待事务 T1 释放其对行 r 的锁定。例如,在查询 select 语句后面增加 FOR UPDATE,MySQL 会对查询结果中的每行都加排他锁,那么其他任何事务就不能对被锁定的行上加任何锁了,要不然会被阻塞。

在锁机制的实现过程中,为了让行级锁定和表级锁定共存,InnoDB 使用了意向锁的概念。意向锁是表级锁,目的是为了防止 DDL 和 DML 的并发问题。

- 意向共享锁（IS Lock）：事务想要获得一张表中某几行的共享锁，即事务有意向去给一张表中的几行加 S 锁。
- 意向排他锁（IX Lock）：事务想要获得一张表中某几行的排他锁，即事务有意向去给一张表中的几行加 X 锁。

InnoDB 意向锁的存在意义和我们经常说的元数据锁（metadata lock，MDL）很相似。首先，我们看一下所谓的 DDL 和 DML 的并发问题，如图 3-5 所示。

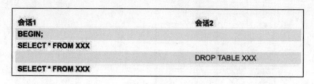

图 3-5

如果没有措施来保证，那么会话 2 可以直接执行 drop 语句，这样会话 1 再执行 select 就会出错。意向锁的作用和元数据锁的作用类似，就是为了防止在事务进行过程中执行 DDL 语句的操作而导致数据的不一致。意向锁是当我们有意向给一张表中的几行数据加 S 读锁时，它会给这张表加意向锁防止 DDL 的发生。事务 1 开启了查询，所以获得了元数据锁，事务 2 要执行 DDL，则需获得排他锁，两者互斥，所以事务 2 需要等待。它们的主要区别就在于意向锁是 InnoDB 引擎独有的，而元数据锁是 Server 全局级别锁共有的。MySQL 在 5.5.3 引入了元数据锁，在 MySQL 5.7 的版本中对其实现方式的算法进行彻底优化，彻底地解决了 Server 层表锁的性能问题。

根据对数据上锁所锁定的范围不同，InnoDB 行级锁种类又可以分为：

（1）单个行记录的记录锁（Record Locks）：锁定索引中一条记录，比如 id=5 的记录。

（2）区间锁（Gap Locks，又称间隙锁）：锁定一个范围。区间锁是锁定索引记录之间的区间，或锁定在第一个或最后一个索引记录之前的区间上。

（3）Next-key Lock：锁定一个范围的记录并包含记录本身（上面两者的结合）。Next-key Lock 是记录锁与区间锁的组合，当 InnoDB 扫描索引记录时，会先对选中的索引记录加上记录锁，再对索引记录两边的区间加上区间锁。

我们知道 InnoDB 支持行级锁，更新同一行数据时会出现锁等待的现象，如果更新不同的行记录，就会成功执行，不会出现锁超时现象。有时虽然更新的是不同行的记录，也会出现锁超时现象，如图 3-6 所示。因为表 t2 上的 score 字段上面没有索引，在第一个会话事务中更新 score=70 时，其实是把所有的行记录都加了锁，所以第二个会话上更新不同行记录 score=80 也会报锁超时的错误。InnoDB 的行级锁是通过给索引上的索引项加锁来实现的，只有通过索引条件检索数据才使用。在不通过索引条件查询的时候，InnoDB 使用的是表级锁，而不是行级锁。

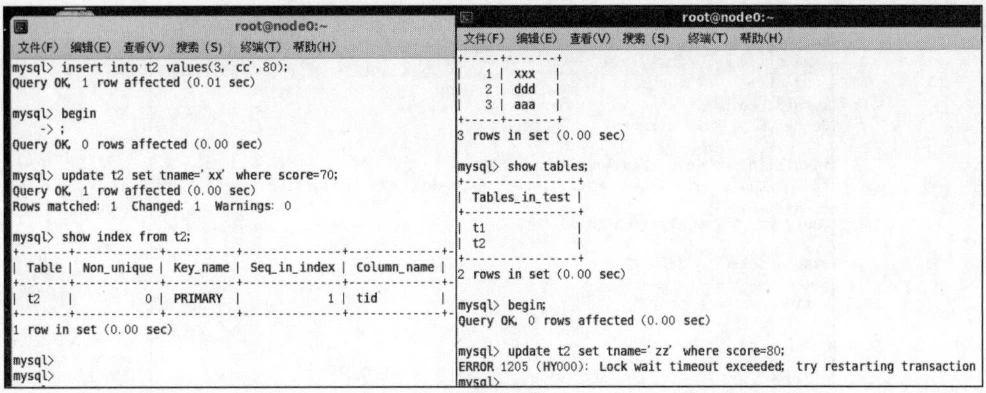

```
root@node0:~
文件(F) 编辑(E) 查看(V) 搜索(S) 终端(T) 帮助(H)
mysql> insert into t2 values(3,'cc',80);
Query OK, 1 row affected (0.01 sec)

mysql> begin
    -> ;
Query OK, 0 rows affected (0.00 sec)

mysql> update t2 set tname='xx' where score=70;
Query OK, 1 row affected (0.00 sec)
Rows matched: 1  Changed: 1  Warnings: 0

mysql> show index from t2;
+-------+------------+----------+--------------+-------------+-
| Table | Non_unique | Key_name | Seq_in_index | Column_name |
+-------+------------+----------+--------------+-------------+-
| t2    |          0 | PRIMARY  |            1 | tid         |
+-------+------------+----------+--------------+-------------+-
1 row in set (0.00 sec)

mysql>
mysql>
```

```
root@node0:~
文件(F) 编辑(E) 查看(V) 搜索(S) 终端(T) 帮助(H)
+-----+-------+
|   1 | xxx   |
|   2 | ddd   |
|   3 | aaa   |
+-----+-------+
3 rows in set (0.00 sec)

mysql> show tables;
+----------------+
| Tables_in_test |
+----------------+
| t1             |
| t2             |
+----------------+
2 rows in set (0.00 sec)

mysql> begin;
Query OK, 0 rows affected (0.00 sec)

mysql> update t2 set tname='zz' where score=80;
ERROR 1205 (HY000): Lock wait timeout exceeded; try restarting transaction
mysql>
```

图 3-6

在 MySQL 的 Repeatable-Read 这个事务级别，为了避免幻读现象，引入了区间锁。它只锁定行记录数据的范围，不包含记录本身，不允许在此范围内插入任何数据。如图 3-7 所示，表 t2 有主键，score 字段上有索引 idc_score，在事务中查询 t2 表中 score<80 的记录，在上面加了一个共享锁（lock in share mode）。

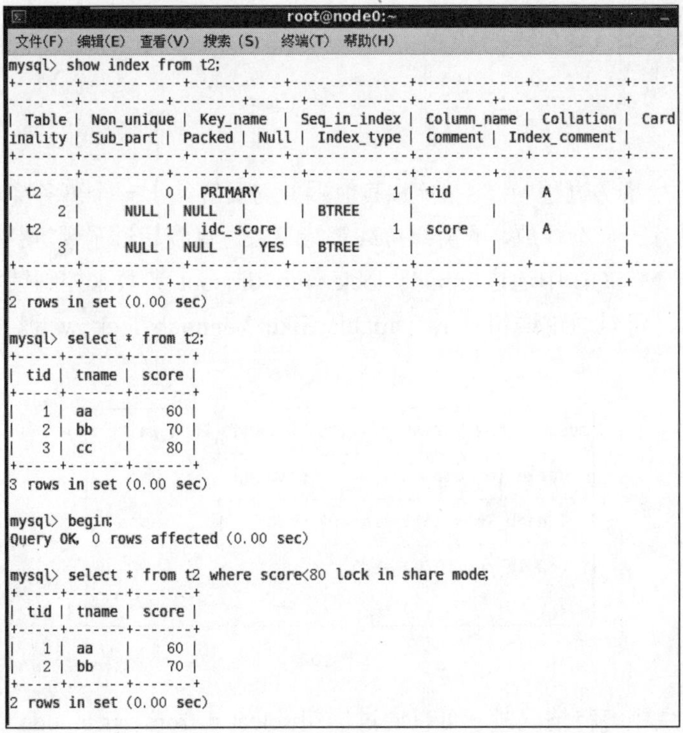

```
root@node0:~
文件(F) 编辑(E) 查看(V) 搜索(S) 终端(T) 帮助(H)
mysql> show index from t2;
+-------+------------+-----------+--------------+-------------+-----------+-----
-------+----------+--------+------+------------+---------+---------------+
| Table | Non_unique | Key_name  | Seq_in_index | Column_name | Collation | Card
inality | Sub_part | Packed | Null | Index_type | Comment | Index_comment |
+-------+------------+-----------+--------------+-------------+-----------+-----
-------+----------+--------+------+------------+---------+---------------+
| t2    |          0 | PRIMARY   |            1 | tid         | A         |
      2 |     NULL | NULL   |      | BTREE      |         |               |
| t2    |          1 | idc_score |            1 | score       | A         |
      3 |     NULL | NULL   | YES  | BTREE      |         |               |
+-------+------------+-----------+--------------+-------------+-----------+-----
-------+----------+--------+------+------------+---------+---------------+
2 rows in set (0.00 sec)

mysql> select * from t2;
+-----+-------+-------+
| tid | tname | score |
+-----+-------+-------+
|   1 | aa    |    60 |
|   2 | bb    |    70 |
|   3 | cc    |    80 |
+-----+-------+-------+
3 rows in set (0.00 sec)

mysql> begin;
Query OK, 0 rows affected (0.00 sec)

mysql> select * from t2 where score<80 lock in share mode;
+-----+-------+-------+
| tid | tname | score |
+-----+-------+-------+
|   1 | aa    |    60 |
|   2 | bb    |    70 |
+-----+-------+-------+
2 rows in set (0.00 sec)
```

图 3-7

在另外一个事务中，往 t2 表插入 score=74 的数据，如图 3-8 所示，没有插入成功，出现了锁超时，因为在 score<80 的这个区间内，不允许有任何数据插入，区间锁的功能得到体现；但是插入 score=90 的数据是成功的，因为不在这个区间内。

图 3-8

3.4 锁等待和死锁

3.4.1 锁等待

锁等待是指一个事务过程中产生的锁，其他事务需要等待上一个事务释放它的锁才能占用该资源。如果该事务一直不释放，就需要持续等待下去，直到超过了锁等待时间，会报一个等待超时的错误。在 MySQL 中通过 innodb_lock_wait_timeout 参数来控制锁等待时间，单位是秒。如图 3-9 所示，可以通过语句 show variables like '%innodb_lock_wait%'来查看锁等待超时时间。

图 3-9

当 MySQL 发生锁等待情况时，可以通过语句 select * from sys.innodb_lock_waits \G 来在线查看，如图 3-10 所示，会输出类似的结果。

```
mysql> select * from sys.innodb_lock_waits \G;
*************************** 1. row ***************************
                wait_started: 2019-08-26 22:39:17
                    wait_age: 00:00:06
               wait_age_secs: 6
                locked_table: `test`.`t2`
                locked_index: idc_score
                 locked_type: RECORD
              waiting_trx_id: 7970
         waiting_trx_started: 2019-08-26 11:12:59
             waiting_trx_age: 11:26:24
     waiting_trx_rows_locked: 7
   waiting_trx_rows_modified: 1
                 waiting_pid: 2
               waiting_query: insert into t2 values(4,'dd',74)
             waiting_lock_id: 7970:48:4:4
           waiting_lock_mode: X, GAP
             blocking_trx_id: 422127593446112
               blocking_pid: 3
              blocking_query: NULL
            blocking_lock_id: 422127593446112:48:4:4
          blocking_lock_mode: S
         blocking_trx_started: 2019-08-25 22:58:13
             blocking_trx_age: 23:41:10
    blocking_trx_rows_locked: 5
  blocking_trx_rows_modified: 0
      sql_kill_blocking_query: KILL QUERY 3
sql_kill_blocking_connection: KILL 3
1 row in set, 3 warnings (0.00 sec)
```

图 3-10

输出了很多内容，其实最重要的是 waiting_pid 这个等待事务的线程 pid、waiting_query 等待锁释放的语句、blocking_pid 阻塞事务的 pid、blocking_query 阻塞事务的 SQL 语句这 4 个参数。其中，waiting_pid 和 blocking_pid 两个参数是通过执行 show full processlist 命令里面输出的线程 id 号，如图 3-11 所示。

```
mysql> show full processlist \G;
*************************** 1. row ***************************
     Id: 2
   User: root
   Host: localhost
     db: test
Command: Query
   Time: 27
  State: update
   Info: insert into t2 values(4,'dd',74)
*************************** 2. row ***************************
     Id: 3
   User: root
   Host: localhost
     db: test
Command: Sleep
   Time: 85291
  State:
   Info: NULL
*************************** 3. row ***************************
     Id: 4
   User: root
   Host: localhost
     db: NULL
Command: Query
   Time: 0
  State: starting
   Info: show full processlist
3 rows in set (0.00 sec)

ERROR:
No query specified
```

图 3-11

通过上面两个的输出结果，我们明白了是 pid=3 的线程锁住了表，造成 pid=2 的线程的等待。 我们看到发生等待的线程对应的 SQL 语句是"insert into t2 values(4,'dd',74)"，但是锁表的线程 pid=3 对应的 SQL 语句是 NULL。要想找到这个 NULL 值对应的阻塞语句，可以根据锁表的 processlist id 3 运用如下 SQL 语句：

```
SELECT  SQL_TEXT FROM performance_schema.events_statements_current WHERE
THREAD_ID in  (SELECT THREAD_ID FROM performance_schema.threads WHERE
PROCESSLIST_ID=3)
```

找到 NULL 对应的 SQL 语句，如图 3-12 所示。

```
mysql> SELECT  SQL_TEXT FROM performance_schema.events_statements_current WHERE THREAD_ID in  (SELEC
T THREAD_ID FROM performance_schema.threads WHERE PROCESSLIST_ID=3);
+-----------------------------------------------+
| SQL_TEXT                                      |
+-----------------------------------------------+
| select * from t2 where score<80 lock in share mode |
+-----------------------------------------------+
1 row in set (0.00 sec)
```

图 3-12

3.4.2 死锁

在 MySQL 中，两个或两个以上的事务相互持有和请求锁，并形成一个循环的依赖关系，就会产生死锁，也就是锁资源请求产生了死循环现象。InnoDB 会自动检测事务死锁，立即回滚其中某个事务，并且返回一个错误。它根据某种机制来选择那个最简单（代价最小）的事务来进行回滚。常见的死锁会报错"ERROR 1213 (40001): deadlock found when trying to get lock; try restarting transaction."。偶然发生的死锁不必担心，InnoDB 存储引擎有一个后台的锁监控线程，该线程负责查看可能的死锁问题，并自动告知用户。

当死锁频繁出现的时候就要引起注意了，可能需要检查应用程序源代码，调整 SQL 操作顺序，或者缩短事务长度。

在 MySQL 5.6 版本之前，只有最新的死锁信息可以使用 show engine innodb status 命令来进行查看。使用 Percona Toolkit 工具包中的 pt-deadlock-logger 可以从 show engine innodb status 的结果中得到指定的时间范围内的死锁信息，同时写入文件或者表中，等待后面的诊断分析。

如果使用的是 MySQL 5.6 以上版本，可以启用一个新增的参数 innodb_print_all_deadlocks （见图 3-13），它能把 InnoDB 中发生的所有死锁信息都记录在错误日志里。

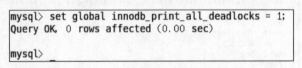

图 3-13

这时可以再去测试一下死锁，错误日志中会出现一条信息："transactions deadlock detected, dumping detailed information."。除了这条死锁信息外，还会有更为详细的 SQL 语句、死锁信息和事务信息。

当两个或多个事务相互持有对方需要的锁时，就会产生死锁，那么如何避免死锁呢？方法如下：

（1）不同程序会并发存取多个表或者涉及多行记录时，尽量约定以相同的顺序访问表，可以大大降低死锁的机会。

（2）对应用程序进行调整，在某些情况下，通过把大事务分解成多个小事务，使得锁能够更快被释放，及时提交或者回滚事务，可减少死锁发生的概率。

（3）在同一个事务中，尽可能做到一次锁定所需要的所有资源，减少死锁产生的概率。

（4）为表添加合理的索引，不用索引将会为表的每一行记录添加上锁，死锁的概率大大增大。

（5）对于非常容易产生死锁的业务部分，可以尝试使用升级锁粒度，通过表锁定来减少死锁产生的概率。

3.5　锁问题的监控

监控事务和锁会对数据库的运行状态有更加全面的认识，在数据库出现异常时也可以很快定位到一些问题。例如，业务设计开发人员开启了事务但是忘了提交，或者事务提交时间过长，都会导致一些数据库的问题产生，严重时会引起数据库故障。下面就如何查看和监控事务、锁信息做一个简单介绍。

我们通过 show full processlist 是为了查看当前 MySQL 是否有压力、都在跑什么语句、当前语句耗时多久了，从中可以看到总共有多少链接数、哪些线程有问题，然后把有问题的线程 kill 掉，临时解决一些突发性的问题。

通过执行 show engine innodb status 命令来查看是否存在锁表情况，如图 3-14 所示。

```
------------
TRANSACTIONS
------------
Trx id counter 7970
Purge done for trx's n:o < 7963 undo n:o < 0 state: running but idle
History list length 6
LIST OF TRANSACTIONS FOR EACH SESSION:
---TRANSACTION 422127593447024, not started
0 lock struct(s), heap size 1136, 0 row lock(s)
---TRANSACTION 7969, ACTIVE 5 sec inserting
mysql tables in use 1, locked 1
LOCK WAIT 2 lock struct(s), heap size 1136, 1 row lock(s), undo log entries 1
MySQL thread id 2, OS thread handle 140652407920384, query id 96 localhost root
update
insert into t2 values(4,'dd',74)
------- TRX HAS BEEN WAITING 5 SEC FOR THIS LOCK TO BE GRANTED:
RECORD LOCKS space id 48 page no 4 n bits 72 index idc_score of table `test`.`t2
` trx id 7969 lock_mode X locks gap before rec insert intention waiting
Record lock, heap no 4 PHYSICAL RECORD: n_fields 2; compact format; info bits 0
 0: len 4; hex 80000050; asc    P;;
 1: len 4; hex 80000003; asc     ;;

------------------
```

图 3-14

MySQL 将事务和锁信息记录在了 information_schema 数据库中，我们只需要查询即可。涉及的表主要有 3 个，即 innodb_trx、innodb_locks、innodb_lock_waits，可以帮我们方便地监控当前的事务并分析可能存在的锁问题。

通过 information_schema.innodb_trx 表查看事务情况，结果如图 3-15 所示。这张表的主要字段有：

- trx_id：唯一的事务 id 号。
- trx_state：当前事务的状态，本例中 7969 事务号是 lock_wait 锁等待状态。
- trx_wait_started：事务开始等待的时间。
- trx_mysql_thread_id：线程 id 与 show full processlist 相对应。
- Trx_query：事务运行的 SQL 语句。
- trx_operation_state：事务运行的状态。

```
mysql> select * from information_schema.innodb_trx\G;
*************************** 1. row ***************************
                    trx_id: 7969
                 trx_state: LOCK WAIT
               trx_started: 2019-08-25 22:58:36
     trx_requested_lock_id: 7969:48:4:4
          trx_wait_started: 2019-08-25 23:04:07
                trx_weight: 3
       trx_mysql_thread_id: 2
                 trx_query: insert into t2 values(4,'dd',74)
       trx_operation_state: inserting
         trx_tables_in_use: 1
         trx_tables_locked: 1
          trx_lock_structs: 2
     trx_lock_memory_bytes: 1136
           trx_rows_locked: 2
         trx_rows_modified: 1
   trx_concurrency_tickets: 0
       trx_isolation_level: REPEATABLE READ
         trx_unique_checks: 1
    trx_foreign_key_checks: 1
 trx_last_foreign_key_error: NULL
 trx_adaptive_hash_latched: 0
 trx_adaptive_hash_timeout: 0
          trx_is_read_only: 0
trx_autocommit_non_locking: 0
*************************** 2. row ***************************
                    trx_id: 4221275934446112
                 trx_state: RUNNING
               trx_started: 2019-08-25 22:58:13
     trx_requested_lock_id: NULL
          trx_wait_started: NULL
```

图 3-15

通过 information_schema.INNODB_LOCKS 表查询锁情况，如图 3-16 所示。INNODB_LOCKS 表主要包含了 InnoDB 事务锁的具体情况，包括事务正在申请加的锁和事务加上的锁。

```
mysql> select * from information_schema. INNODB_LOCKS\G;
*************************** 1. row ***************************
    lock_id: 7969:48:4:4
lock_trx_id: 7969
  lock_mode: X, GAP
  lock_type: RECORD
 lock_table: `test`.`t2`
 lock_index: idc_score
 lock_space: 48
  lock_page: 4
   lock_rec: 4
  lock_data: 80, 3
*************************** 2. row ***************************
    lock_id: 422127593446112:48:4:4
lock_trx_id: 422127593446112
  lock_mode: S
  lock_type: RECORD
 lock_table: `test`.`t2`
 lock_index: idc_score
 lock_space: 48
  lock_page: 4
   lock_rec: 4
  lock_data: 80, 3
2 rows in set, 1 warning (0.00 sec)

ERROR:
No query specified
```

图 3-16

通过 information_schema.INNODB_LOCK_waits 查看锁阻塞情况，如图 3-17 所示，字段 requesting_trx_id 请求锁的事务 ID（等待方），字段 blocking_trx_id 阻塞该锁的事务 ID（当前持有方，待释放）。

```
mysql> select * from information_schema. INNODB_LOCK_waits\G;
*************************** 1. row ***************************
 requesting_trx_id: 7969
 requested_lock_id: 7969:48:4:4
  blocking_trx_id: 422127593446112
 blocking_lock_id: 422127593446112:48:4:4
1 row in set, 1 warning (0.00 sec)

ERROR:
No query specified

mysql>
```

图 3-17

第 4 章

◀ SQL 语句性能优化 ▶

说起 SQL 语句性能优化，相信所有人都了解一些简单的技巧：不使用 SELECT *、不使用 NULL 字段、合理地使用索引、为字段选择恰当的数据类型等。你是否真的理解这些优化技巧？是否理解其背后的工作原理？本章从理论和实战角度出发，讲解这些优化建议背后的原理。

4.1 MySQL 查询过程

很多 SQL 查询优化工作实际上就是遵循一些原则让 MySQL 的优化器能够按照预想的合理方式运行而已。所以，如果希望 MySQL 能够获得更快的查询性能，那么最好的方法就是搞明白 MySQL 是如何优化和执行 SQL 查询的。

当向 MySQL 发送一个 SQL 请求的时候，MySQL 的查询执行过程如图 4-1 所示。

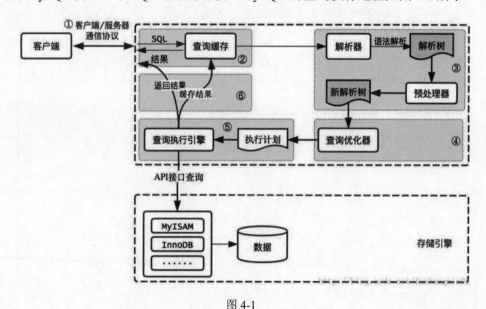

图 4-1

客户端用一个单独的数据包将查询请求发送给服务器，所以当查询语句很长的时候，需要设置 max_allowed_packet 参数，即服务器端和客户端在一次传送数据包的过程中数据包的大小（最大限制），如果超出这个值，服务端会拒绝接收更多数据并抛出异常。然而，服务器响应给用户的数据通常会很多，是由多个数据包组成的。当服务器响应客户端请求时，客户端必须完整地接收整个返回结果，而不能只是简单地取出前面几条结果，然后让服务器停止发送。所以，在开发过程中，要保持查询尽量简单而且只返回必需的数据。为了减小通信间数据包的大小和数量、降低不必要的 I/O，一个优秀的习惯是在查询中尽量避免使用 SELECT *以及加上 LIMIT 限制。

在解析一个查询语句前，如果查询缓存是打开的，那么 MySQL 会检查这个查询语句是否命中查询缓存中的数据。查询缓存通过 Query Cache 进行操作，如果当前查询恰好命中查询缓存，就在检查一次用户权限后直接返回缓存中的结果。Query Cache 和 Buffer Pool 缓存机制有很大的区别。Query Cache 缓存的是 SQL 语句及对应的结果集，缓存在内存，最简单的情况是 SQL 语句一直不重复，那么 Query Cache 的命令率肯定是 0。Buffer Pool 中缓存的是整张表中的数据，缓存在内存，即使 SQL 语句再变，只要数据都在内存，那么命中率就是 100%。另外两个查询在任何字符上稍微有一点不同（例如：空格、注释），都会导致 Query Cache 查询缓存不会命中。而且查询语句中包含任何不确定的函数（比如 now()、current_date()），其查询结果都不会被缓存。

既然是缓存，那么查询缓存何时失效呢？对于 Query Cache 这个查询缓存来说，如果数据表被更改，那么和这个数据表相关的全部 Cache 都会无效并删除。如果你的数据表更新频繁的话，MySQL 的查询缓存系统会跟踪查询中涉及的每个表，对于密集写操作，启用查询缓存后很可能造成频繁的缓存失效，间接引发内存激增及 CPU 飙升，对已经非常忙碌的数据库系统是一种极大的负担。所以在生产环境中通常建议将 Query Cache 全面禁用。

解析器通过关键字将 SQL 语句进行解析，并生成对应的解析树。MySQL 解析器将使用 MySQL 语法规则验证和解析查询。预处理则根据一些 MySQL 规则进一步检查解析树是否合法，例如检查数据表和数据列是否存在，还会解析名字和别名，看看它们是否有歧义。

查询优化器会将解析树转化成执行计划。一条查询可以有多种执行方法，最后都是返回相同结果。优化器的作用就是分析出最优化数据检索的方式，找到其中最好的执行计划。MySQL 使用基于成本的优化器，尝试预测一个查询使用某种执行计划时的成本，并选择其中成本最小的一个。MySQL 计算当前查询的成本，是根据一些列的统计信息计算得来的，这些统计信息包括每张表或者索引的页面个数、索引的基数、索引和数据行的长度、索引的分布情况等。有非常多的原因会导致 MySQL 选择错误的执行计划，比如统计信息不准确。需要注意的是，MySQL 只选择它认为成本小的为最优，但是成本小并不意味着执行时间短。

生成执行计划的过程会消耗较多的时间，特别是存在许多可选的执行计划时。如果在一条 SQL 语句执行的过程中，将该语句对应的最终执行计划进行缓存，当相似的语句再次被输入服务器时，就可以直接使用已缓存的执行计划，从而跳过 SQL 语句生成执行计划的整个过程，进而提高语句的执行速度。

现在，让我们总结一下 MySQL 整个查询执行过程，总的来说分为 5 个步骤：

（1）客户端向 MySQL 服务器发送一条查询请求。

（2）服务器首先检查查询缓存，如果命中缓存，则立刻返回存储在缓存中的结果，否则进入下一阶段。

（3）服务器进行 SQL 解析、预处理，再由优化器生成对应的执行计划。

（4）MySQL 根据执行计划，调用存储引擎的 API 来执行查询。

（5）查询执行的最后一个阶段是将结果返回给客户端。即使查询不需要返回结果给客户端，MySQL 仍然会返回这个查询的一些信息，如该查询影响到的行数。

4.2 创建高性能索引

4.2.1 索引的原理

索引是提高 MySQL 查询性能的一个重要途径。应当尽量避免事后才想起添加索引，因为事后可能需要监控大量的 SQL 才能定位到问题所在，而且增加索引的时间肯定是远大于初始增加索引所需要的时间。

我们使用索引，就是为了提高查询的效率，如同查字典一样，索引的本质就是不断缩小获取数据的筛选范围，同时把随机的事件变成顺序的事件，找出我们想要锁定的数据。

我们先对索引结构进行了解。数据库中实际使用的索引并不会是链表结构，因为效率太低了。数据库中的索引使用的是树形结构。

如果二叉查找树可以任意构造，那么同样是 2、3、5、6、7、8 这 6 个数字，按照图 4-2 的方式来构造的话，查询效率就太低了。

图 4-2

若想二叉树的查询效率尽可能高，需要这棵二叉树是平衡的，即平衡二叉树，如图 4-3 所示。所有节点至多拥有两个子节点，节点左指针指向小于其关键字的子树，右指针指向大于其关键字的子树。

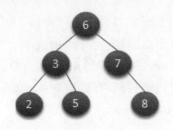

图 4-3

索引往往以索引文件的形式存储在磁盘上。这样的话，索引查找过程中就要产生磁盘 I/O 消耗，相对于内存存取，I/O 存取的消耗要高几个数量级。如果索引是采用平衡二叉树的结构，可以想象一下一棵几百万节点的二叉树，每读取一个节点，需要一次磁盘的 I/O 读取，整个查找的耗时显然是不能够接受的。每次读取的磁盘页的数据中有许多是用不上的。因此，查找过程中要进行许多次的磁盘读取操作。适合作为索引的结构应该是尽可能少地执行磁盘 I/O 操作，因为执行磁盘 I/O 操作是非常耗时的。因此，平衡二叉树还不是很适合作为索引结构。减少磁盘 I/O 的次数就必须压缩树的高度，让瘦高的树尽量变成矮胖的树。

BTree 是为了充分利用磁盘预读功能而创建的一种数据结构。BTree 相对于平衡二叉树缩减了节点个数，使每次磁盘 I/O 取到内存的数据都发挥了作用，从而提高了查询效率。

B+Tree 是在 BTree 基础上的一种优化，其更适合实现外存储索引结构，MySQL 的 InnoDB 存储引擎就是用 B+Tree 实现其索引结构的。B+Tree 比 BTree 更适合作为索引的结构，它是 BTree 的变种，是基于 BTree 来改进的。数据库索引采用 B+Tree 的主要原因是 BTree 在提高了磁盘 I/O 性能的同时，并没有解决元素遍历的效率低下的问题。B+Tree 也是一种多路搜索树，只要遍历叶子节点就可以实现整棵树的遍历，B+Tree 的结构也特别适合带有范围的查找。

与 BTree 相比，B+Tree 有以下不同点：非叶子节点不存储 data，只存储索引 key；只有叶子节点才存储 data。B+Tree 的结构如图 4-4 所示。

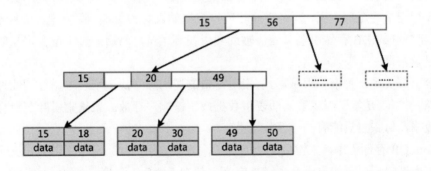

图 4-4

理解 B+Tree 时，只需要理解其最重要的两个特征即可：第一，所有的关键字（可以理解为数据）都存储在叶子节点（Leaf Page），非叶子节点（Index Page）并不存储真正的数据，所有记录节点都是按键值大小顺序存放在同一层叶子节点上。其次，所有的叶子节点由指针连接。

MySQL 中 B+Tree 在经典 B+Tree 的基础上进一步做了优化，增加了顺序访问指针。如图 4-5 所示，在 B+Tree 的每个叶子节点增加一个指向相邻叶子节点的指针，就形成了带有顺序访问指针的 B+Tree。如果要查询 key 为从 15 到 49 的所有数据记录，当找到 15 后，只需顺着节点和指针顺序遍历就可以一次性访问到所有数据节点，这样就提高了区间访问性能（无须返回上层父节点重复遍历查找减少 I/O 操作）。

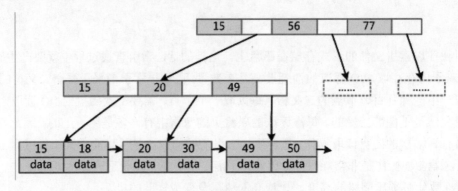

图 4-5

B+Tree 结构尽量减少查找过程中磁盘 I/O 的存取次数，只在叶子节点存储数据；所有叶子结点包含一个链指针；其他内层非叶子节点只存储索引数据；只利用索引快速定位数据索引范围，先定位索引再通过索引高效、快速定位数据。

为表设置索引是要付出代价的：一是增加了数据库的存储空间，二是在插入和修改数据时要花费较多的时间（因为索引也要随之变动）。

4.2.2　聚集索引和辅助索引

数据库中的 B+Tree 索引可以分为聚集索引（clustered index）和辅助索引（secondary index）。聚集索引与辅助索引的不同在于叶子结点存放的是否是一整行的记录数据。辅助索引的叶子节点并不包含行记录的全部数据，而是存储相应行数据的聚集索引键，即主键。当通过辅助索引来查询数据时，InnoDB 存储引擎会遍历辅助索引找到主键，然后通过主键在聚集索引中找到完整的行记录数据。

聚集索引其实是一种索引组织形式，索引键值的逻辑顺序决定了表数据行的物理存储顺序。InnoDB 存储引擎表是索引组织表，即表中数据按主键顺序存放。聚集索引叶节点存放整张表的行记录数据，每张表只能有一个聚集索引。

对于 InnoDB 存储引擎，主键毫无疑问是一个聚集索引。如果一个主键被定义了，那么这个主键就作为聚集索引。如果没有主键被定义，那么 InnoDB 取第一个唯一索引（unique）而且只含非空列（NOT NULL）作为主键，InnoDB 使用它作为聚集索引。如果没有这样的列，InnoDB 就自己产生一个 ID 值，它有 6 个字节，而且是隐藏的，使其作为聚集索引。如果表使用自增列（INT/BIGINT 类型）做主键，这时写入顺序是自增的，和 B+树叶子节点分裂顺序一致，避免了插入过程中的聚集索引排序问题。如果使用非自增主键（如身份证号或学号等），由于每次插入主键的值近似于随机，因此每次新记录都要被插到现有索引页的中间某个位置，此时 MySQL 不得不为了将新记录插到合适位置而移动数据，而频繁的移动、分页操作会造成大量的碎片，增加很多开销。

除了聚集索引外，表中其他索引都是辅助索引（Secondary Index，二级索引，或称为非聚集索引），与聚集索引的区别是：辅助索引的叶子节点不包含行记录的全部数据。叶子节点除了包含键值以外，每个叶子节点中的索引行中还包含一个书签（bookmark）。该书签用来告诉 InnoDB 存储引擎去哪里可以找到与索引相对应的行数据。

辅助索引的存在并不影响数据在聚集索引中的组织，因此每张表上可以有多个辅助索引，但只能有一个聚集索引。当通过辅助索引来寻找数据时，InnoDB 存储引擎会遍历辅助索引并通过叶子级别的指针获得相应的主键索引的主键,然后通过主键索引来找到一个完整的行记录。

4.2.3　Index Condition Pushdown

Index Condition Pushdown（简称 ICP）是 MySQL 使用索引从表中检索行数据的一种优化方式。ICP 的目标是减少从基表中读取操作的数量，从而降低 I/O 操作。禁用 ICP，存储引擎会通过遍历索引定位基表中的行，然后返回给 Server 层，再去为这些数据行进行 WHERE 后的条件过滤。现在开启 ICP 这个特性，如果部分 WHERE 条件能使用索引中的字段，MySQL Server 就会把这部分下推到存储引擎层。存储引擎通过索引过滤，把满足的行从表中读取出。ICP 能减少引擎层访问基表的次数和 MySQL Server 访问存储引擎的次数。总之，ICP 的加速效果取决于在存储引擎内通过 ICP 筛选掉的数据的比例。如果引擎层能够过滤掉大量的数据，就能减少 I/O 次数、提高查询语句性能。

对于 InnoDB 表，ICP 只适用于辅助索引，当使用 ICP 优化时，执行计划的 Extra 列显示 Using index condition 提示。MySQL 开启 ICP 的方法也很简单：SET optimizer_switch= "index_condition_pushdown=on"。

下面使用场景举例说明 ICP 原理。比如 People 表有一个二级索引 INDEX (zipcode, lastname, firstname)，用户只知道某用户的 zipcode 和大概的 lastname、address，却想查询相关信息。

若不使用 ICP,则是通过二级索引中 zipcode 的值去基表取出所有 zipcode='350001'的数据，然后 Server 层再对"lastname LIKE '%jerry%'AND address LIKE '%Main Street%';"进行过滤：

```
SELECT * FROM people WHERE zipcode='350001'AND lastname LIKE '%etrunia%' AND
address LIKE '%Main Street%'
```

实验举例

一张表默认只有一个主索引，因为 ICP 只能作用于二级索引，所以我们建立一个二级索引，语句为"ALTER TABLE employees ADD INDEX first_name_last_name (first_name, last_name)"，如图 4-6 所示。这样就建立了一个 first_name 和 last_name 的联合索引。

```
mysql> ALTER TABLE employees ADD INDEX first_name_last_name (first_name, last_na
me);
Query OK, 0 rows affected (1.16 sec)
Records: 0  Duplicates: 0  Warnings: 0

mysql> desc employees;
+------------+--------------+------+-----+---------+-------+
| Field      | Type         | Null | Key | Default | Extra |
+------------+--------------+------+-----+---------+-------+
| emp_no     | int(11)      | NO   | PRI | NULL    |       |
| birth_date | date         | NO   |     | NULL    |       |
| first_name | varchar(14)  | NO   | MUL | NULL    |       |
| last_name  | varchar(16)  | NO   |     | NULL    |       |
| gender     | enum('M','F')| NO   |     | NULL    |       |
| hire_date  | date         | NO   |     | NULL    |       |
+------------+--------------+------+-----+---------+-------+
6 rows in set (0.00 sec)
```

图 4-6

为了明确看到查询性能，启用 profiling 并关闭 Query Cache，如图 4-7 所示。

```
mysql> SET profiling = 1;
Query OK, 0 rows affected, 1 warning (0.00 sec)

mysql> SET query_cache_type = 0;
Query OK, 0 rows affected, 1 warning (0.00 sec)

mysql> SET GLOBAL query_cache_size = 0;
Query OK, 0 rows affected, 1 warning (0.00 sec)
```

图 4-7

在"SELECT * FROM employees WHERE first_name='Mary' AND last_name LIKE '%man'"
中查询，根据 MySQL 索引的前缀匹配原则，两者对索引的使用是一致的，即只有 first_name
采用索引，last_name 由于使用了模糊前缀，无法使用索引进行匹配。将查询执行 3 次，执行
语句 show profiles，结果如图 4-8 所示。

```
mysql> show profiles;
+----------+------------+--------------------------------------------------------------------+
| Query_ID | Duration   | Query                                                              |
+----------+------------+--------------------------------------------------------------------+
|        1 | 0.00008800 | SET query_cache_type = 0                                           |
|        2 | 0.00017000 | SET GLOBAL query_cache_size = 0                                    |
|        3 | 0.00332325 | SELECT * FROM employees WHERE first_name='Mary' AND last_name LIKE '%man' |
|        4 | 0.00038200 | SELECT * FROM employees WHERE first_name='Mary' AND last_name LIKE '%man' |
|        5 | 0.00044775 | SELECT * FROM employees WHERE first_name='Mary' AND last_name LIKE '%man' |
+----------+------------+--------------------------------------------------------------------+
5 rows in set, 1 warning (0.00 sec)
```

图 4-8

查看执行计划（查询 SQL 的查询执行计划，在 select 语句前加上 EXPLAIN 即可）：explain
SELECT * FROM employees WHERE first_name='Mary' AND last_name LIKE '%man'，如图 4-9
所示。

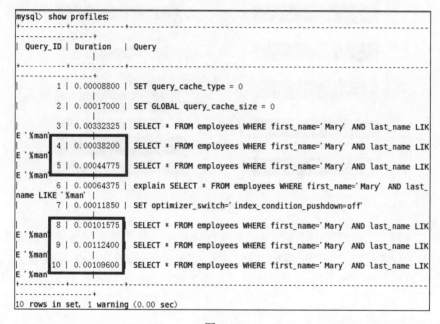

```
mysql> explain SELECT * FROM employees WHERE first_name='Mary' AND last_name LIK
E '%man';
+----+-------------+-----------+------------+------+---------------------+-----
---------------+--------+---------+-------+------+----------+---------------------+
| id | select_type | table     | partitions | type | possible_keys       | key
                   | key_len | ref   | rows | filtered | Extra               |
+----+-------------+-----------+------------+------+---------------------+-----
---------------+--------+---------+-------+------+----------+---------------------+
|  1 | SIMPLE      | employees | NULL       | ref  | first_name_last_name | firs
t_name_last_name | 44     | const   | 224  |    11.11 | Using index condition |
+----+-------------+-----------+------------+------+---------------------+-----
---------------+--------+---------+-------+------+----------+---------------------+
1 row in set, 1 warning (0.00 sec)
```

图 4-9

关闭 ICP（ICP 禁用），执行 SET optimizer_switch='index_condition_pushdown=off' 语句，再运行 3 次相同的查询，结果如图 4-10 所示。

```
mysql> show profiles;
+----------+------------+----------------------------------------------------------
----------------+
| Query_ID | Duration   | Query
                |
+----------+------------+----------------------------------------------------------
----------------+
|        1 | 0.00008800 | SET query_cache_type = 0
|
|        2 | 0.00017000 | SET GLOBAL query_cache_size = 0
|
|        3 | 0.00332325 | SELECT * FROM employees WHERE first_name='Mary' AND last_name LIK
E '%man'|
|        4 | 0.00038200 | SELECT * FROM employees WHERE first_name='Mary' AND last_name LIK
E '%man'|
|        5 | 0.00044775 | SELECT * FROM employees WHERE first_name='Mary' AND last_name LIK
E '%man'|
|        6 | 0.00064375 | explain SELECT * FROM employees WHERE first_name='Mary' AND last_
name LIKE '%man' |
|        7 | 0.00011850 | SET optimizer_switch='index_condition_pushdown=off'
|
|        8 | 0.00101575 | SELECT * FROM employees WHERE first_name='Mary' AND last_name LIK
E '%man'|
|        9 | 0.00112400 | SELECT * FROM employees WHERE first_name='Mary' AND last_name LIK
E '%man'|
|       10 | 0.00109600 | SELECT * FROM employees WHERE first_name='Mary' AND last_name LIK
E '%man'|
+----------+------------+----------------------------------------------------------
----------------+
10 rows in set, 1 warning (0.00 sec)
```

图 4-10

禁用 ICP 后，同样的查询，耗时是之前的两倍多。下面我们用 explain 看看后者的执行计划：explain SELECT * FROM employees WHERE first_name='Mary' AND last_name LIKE '%man'，如图 4-11 所示。

```
mysql> explain SELECT * FROM employees WHERE first_name='Mary' AND last_name LIKE '%man';
+----+-------------+-----------+------------+------+---------------------+-----
-------+--------+---------+-------+------+----------+-------------+
| id | select_type | table     | partitions | type | possible_keys       | key
       | key_len | ref   | rows | filtered | Extra       |
+----+-------------+-----------+------------+------+---------------------+-----
-------+--------+---------+-------+------+----------+-------------+
|  1 | SIMPLE      | employees | NULL       | ref  | first_name_last_name | first_name_last
_name | 44     | const   | 224  |    11.11 | Using where |
+----+-------------+-----------+------------+------+---------------------+-----
-------+--------+---------+-------+------+----------+-------------+
1 row in set, 1 warning (0.00 sec)
```

图 4-11

从开启 ICP 和禁用 ICP 的执行计划可以看到区别在于 Extra 列：开启 ICP 时，用的是 Using index condition；关闭 ICP 时，Extra 列是 Using where。

4.2.4　Multi-Range Read Optimization

Multi-Range Read Optimization（简称 MRR）是优化器将随机 I/O 转化为顺序 I/O，目的是减少磁盘的随机访问，以降低查询过程中 I/O 的开销，对 I/O-bound 类型的 SQL 语句性能带来极大的提升。

如图 4-12 所示，在不使用 MRR 时，优化器需要根据二级索引返回的记录来进行"回表"，这个过程一般会有较多的随机 I/O。

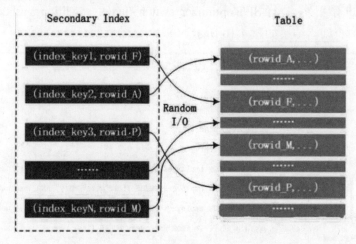

图 4-12

如图 4-13 所示，在使用 MRR 时，MRR 的优化在于，并不是每次通过辅助索引回表取记录，而是将其 rowid 缓存起来，然后对 rowid 进行排序后再去访问记录，优化器将二级索引随机的 I/O 进行排序，转化为主键的有序排列，从而实现随机 I/O 到顺序 I/O 的转化，大幅提升性能。

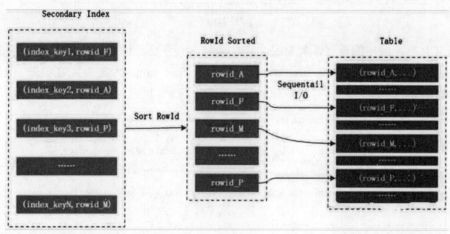

图 4-13

对比一下 mrr=on & mrr=off 时的执行计划，其中测试表 t1 的表结构如图 4-14 所示。

```
mysql> CREATE TABLE t1 (
    ->    `id` int(11) NOT NULL AUTO_INCREMENT,
    ->    `a` int(11) DEFAULT NULL,
    ->    `b` int(11) DEFAULT NULL,
    ->    `c` int(11) DEFAULT NULL,
    ->    PRIMARY KEY (`id`),
    ->    KEY `mrrx` (`a`,`b`),
    ->    KEY `xx` (`c`)
    -> );
Query OK, 0 rows affected (0.04 sec)
```

图 4-14

如图 4-15 所示，在关掉 MRR 的情况下，执行计划使用的是索引 xx(c)，即从索引 xx 上读取一条数据后回表，取回该主键的完整数据，当数据较多且比较分散的情况下会有比较多的随机 I/O，导致性能低下。

```
mysql> set optimizer_switch='mrr=off';
Query OK, 0 rows affected (0.00 sec)

mysql> explain select * from t1 where (a between 1 and 10) and (c between 9 and 10);
+----+-------------+-------+------------+-------+---------------+------+---------+------+--
----+----------+----------------------------------+
| id | select_type | table | partitions | type  | possible_keys | key  | key_len | ref  | r
ows | filtered | Extra                            |
+----+-------------+-------+------------+-------+---------------+------+---------+------+--
----+----------+----------------------------------+
|  1 | SIMPLE      | t1    | NULL       | range | mrrx, xx      | mrrx | 5       | NULL |
 1 |   100.00 | Using index condition; Using where |
+----+-------------+-------+------------+-------+---------------+------+---------+------+--
----+----------+----------------------------------+
1 row in set, 1 warning (0.00 sec)
```

图 4-15

在 MySQL 当前版本中，基于成本的算法过于保守，导致大部分情况下优化器都不会选择 MRR 特性。为了确保优化器使用 MRR 特性，需要执行 SQL 语句：" set optimizer_switch='mrr=on,mrr_cost_based=off '"，如图 4-16 所示。可以看到 extra 的输出中多了 Using MRR 信息，即使用 MRR Optimization I/O 层面进行了优化，可以减少 I/O 方面的开销。

```
mysql> set optimizer_switch='mrr=on, mrr_cost_based=off';
Query OK, 0 rows affected (0.00 sec)

mysql>
mysql> explain select * from t1 where (a between 1 and 10) and (c between 9 and 10);
+----+-------------+-------+------------+-------+---------------+------+---------+------+--
----+----------+---------------------------------------------+
| id | select_type | table | partitions | type  | possible_keys | key  | key_len | ref  | r
ows | filtered | Extra                                       |
+----+-------------+-------+------------+-------+---------------+------+---------+------+--
----+----------+---------------------------------------------+
|  1 | SIMPLE      | t1    | NULL       | range | mrrx, xx      | mrrx | 5       | NULL |
 1 |   100.00 | Using index condition; Using where; Using MRR |
+----+-------------+-------+------------+-------+---------------+------+---------+------+--
----+----------+---------------------------------------------+
1 row in set, 1 warning (0.00 sec)
```

图 4-16

测试用例都是在 mrr_cost_based=OFF 的情况下进行的，因为 SQL 语句是否使用 MRR 优化依赖于其代价的大小（优化器的代价计算是一个比较复杂的过程，无论是 MRR 还是 BKA 都只是优化器进行优化的方法），当其发现优化后的代价过高时就会不使用该项优化。因此在使用 MRR 相关的优化时，尽量设置 mrr_cost_based=ON，毕竟大多数情况下优化器是对的。

在不使用 MRR 之前，先根据 where 条件中的辅助索引获取辅助索引与主键的集合，再通过主键来获取对应的值。利用辅助索引获取的主键来访问表中的数据会导致随机的 I/O（辅助索引的存储顺序并非与主键的顺序一致），随机主键不在同一个 page 里时会导致多次 I/O 和随机读。使用 MRR 优化的好处是能使数据访问变得较有顺序。它将根据辅助索引获取的结果集根据主键进行排序，将无序化为有序，可以用主键顺序访问基表，将随机读转化为顺序读，多页数据记录可一次性读入或根据此次的主键范围分次读入，减少 I/O 操作，提高查询效率。

相关参数如下：

- mrr=on,mrr_cost_based=on：表示 cost base 的方式还选择启用 MRR 优化，当发现优化后的代价过高时就会不使用该项优化。
- mrr=on,mrr_cost_based=off：表示总是开启 MRR 优化。

4.2.5　Batched Key Access

直白地说，Batched Key Access（BKA）是提高表 join 性能的算法，是在表连接的过程中为了提升 join 性能而使用的一种 join buffer，作用是在读取被连接表的记录时使用顺序 I/O。

对于嵌套循环（Nested Loop），如果关联的表数据量很大，那么 join 关联的时间会很长。后来 MySQL 引入了 BNL（Block Nested Loop）算法来优化嵌套循环。BNL 算法通过使用在外部循环中读取行的缓冲来减少内部循环中的表必须被读取的次数。

BNL 算法原理将外层循环的行/结果集存入 join buffer，内存循环的每一行数据与整个 buffer 中的记录做比较，以减少内层循环的扫描次数。举个简单的例子：外层循环结果集有 1000 行数据，如果使用 BNL 算法，则先取出外层表结果集的 100 行存放到 join buffer 缓冲区，然后用内层表的每一行数据去和缓冲区中的 100 行结果集做比较，可以一次性与 100 行数据进行比较，这样内层表其实只需要循环 1000/100=10 次，减少了 9/10。

BKA 的原理是对于多表 join 语句，将外部表中相关的列放入 join buffer 中。批量地将 Key（索引键值）发送到 Multi-Range Read（MRR）接口。Multi-Range Read（MRR）根据收到的 Key 对应的 ROWID 进行排序，然后进行数据的读取操作。

BKA join 算法将能极大地提高 SQL 的执行效率，特别是在内部表上有索引并且该索引为非主键，联接需要访问内部表主键上的索引的情况下。这时 BKA 算法会调用 Multi-Range Read（MRR）接口，批量地进行索引键的匹配和主键索引上获取数据的操作，以此来提高联接的执行效率，因为读取数据是以顺序磁盘 I/O 而不是随机磁盘 I/O 进行的。

BKA 使用 join buffer size 来确定 buffer 的大小，buffer 越大缓冲区越大，对联接操作的右侧表的顺序访问就越多，可以显著提高性能。

BNL 比 BKA 出现得早，BKA 直到 MySQL 5.6 才出现。BNL 主要用于被 join 的表上无索引，而 BKA 主要是指在被 join 表上有索引可以利用，那么就在行提交给被 join 的表之前，对这些行按照索引字段进行排序，因此减少了随机 I/O。如果被 join 的表上没有索引，则使用老版本的 BNL 策略。

我们看一个演示例子，还是用 MySQL 的一个示例数据库，可以在 GitHub 上下载（下载地址：https://github.com/datacharmer/test_db）。要使用 BKA，必须将 optimizer_switch 系统变量的 batched_key_access 标志设置为 on。BKA 使用 MRR，因此 MRR 功能也必须打开。MRR 基于 mrr_cost_based 的成本估算并不能保证总是使用 MRR，因此 mrr_cost_based 也必须关闭才能使用 BKA。

以下语句设置启用 BKA：

```
mysql> set optimizer_switch="mrr=on,mrr_cost_based=off,
batched_key_access=on"
```

如图 4-17 所示，启用 BKA，用 explain 查看执行计划，在执行计划的 extra 信息中看到的是 using join buffer(Block Nested Loop)。

图 4-17

这时添加一个索引，如图 4-18 所示，在 EXPLAIN 输出中，当 Extra 值包含 Using join buffer(Batched Key Access)且类型值为 ref 或 eq_ref 时，表示使用 BKA。

图 4-18

除了使用 optimizer_switch 系统变量来控制优化程序在会话范围内使用 BNL 和 BKA 算法

53

之外，MySQL 还支持优化程序提示 hint，如图 4-19 所示。

使用 hint，强制用 BKA 的方法语句使用示例：

```
mysql> explain SELECT /*+ bka(a)*/ a.gender, b.dept_no FROM employees a,
dept_emp b WHERE a.birth_date = b.from_date。
```

```
mysql> explain SELECT /*+ bka(a)*/ a.gender, b.dept_no FROM employees a, dept_emp b WHERE a.birth_date = b.from_dat
e;
+----+-------------+-------+------------+------+---------------+------------+---------+------------------+--------+
| id | select_type | table | partitions | type | possible_keys | key        | key_len | ref              | rows   |
 filtered | Extra         |
+----+-------------+-------+------------+------+---------------+------------+---------+------------------+--------+
|  1 | SIMPLE      | b     | NULL       | ALL  | NULL          | NULL       | NULL    | NULL             | 331143 |
  100.00 | NULL          |
|  1 | SIMPLE      | a     | NULL       | ref  | birth_date    | birth_date | 3       | test.b.from_date |     63 |
  100.00 | Using join buffer (Batched Key Access) |
+----+-------------+-------+------------+------+---------------+------------+---------+------------------+--------+
2 rows in set, 1 warning (0.00 sec)

mysql>
```

图 4-19

4.3 慢 SQL 语句优化思路

对慢 SQL 语句优化一般可以按下面几步思路：开启慢查询日志，设置超过几秒为慢 SQL 语句，抓取慢 SQL 语句；通过 explain 查看执行计划，对慢 SQL 语句分析；创建索引并调整语句，再查看执行计划，对比调优结果。

4.3.1 抓取慢 SQL 语句

索引是提高 MySQL 查询性能的一个重要途径。应当尽量避免事后才想起添加索引，因为事后可能需要监控大量的 SQL 才能定位到问题所在，而且增加索引的时间肯定远大于初始增加索引所需要的时间。

某些 SQL 语句执行完毕所花费的时间特别长，我们将这种响应比较慢的语句记录在慢查询日志中。不要被"查询日志"的名字误导，错误地以为慢查询日志只会记录执行比较慢的 select 语句，其实不然，insert、delete、update、call 等 DML 操作只要是超过了指定的时间，都可以称为"慢查询"，都会被记录在慢查询日志中。默认情况下，慢查询日志是不被开启的，如果需要，可以手动开启，开启慢查询日志之后，默认设置下执行超过 10 秒的语句才会被记录到慢查询日志中。当然，超过多长时间才是我们认为的"慢"，可以自定义这个阈值。

先来看看跟慢查询日志相关的常用参数，如图 4-20 所示。

```
mysql> show variables like '%quer%';
+------------------------------------+---------------------+
| Variable_name                      | Value               |
+------------------------------------+---------------------+
| binlog_rows_query_log_events       | OFF                 |
| ft_query_expansion_limit           | 20                  |
| have_query_cache                   | YES                 |
| log_queries_not_using_indexes      | OFF                 |
| log_throttle_queries_not_using_indexes | 0               |
| long_query_time                    | 10.000000           |
| query_alloc_block_size             | 8192                |
| query_cache_limit                  | 1048576             |
| query_cache_min_res_unit           | 4096                |
| query_cache_size                   | 0                   |
| query_cache_type                   | OFF                 |
| query_cache_wlock_invalidate       | OFF                 |
| query_prealloc_size                | 8192                |
| slow_query_log                     | ON                  |
| slow_query_log_file                | /data/mysql/slow.log |
+------------------------------------+---------------------+
15 rows in set (0.06 sec)
```

图 4-20

- 参数 slow_query_log：表示是否开启慢查询日志。语句 "set global slow_query_log=on" 临时开启慢查询日志，如果想关闭慢查询日志只需要执行 "set global slow_query_log = off" 即可。

- 参数 slow_query_log_file：当使用文件存储慢查询日志时（log_output 设置为 "FILE" 或者 "FILE,TABLE" 时），指定慢查询日志存储于哪个日志文件中，默认的慢查询日志文件名为 "主机名-slow.log"，慢查询日志的位置为 datadir 参数所对应的目录位置。另外，在 MySQL 5.7.2 之后，如果设置了慢日志是写到文件里，就需要设置 log_timestamps（默认是 UTC 时间，比我们晚 8 小时，需要设置为系统时间 log_timestamps=SYSTEM）来控制写入到慢日志文件里面的时区（该参数同时影响 general 日志和 error 日志）。

- 参数 long_query_time：表示 "多长时间的查询" 被认定为 "慢查询"，默认值为 10 秒，表示超过 10 秒的查询被认定为慢查询。语句 "set long_query_time=5" 表示现在起所有执行时间超过 1 秒的 SQL 都将被记录到慢查询文件中。

- 参数 log_queries_not_using_indexes：表示如果运行的 SQL 语句没有使用到索引，是否也被当作慢查询语句记录到慢查询日志中，OFF 表示不记录，ON 表示记录。

- 参数 log_throttle_queries_not_using_indexes：当 log_queries_not_using_indexes 设置为 ON 时，没有使用索引的查询语句也会被当作慢查询语句记录到慢查询日志中。使用 log_throttle_queries_not_using_indexes 可以限制这种语句每分钟记录到慢查询日志中的次数，因为在生产环境中有可能有很多没有使用索引的语句，此类语句频繁地被记录到慢查询日志中，可能会导致慢查询日志快速不断地增长，管理员可以通过此参数进行控制。

慢查询日志中给出了账号、主机、运行时间、锁定时间、返回行等信息，然后根据这些信息来分析此 SQL 语句哪里出了问题。当开始使用慢查询功能后，可能随着慢查询日志越来越大，通过 vi 或 cat 命令不能很直观地查看慢查询日志，这时就可以使用 MySQL 内置的 mysqldumpslow 命令来进行分析。

如图 4-21 所示，使用 mysqldumpslow 进行分析，命令为 mysqldumpslow -t 10 /data/mysql/mysql-slow.log，作用是显示出慢查询日志中最慢的 10 条 SQL。

```
[                        ]# mysqldumpslow -t 10  /data/mysql/mysql-slow.log
Reading mysql slow query log from /data/mysql/mysql-slow.log
Count: 1   Time=304.34s (304s)  Lock=0.00s (0s)  Rows=1353340.0 (1353340), root[root]@[127.0.0.1]
  SELECT name,pen_name,cover,audience,state,last_few,last_update_time from comic

Count: 6   Time=103.11s (618s)  Lock=0.00s (0s)  Rows=0.0 (0), root[root]@[127.0.0.1]
  insert into front_comic (name,pen_name,cover,seo_title,uid,tag,audience,last_few,last_update_time
_time from front_comic

Count: 5   Time=58.21s (291s)  Lock=0.00s (0s)  Rows=0.0 (0), root[root]@[127.0.0.1]
  INSERT into front_comic SELECT * from front_comic

Count: 1   Time=47.84s (47s)  Lock=0.00s (0s)  Rows=50520.0 (50520), root[root]@[127.0.0.1]
  SELECT * FROM `front_comic`

Count: 1   Time=24.51s (24s)  Lock=0.00s (0s)  Rows=388032.0 (388032), root[root]@[127.0.0.1]
  SELECT name,pen_name from front_comic
```

图 4-21

mysqldumpslow 命令的主要参数如下：

- -s 表示按照何种方式排序，c、t、l、r 分别是按照记录次数、时间、查询时间、返回的记录数来排序，ac、at、al、ar 表示相应的倒叙。
- -t 是 top n 的意思，即返回前面多少条数据。
- -g 后边可以写一个正则匹配模式，大小写不敏感的。

例如，mysqldumpslow -s r -t 20 /database/mysql/slow-log 表示为得到返回记录集最多的 20 个查询；mysqldumpslow -s t -t 20 -g "left join" /database/mysql/slow-log 表示得到按照时间排序的前 20 条里面含有左连接的查询语句。

mysqldumpslow 是 MySQL 安装后就自带的工具，用于分析慢查询日志；但是 pt-query-digest 却不是 MySQL 自带的。percona-toolkit 工具是 DBA 运维工作的强大武器，安装后有一组命令，其中 pt-query-digest 命令捕获线上 SQL 语句，对其进行分析，生成慢查询日志的分析报告。

pt-query-digest 查询出来的结果分为 3 部分，如图 4-22 所示。第一部分显示日志的时间范围，以及总的 SQL 数量和不同的 SQL 数量；第二部分是 SQL 语句的一个占比结果显示，如总的响应时间 Response、该查询在本次分析中总的时间占比 time、执行次数 Calls（本次分析总共有多少条这种类型的查询语句）、平均每次执行的响应时间 R/Call、查询对象 Item（具体 SQL 语句）；第三部分是每一个 SQL 具体的分析结果。

```
# 290ms user time, 40ms system time, 28.52M rss, 238.09M vsz
# Current date: Mon Aug 27 23:44:07 2018
# Hostname: izj6c9xn3877m7gwaz81z0z
# Files: /data/mysql/mysql-slow.log
# Overall: 27 total, 14 unique, 0.00 QPS, 0.00x concurrency _____
# Time range: 2018-07-21 10:42:34 to 2018-08-27 22:50:47
# Attribute          total     min     max     avg     95%  stddev  median
# =============    =======  ======  ======  ======  ======  ======  ======
# Exec time          1374s      1s    390s     51s    193s     95s      9s
# Lock time            7ms       0     3ms   255us   204us   568us   144us
# Rows sent          2.47M       0   1.29M  93.82k 362.29k 274.92k       0
# Rows examine      39.09M       0   4.27M   1.45M   4.26M   1.51M 915.49k
# Query size         2.68k      15     486  101.81  223.14  103.86   46.83

# Profile
# Rank Query ID            Response time  Calls R/Call  V/M   Item
# ==== ==================  =============  ===== ======  ===== ============
#    1 0x44280F0C5E516A6C  618.6534 45.0%     6 103.1089 18... INSERT SELECT front_comic
#    2 0xD6CB3A6F30FCF80D  304.3452 22.1%     1 304.3452 0.00  SELECT comic
#    3 0x9DEF31FF304DF191  291.0435 21.2%     5  58.2087 90.13 INSERT SELECT front_comic
#    4 0x54919FC4F2609C03   47.8353  3.5%     1  47.8353 0.00  SELECT front_comic
#    5 0x0594E6EA740D24AE   43.8364  3.2%     4  10.9591 0.40  SELECT test.front_comic
# MISC 0xMISC               68.4930  5.0%    10   6.8493  0.0  <9 ITEMS>

# Query 1: 0.01 QPS, 0.92x concurrency, ID 0x44280F0C5E516A6C at byte 7149
# Scores: V/M = 184.77
# Time range: 2018-08-27 21:20:43 to 21:31:53
# Attribute    pct   total     min     max     avg     95%  stddev  median
# ==========  ====  ======  ======  ======  ======  ======  ======  ======
# Count         22       6
# Exec time     45    619s      1s    390s    103s    382s    138s    106s
# Lock time     16     1ms   157us   212us   188us   204us    19us   199us
# Rows sent      0       0       0       0       0       0       0       0
# Rows examine  21   8.42M 136.78k   4.27M   1.40M   4.26M   1.44M   1.54M
# Query size    49   1.34k     229     229     229     229       0     229
# String:
# Databases   test
# Hosts       127.0.0.1
# Users       root
```

图 4-22

查询次数多且每次查询占用时间长的 SQL 通常为 pt-query-digest 分析的前几个查询。注意查看 pt-query-digest 分析中的 Rows examine 项，可以找出 I/O 消耗大的 SQL。注意查看 pt-query-digest 分析中 Rows examine（扫描行数）和 Rows sent（发送行数）的对比，如果扫描行数远远大于发送行数，就说明索引命中率并不高。

4.3.2　利用 explain 分析查询语句

在工作中，我们用于捕捉性能问题最常用的就是打开慢查询，定位执行效率差的 SQL。当我们定位到一个 SQL 以后还不算完事，我们还需要知道该 SQL 的执行计划，比如是全表扫描还是索引扫描，这些都需要通过 explain 去完成。explain 命令是查看优化器如何决定执行查询的主要方法，从而知道 MySQL 如何处理 SQL 语句以及查询语句是否走了合理的索引。

使用 explain，只需要在查询中的 select 关键字之前增加 explain 这个词即可，MySQL 会在查询上设置一个标记，当执行查询时返回关于在执行计划中每一步的信息，而不是执行它。通过 explain 输出的内容如图 4-23 所示。

```
mysql> explain select * from test where name='oldgirl';
+----+-------------+-------+------------+------+---------------+------+---------+------+------+----------+-------------+
| id | select_type | table | partitions | type | possible_keys | key  | key_len | ref  | rows | filtered | Extra       |
+----+-------------+-------+------------+------+---------------+------+---------+------+------+----------+-------------+
|  1 | SIMPLE      | test  | NULL       | ALL  | NULL          | NULL | NULL    | NULL |    7 |    14.29 | Using where |
+----+-------------+-------+------------+------+---------------+------+---------+------+------+----------+-------------+
1 row in set, 1 warning (0.00 sec)

mysql>
```

图 4-23

（1）id：反映的是表的读取顺序或查询中执行 select 子句的顺序。

① id 相同，执行顺序是由上至下的。

② id 不同，如果是子查询，id 序号会递增，id 值越大优先级越高，越先被执行。

③ id 如果相同，可以认为是一组，从上往下顺序执行；在所有组中，id 值越大，优先级越高，越先执行。

（2）select_type：表示 select 的类型，主要用于区别普通查询、联合查询、子查询等复杂查询。

① simple：简单的 select 查询，查询中不包含子查询或 union。

② primary：查询中若包含任何复杂的子部分，最外层查询标记为 primary。

③ subquery：select 或 where 列表中的子查询。

④ derived（衍生）：在 from 列表中包含的子查询，MySQL 会递归执行这些子查询，把结果放在临时表里。

⑤ union：若第二个 select 出现在 union 后，则被标记为 union；若 union 包含在 from 子句的子查询中，外层 select 将被标记为 derived。

⑥ union result：union 后的结果集。

（3）table：显示这一步所访问数据库中表名称（显示这一行的数据是关于哪张表的），有时不是真实的表名字，可能是第几步执行的结果的简称。

（4）type：对表的访问方式，表示 MySQL 在表中找到所需行的方式，又称"访问类型"。常见的访问类型有 ALL、index、range、 ref、eq_ref、const、system、NULL（从左到右，性能从差到好）。

① ALL：Full Table Scan，MySQL 将遍历全表以找到匹配的行。

② index:：Full Index Scan，index 与 ALL 的区别为 index 类型只遍历索引树。

③ range：索引范围扫描，返回一批只检索给定范围的行，使用一个索引来选择行，一般就是在 where 语句中出现 between、< 、>、in 等的查询。这种范围扫描索引比全表扫描要好，因为它只需要开始于索引的某一点，而结束于另一点，不用扫描全部索引。

④ ref：非唯一性索引扫描，返回匹配某个单独值的所有行，本质上也是一种索引访问，它返回所有匹配某个单独值的行，然而它可能会找到多个符合条件的行，所以应该属于查找和扫描的混合体。

⑤ eq_ref：类似 ref，区别在于使用的索引是唯一索引，对于每个索引键，表中只有一条

记录与之匹配，常见于主键或唯一索引扫描。简单来说，就是多表连接中使用 primary key 或者 unique key 作为关联条件。

⑥ const、system：当 MySQL 对查询某部分进行优化并转换为一个常量时，使用这些类型访问。如果查询条件用到常量，那么通过索引一次就能找到，常在使用 primary key 或 unique 的索引中出现。system 是 const 类型的特例，当查询的表只有一行的情况下使用。

⑦ NULL：MySQL 在优化过程中分解语句，执行时甚至不用访问表或索引，例如从一个索引列里选取最小值可以通过单独索引查找完成。

（5）possible_keys：指出 MySQL 能使用哪个索引在该表中找到行，查询涉及的字段上若存在索引，则该索引将被列出，但不一定会被查询使用。

（6）key：显示 MySQL 实际决定使用的索引，如果没有选择索引，则显示是 NULL。要想强制 MySQL 使用或忽视 possible_keys 列中的索引，在查询中使用 FORCE INDEX 或者 IGNORE INDEX。查询中若使用了覆盖索引（select 后要查询的字段刚好和创建的索引字段完全相同），则该索引仅出现在 key 列表中。

（7）key_len：显示索引中使用的字节数。

（8）ref：表示上述表的连接匹配条件，即哪些列或常量被用于查找索引列上的值。

（9）rows：显示 MySQL 根据表统计信息以及索引选用的情况，估算找到所需的记录要读取的行数。

（10）Extra：该列包含 MySQL 解决查询的说明和描述，包含不适合在其他列中显示但是对执行计划非常重要的额外信息。

① Using where：不用读取表中所有信息，仅通过索引就可以获取所需数据，发生在对表的全部请求列都是同一个索引部分的时候，表示 MySQL 服务器将在存储引擎检索行后再进行过滤。

② Using temporary：表示 MySQL 需要使用临时表来存储结果集，MySQL 在对查询结果排序时使用临时表，常见于排序（order by）和分组查询（group by）。

③ Using filesort：当 Query 中包含 order by 操作而且无法利用索引完成的排序操作称为"文件排序"，创建索引时会对数据先进行排序，出现 using filesort 一般是因为 order by 后的条件导致索引失效，最好进行优化。

④ Using join buffer：表明使用了连接缓存，比如说在查询的时候，多表 join 的次数非常多，就将配置文件中缓冲区的 join buffer 调大一些。如果出现了这个值，应该注意，根据查询的具体情况可能需要添加索引来改进。

⑤ Using index：只使用索引树中的信息，而不需要进一步搜索读取实际的行来检索表中的列信息。相应的 select 操作中使用了覆盖索引，避免访问了表的数据行，效率好。覆盖索引：select 后的数据列只从索引就能取得，不必读取数据行，且与所建索引的个数（查询列小于等于索引个数）、顺序一致。如果要用覆盖索引，就要注意 select 的列只取需要用到的列，不用 select *，同时如果将所有字段一起做索引会导致索引文件过大，性能会下降。

⑥ Using Index Condition：表示进行了 ICP 优化。

总结一下针对 explain 命令生成执行计划：首先关注查询类型 type 列，如果出现 all 关键字，代表全表扫描，没有用到任何 index；再看 key 列，如果 key 列是 NULL，代表没有使用索引；然后看 rows 列，该列数值越大意味着需要扫描的行数越多，相应耗时越长；最后看 Extra 列，要避免出现 Using filesort 或 Using temporary 这样的字眼，这是很影响性能的。

4.3.3 利用 show profiles 分析慢 SQL 语句

show profile 也是分析慢 SQL 语句的一种手段，通过它可以分析出一条 SQL 语句的性能瓶颈在什么地方。它可以定位出一条 SQL 语句执行的各种资源消耗情况，比如 CPU、I/O 等，以及该 SQL 执行所耗费的时间等。

如图 4-24 所示，开启后，查看开启状态，15 表示历史缓存 SQL 的个数。

```
mysql> set profiling = on;
Query OK, 0 rows affected, 1 warning (0.00 sec)

mysql> show variables like 'profiling%';
+------------------------+-------+
| Variable_name          | Value |
+------------------------+-------+
| profiling              | ON    |
| profiling_history_size | 15    |
+------------------------+-------+
2 rows in set (0.00 sec)

mysql>
```

图 4-24

通过 show profiles 查看各语句执行时间，如图 4-25 所示。

```
mysql> show profiles ;
+----------+------------+-----------------------------------------------------------------------------------------------+
| Query_ID | Duration   | Query                                                                                         |
+----------+------------+-----------------------------------------------------------------------------------------------+
|      152 | 0.00080675 | explain SELECT count(1) FROM table_a  a LEFT JOIN table_b b ON a.code = b.code
WHERE b.code =1001          |
|      153 | 0.00034975 | explain SELECT count(1) FROM table_a  a LEFT JOIN table_b b ON a.code = b.code   WHERE b.code =1001/G
|      154 | 0.00047625 | explain SELECT count(1) FROM table_a  a LEFT JOIN table_b b ON a.code = b.code   WHERE b.code =1001
|      155 | 0.00044350 | explain SELECT count(1) FROM table_a  a LEFT JOIN table_b b ON a.code = b.code   WHERE b.code =1001
|      156 | 0.00042300 | explain SELECT count(1) FROM table_a  a LEFT JOIN table_b b ON a.code = b.code
WHERE b.code =1001          |
|      157 | 0.00102900 | explain SELECT count(1) FROM table_a  a LEFT JOIN table_b b ON a.code=convert(b.code, char)
WHERE b.code =1001 |
|      158 | 0.00068025 | explain SELECT count(1) FROM table_a  a LEFT JOIN table_b b ON convert(a.code, signed)=b.code
WHERE b.code =1000 |
|      159 | 0.06270625 | show variables like '%quer%'
|      160 | 0.00519375 | set profiling = on
|      161 | 0.00898600 | show variables like 'profiling%'
|      162 | 0.00275200 | show tables
|      163 | 0.00905575 | select * from t1
|      164 | 0.00391225 | select * from t2
|      165 | 0.95629200 | select * from employees
+----------+------------+-----------------------------------------------------------------------------------------------+
```

图 4-25

如图 4-26 所示，通过 Query_ID 可以得到具体 SQL 连接、服务、引擎、存储 4 层结构完整生命周期的耗时。

```
mysql> show profile for query 165;
+----------------------+----------+
| Status               | Duration |
+----------------------+----------+
| starting             | 0.000087 |
| checking permissions | 0.000015 |
| Opening tables       | 0.000280 |
| init                 | 0.000176 |
| System lock          | 0.000068 |
| optimizing           | 0.000013 |
| statistics           | 0.000106 |
| preparing            | 0.000028 |
| executing            | 0.000006 |
| Sending data         | 0.948177 |
| end                  | 0.000013 |
| query end            | 0.000010 |
| closing tables       | 0.000010 |
| freeing items        | 0.007260 |
| cleaning up          | 0.000045 |
+----------------------+----------+
15 rows in set, 1 warning (0.00 sec)
```

图 4-26

如图 4-27 所示，分析指定的 SQL 语句（第一行的 165 是上面查出来的 Query_ID，可以从中查出一条 SQL 语句执行的各种资源消耗情况，比如 CPU、I/O 等）。

```
mysql> show profile cpu, block io for query 165;
+----------------------+----------+----------+------------+-------------+--------------+
| Status               | Duration | CPU_user | CPU_system | Block_ops_in | Block_ops_out |
+----------------------+----------+----------+------------+-------------+--------------+
| starting             | 0.000087 | 0.000000 | 0.000000   |           0 |            0 |
| checking permissions | 0.000015 | 0.000000 | 0.000000   |           0 |            0 |
| Opening tables       | 0.000280 | 0.000000 | 0.000000   |           0 |            0 |
| init                 | 0.000176 | 0.000000 | 0.000000   |           0 |            0 |
| System lock          | 0.000068 | 0.000000 | 0.000000   |           0 |            0 |
| optimizing           | 0.000013 | 0.000000 | 0.000000   |           0 |            0 |
| statistics           | 0.000106 | 0.000000 | 0.000000   |           0 |            0 |
| preparing            | 0.000028 | 0.000000 | 0.000000   |           0 |            0 |
| executing            | 0.000006 | 0.000000 | 0.000000   |           0 |            0 |
| Sending data         | 0.948177 | 0.654901 | 0.000000   |           0 |            0 |
| end                  | 0.000013 | 0.000000 | 0.000000   |           0 |            0 |
| query end            | 0.000010 | 0.000000 | 0.000000   |           0 |            0 |
| closing tables       | 0.000010 | 0.000000 | 0.000000   |           0 |            0 |
| freeing items        | 0.007260 | 0.001000 | 0.000000   |           0 |            0 |
| cleaning up          | 0.000045 | 0.000000 | 0.000000   |           0 |            0 |
+----------------------+----------+----------+------------+-------------+--------------+
15 rows in set, 1 warning (0.00 sec)
```

图 4-27

4.4　索引使用的原则及案例分析

4.4.1　索引使用的原则

（1）表一定要有主键，显式定义主键且采用与业务无关的列以避免修改。InnoDB 表在有主键时会自动将主键设为聚集索引，建议采用自增列来使数据顺序插入。

（2）关于合理添加索引，有一个通常的法则，即对于经常被查询的列、经常用于表连接的列、经常排序分组的列，需要创建索引。

（3）创建索引之前，还要查看索引的选择性（不重复的索引值和表的记录总数的比值）来判断这个字段是否合适创建索引。索引的选择性越接近于 1，说明选择性越高，非常适合创建索引。

（4）组合索引（表中两个或两个以上的列上创建的索引），一般把选择性高的列放在前面。组合索引字段数不建议超过 5 个，如果 5 个字段还不能极大地缩小 row 范围，那么肯定是设计有问题。

（5）合理利用覆盖索引（只需通过索引就可以返回查询所需要的数据，不必在查到索引之后再回表查询数据）。禁止使用 select *，只获取必要字段，指定字段能有效利用索引覆盖。

（6）使用 explain 判断 SQL 语句是否合理使用了索引，尽量避免 Extra 列出现 Using File Sort、Using Temporary。

（7）单张表的索引数量建议控制在 5 个以内，索引太多也会浪费空间且降低修改数据的速度，影响性能。

（8）不建议在频繁更新的字段上建立索引。

（9）Where 条件中的索引列不能是表达式的一部分，避免在 Where 条件中在索引列上进行计算或使用函数，因为这将导致索引不被使用而进行全表扫描。

（10）如果要进行 join 查询，那么被 join 的字段必须类型相同并建立索引，因为 join 字段类型不一致会导致全表扫描。

（11）隐式类型转换会使索引失效，导致全表扫描。

4.4.2　没有使用到索引的案例分析

以下演示违反索引使用规则的情形，会导致全表扫描。

（1）**案例一**：在表 tt1 中，给字段 log_time 增加了索引，如图 4-28 所示。

```
mysql> CREATE TABLE tt1 (id INT , rank INT, log_time DATETIME, nickname VARCHAR(64)) ENGINE INNODB;
Query OK, 0 rows affected (0.03 sec)

mysql>
mysql> ALTER TABLE tt1 ADD PRIMARY KEY (id), ADD KEY idx_rank (rank),ADD KEY idx_log_time (log_time);
Query OK, 0 rows affected (0.07 sec)
```

图 4-28

通过 explain 查看查询 SELECT * FROM t1 WHERE DATE(log_time)='2015-04-09' 的执行计划，如图 4-29 所示。我们发现 type 列是 ALL，这条语句进行了一个全表扫描。虽然给字段 log_time 加了索引，但是没有用到索引，因为违背避免在 Where 条件中在索引列上进行计算或使用函数。在 MySQL 里，一般修改为 SELECT * FROM t1 WHERE log_time >= '2015-04-09 00:00:00' AND log_time <= '2015-04-10 00:00:00'，通过 explain 查看查询执行计划时使用到了索引。MySQL 5.7 的虚拟列（Generated Columns）特性实现表达式索引，就是用来解决这个问题的。可以增加一个可被索引的列，但实际上并不存在于数据表中。可以对 log_time 创建一个

虚拟列，然后对虚拟列创建索引，但是后期会增加运维人员的运维难度。

```
mysql> explain SELECT * FROM tt1 WHERE DATE(log_time) = '2015-04-09';
+----+-------------+-------+------------+------+---------------+------+---------+------+------+----------+-------------+
| id | select_type | table | partitions | type | possible_keys | key  | key_len | ref  | rows | filtered | Extra       |
+----+-------------+-------+------------+------+---------------+------+---------+------+------+----------+-------------+
|  1 | SIMPLE      | tt1   | NULL       | ALL  | NULL          | NULL | NULL    | NULL |    1 |   100.00 | Using where |
+----+-------------+-------+------------+------+---------------+------+---------+------+------+----------+-------------+
1 row in set, 1 warning (0.00 sec)

mysql> explain SELECT * FROM tt1 WHERE log_time >= '2015-04-09 00:00:00' AND log_time <='2015-04-10 00:00:00';
+----+-------------+-------+------------+-------+---------------+--------------+---------+------+------+----------+----------------------+
| id | select_type | table | partitions | type  | possible_keys | key          | key_len | ref  | rows | filtered | Extra                |
+----+-------------+-------+------------+-------+---------------+--------------+---------+------+------+----------+----------------------+
|  1 | SIMPLE      | tt1   | NULL       | range | idx_log_time  | idx_log_time | 6       | NULL |    1 |   100.00 | Using index condition|
+----+-------------+-------+------------+-------+---------------+--------------+---------+------+------+----------+----------------------+
1 row in set, 1 warning (0.00 sec)
```

图 4-29

（2）**案例二**：在表 test_2 中，SQL 语句非常简单，就是"select id,user_id,name from test_1 where user_id=1"这种类型，而且 user_id 上已经建立索引，查询还是很慢，如图 4-30 所示。利用 explain 查看语句执行计划，发现进行了全表扫描，type 列还是 ALL，并没有用上 user_id 的索引。

```
mysql> CREATE TABLE `test_2` (
    ->
    -> `id` int(11) NOT NULL AUTO_INCREMENT,
    ->
    -> `user_id` varchar(30) NOT NULL,
    ->
    -> `name` varchar(30) DEFAULT NULL,
    ->
    -> PRIMARY KEY (`id`),
    ->
    -> KEY `idx_user_id` (`user_id`)
    ->
    -> ) ENGINE=InnoDB AUTO_INCREMENT=4 DEFAULT CHARSET=utf8;
Query OK, 0 rows affected (0.03 sec)

mysql> explain select id, user_id, name from test_2 where user_id=1;
+----+-------------+-------+------------+------+---------------+------+---------+------+------+----------+-------------+
| id | select_type | table | partitions | type | possible_keys | key  | key_len | ref  | rows | filtered | Extra       |
+----+-------------+-------+------------+------+---------------+------+---------+------+------+----------+-------------+
|  1 | SIMPLE      | test_2| NULL       | ALL  | idx_user_id   | NULL | NULL    | NULL |    1 |   100.00 | Using where |
+----+-------------+-------+------------+------+---------------+------+---------+------+------+----------+-------------+
1 row in set, 3 warnings (0.00 sec)

mysql>
```

图 4-30

认真观察一下表结构，user_id 的字段类型是字符串，而用户传入的是 int，这里会有一个隐式转换的问题。隐式类型转换会使索引失效，导致全表扫描。把输入改成字符串类型，查看执行计划"explain select id, user_id, name from test_2 where user_id='1'"，就会用到索引，如图 4-31 所示。

```
mysql> explain select id, user_id, name from test_2 where user_id='1';
+----+-------------+-------+------------+------+---------------+-------------+---------+-------+------+----------+-------+
| id | select_type | table | partitions | type | possible_keys | key         | key_len | ref   | rows | filtered | Extra |
+----+-------------+-------+------------+------+---------------+-------------+---------+-------+------+----------+-------+
|  1 | SIMPLE      | test_2| NULL       | ref  | idx_user_id   | idx_user_id | 92      | const |    1 |   100.00 | NULL  |
+----+-------------+-------+------------+------+---------------+-------------+---------+-------+------+----------+-------+
1 row in set, 1 warning (0.00 sec)
```

图 4-31

第 5 章

◄ MySQL服务器全面优化 ►

绝大多数使用 Linux 操作系统的大中型互联网网站都在使用 MySQL 作为后端的数据库服务，所以如何优化 MySQL 服务器是我们要研究的。现在 MySQL 5.7 版本对于多核 CPU、固态硬盘、锁机制有着更好的优化。另外，MySQL 5.7 版本对优化器提升了很多，比如 MySQL 5.7 的 in 语句子查询能够使用 index range scan 方式，Union all 不再产生临时表，排序效率上也有所提升。我们从 MySQL 5.7 版本的存储引擎增强，硬件、操作系统、配置参数优化、设计规范优化几个层面来全面优化 MySQL 服务器。

5.1 MySQL 5.7 InnoDB 存储引擎增强特性

1. Online Alter Table 以及索引

更早期版本的 MySQL 进行 DDL 对于 DBA 来说是非常痛苦的，修改表结构（如添加索引、修改列）时需要锁表，不能写入，对于大表简直是灾难，因为它是通过临时表复制的方式实现的。新建一个带有新结构的临时表，将原表的数据全部复制到临时表，然后重命名，完成创建操作。在这个过程中，原表是可读的，但不可写，所以必须使用 pt-online-schema-change 工具来达到不锁表在线修改表结构。pt-online-schema-change 工具在表存在触发器时不适用，而且要比 Online DDL 慢。

MySQL Online DDL 这个新特性是从 MySQL 5.6.7 开始支持的，解决了早期版本 MySQL 进行 DDL 操作同时带来锁表的问题，在 DDL 执行的过程当中依然可以保证读写状态，不影响数据库对外提供服务，大大提高了数据库和表维护的效率。实际上，Online DDL 并非整个过程都是 Online，在 prepare 阶段和 commit 阶段都会持有 MDL-Exclusive 锁，禁止读写，而在整个 DDL 执行阶段是允许读写的。由于 prepare 和 commit 阶段相对于 DDL 执行阶段时间特别短，因此基本可以认为是全程在线的。prepare 阶段和 commit 阶段的禁止读写主要是为了保证数据一致性。

MySQL 5.7 支持重命名索引和修改 varchar 的大小，是 inplace 方式，无须复制表，如图 5-1 所示。

```
mysql> create table ttt1(id int primary key, name varchar(20) not null)engine=inn
odb default charset=utf8;
Query OK, 0 rows affected (0.03 sec)

mysql> create index idx_name on ttt1 (name);
Query OK, 0 rows affected (0.04 sec)
Records: 0  Duplicates: 0  Warnings: 0

mysql> alter table ttt1 rename index idx_name to index_name;
Query OK, 0 rows affected (0.04 sec)
Records: 0  Duplicates: 0  Warnings: 0

mysql> alter table ttt1 algorithm=inplace, change column name name varchar(80);
Query OK, 0 rows affected (0.04 sec)
Records: 0  Duplicates: 0  Warnings: 0
```

图 5-1

注意，varchar 列的大小在线调整存在限制，即只支持 0~255 字节内或者 256 到更大范围的。也就是说，若从 254 增到 256 是不能使用 INPLACE 算法（增加到 255 可以）的，必须使用 COPY 算法，否则会报错。这个原理就是 varchar 会在头部存储一个长度，如果小于 255 就是一个字节，8 位；如果大于 255 就需要两个字节了。头部都变了，自然要重新复制表了。另外，使用 inplace 算法缩小 varchar 的 alter table 也是不支持的，必须用 copy 算法。

这里还需要着重说明的一点是需要针对不同的字符集来对应，如果是英文 latin1 字符集 0~255，随便修改；如果是其他字符集，就需要注意了，因为不同字符集占存储位不同。如图 5-2 所示，增加 varchar 列大小，inplace 方式修改为 86 会报错，修改为 85 就没有问题。官方文档不是说 0~255 只要存储的比特没有变就可以吗？英文字符集是没错，换成其他字符集的话，存储占位是不同的。一个中文字符集占位 UTF8 是 3 个 bit，而 85×3=255，所以 inplace 方式增加 varchar 列大小到 85 是可以的。inplace 方式增加 varchar 列大小为 86 的话，86×3 就超过了 255，只能通过 copy 的方式了。

```
mysql> CREATE TABLE ttt2 (
    ->     id int primary key, name varchar(10) DEFAULT NULL
    ->   ) ENGINE=InnoDB DEFAULT CHARSET=utf8;
Query OK, 0 rows affected (0.02 sec)

mysql>  insert into ttt2 values (1,'hu');
Query OK, 1 row affected (0.00 sec)

mysql> ALTER TABLE ttt2 ALGORITHM=INPLACE, CHANGE COLUMN name name  VARCHAR(86);
ERROR 1846 (0A000): ALGORITHM=INPLACE is not supported. Reason: Cannot change col
umn type INPLACE. Try ALGORITHM=COPY.
mysql> ALTER TABLE ttt2 ALGORITHM=INPLACE, CHANGE COLUMN name name  VARCHAR(85);
Query OK, 0 rows affected (0.00 sec)
Records: 0  Duplicates: 0  Warnings: 0

mysql>
```

图 5-2

2. innodb_buffer_pool online change

MySQL 5.7.5 之后在线调整 innodb_buffer 的大小，引入 chunk 的概念，每个 chunk 默认的大小为 128MB。Buffer Pool 以 chunk 为单位进行动态增大和缩小。可以通过设置动态参数 innodb_buffer_pool_size 来动态修改 Buffer Pool 的大小，如图 5-3 所示。

实际测试时，发现在线修改 Buffer Pool 不会消耗太高的代价，SQL 命令提交完毕后都是瞬间完成，后台进程的耗时也并不太久。在一个并发 128 线程跑 TPCC 压测的环境中，将 Buffer Pool 从 32GB 扩展到 48GB，后台线程耗时 2 秒，而从 48GB 缩减回 32GB 耗时 17 秒，期间压测的事务未发生任何锁等待。

```
mysql> show variables like '%innodb_buffer_pool_size%';
+-------------------------+-----------+
| Variable_name           | Value     |
+-------------------------+-----------+
| innodb_buffer_pool_size | 134217728 |
+-------------------------+-----------+
1 row in set (0.00 sec)

mysql> SELECT @@innodb_buffer_pool_chunk_size;
+---------------------------------+
| @@innodb_buffer_pool_chunk_size |
+---------------------------------+
|                       134217728 |
+---------------------------------+
1 row in set (0.00 sec)

mysql> set global innodb_buffer_pool_size= 402653184
    -> ;
Query OK, 0 rows affected (0.00 sec)

mysql> show variables like '%innodb_buffer_pool_size%';
+-------------------------+-----------+
| Variable_name           | Value     |
+-------------------------+-----------+
| innodb_buffer_pool_size | 402653184 |
+-------------------------+-----------+
1 row in set (0.01 sec)
```

图 5-3

如图 5-4 所示，还可以通过状态参数 innodb_buffer_pool_resize_status 来监控 Buffer Pool 的 resize 过程。

```
mysql> show status like '%innodb_buffer_pool_resize%';
+--------------------------------+------------------------------------------
-------+
| Variable_name                  | Value
      |
+--------------------------------+------------------------------------------
-------+
| Innodb_buffer_pool_resize_status | Completed resizing buffer pool at 190908 10:
33:55. |
+--------------------------------+------------------------------------------
-------+
1 row in set (0.00 sec)
```

图 5-4

3. innodb_buffer_pool_dump 和 load 的增强

当 innodb_buffer_pool_size 大到几十吉字节或是几百吉字节的时候，因为某些日常升级更新或是意外宕机而必须重新启动 mysqld 服务之后会面临一个问题，即如何将之前频繁访问的数据重新加载回 buffer 中。也就是说，如何对 InnoDB Buffer Pool 进行预热，以便于快速恢复到之前的性能状态。如果是光靠 InnoDB 本身去预热 buffer，将会是一个不短的时间周期。在业务高峰时，数据库将面临相当大的考验，I/O 瓶颈会带来糟糕的性能。

在 MySQL 5.6 中，可以将 Buffer Pool 的内容（文件页的索引）dump 到文件中，然后快速

load 到 Buffer Pool 中，避免了数据库的预热过程，提高了应用访问的性能。

在 MySQL 5.7 里，一个新的系统参数 innodb_buffer_pool_dump_pct 能让你指定在每个缓冲池中读出和转储的大多数最近使用的分区页的百分比，以减缓导出 InnoDB Buffer Pool 所有页占用过大的磁盘 I/O。在多数使用场景下，合理的选择是保留最有用的数据页，比加载所有的页（很多页可能在后续的工作中并没有访问到）在缓冲池中要更快。

可以更改 innodb_buffer_pool_dump_pct 变量的值。如果使用 InnoDB 作为内存数据库，想保证所有的数据都在内存驻留，并且可以在不读取磁盘的情况下访问，就要将它设为 100。

通过设置 innodb_buffer_pool_dump_pct 实现 dump 的百分比，只导出最热的那部分数据的 page。如图 5-5 所示，innodb_buffer_pool_dump_pct 参数的值为 25，如果有 4 个缓冲池，每个缓冲池有 100 个 page，则 dump 每个缓冲池中最近使用的 25 个 page。

```
mysql> show variables like '%innodb_buffer_pool_dump_pct%';
+-----------------------------+-------+
| Variable_name               | Value |
+-----------------------------+-------+
| innodb_buffer_pool_dump_pct | 25    |
+-----------------------------+-------+
1 row in set (0.00 sec)
```

图 5-5

4. InnoDB 临时表优化

MySQL 5.7 已经实现将临时表从 ibdata（系统表空间文件）中分离，形成了自己的独立表空间，无须记录 redo log，并且可以重启重置大小，避免出现 ibdata 难以释放的问题。该临时表空间在实例关闭之后将会被删除，在实例启动时会被创建。默认的，临时表空间存放在 innodb_data_home_dir 中的 ibtmp1 里，而 innodb_data_home_dir 默认为 datadir。所以，一般该 ibtmp1 存放在 datadir 下。显然，其路径与共享表空间的路径一样，取决于 innodb_data_home_dir。新增参数 innodb_temp_data_file_path，如图 5-6 所示，通过修改其值可以对共享临时表空间的文件名、扩展大小做修改。

```
mysql> show variables like '%innodb_temp%';
+---------------------------+---------------------------------+
| Variable_name             | Value                           |
+---------------------------+---------------------------------+
| innodb_temp_data_file_path| ibtmp1:100M:autoextend:max:5G   |
+---------------------------+---------------------------------+
1 row in set (0.01 sec)

mysql>
```

图 5-6

5. page clean 的效率提升

在 MySQL 5.6.2 版本中，MySQL 将刷脏页的线程从 master 线程独立出来。从 5.7.4 版本之后，MySQL 系统支持多线程刷脏页。page cleaner 线程的数量由 innodb_page_cleaners 参数控制，该参数不能动态修改，最小值为 1，最大值为 64。

6. undo log 自动清除

MySQL 5.6 可以把 undo log 从 ibdata1 移出来单独存放。那么问题又来了，undo log 单独拆出来后就能缩小了吗？MySQL 5.7 引入了新的参数，即 innodb_undo_log_truncate，设置 innodb_undo_log_truncate=1 开启，之后可在线收缩拆分出来的 undo 表空间。当 undo log 的大小超过 innodb_max_undo_log_size 参数指定的最大值时，undo log 就会自动清除，以防止磁盘空间产生消耗。另外，参数 innodb_undo_tablespaces 建议要大于等于 2。因为 truncate undo 表空间时，该文件处于 inactive 状态，如果只有 1 个 undo 表空间，那么整个系统在此过程中将处于不可用状态。为了尽可能降低 truncate 对系统的影响，建议将该参数最少设置为 3。

5.2 硬件层面优化

（1）使用 SSD 或者 PCIe SSD 设备，至少获得数百倍甚至万倍的 IOPS 提升。

固态硬盘（SSD）在企业应用中扮演着越来越重要的角色。同传统的硬盘相比，无论是读写还是随机存取的速度，SSD 性能的优势都非常明显。sata 接口固态硬盘基于 SATA 协议，基于 SATA 协议的固态硬盘读写速度一般最高在 550MB/s 和 540MB/s 左右，存储速度存在一定瓶颈。PCIE 固态硬盘基于高速 NVME 协议，速度更快，延迟更低。一般主流 PCI-E 固态硬盘读写速度可达 3000MB/s 和 2000MB/s。如果对于硬盘存储速度要求较高，还是有必要升级 PCI-E 固态硬盘的。如果 SSD 设备支持原子写，可以关闭 double write，减少 I/O，提升性能。

（2）购置阵列卡同时配备 Cache 及 BBU 模块，可明显提升 IOPS（主要是指机械盘，SSD 或 PCI-E SSD 除外），同时需要定期检查 Cache 及 BBU 模块的健康状况，确保意外时不至于丢失数据。

DELL、HP、IBM 等服务器厂商都会 OEM 一些 Raid 控制器来实现 Raid 功能。为了保障和提升读写性能，Raid 控制卡里都会内置 128MB 至 1GB 不等的 Cache 模块，这样一来就可以大大提高 I/O 性能。Cache 模块还要配置 BBU 模块，就是 Raid 卡中的一个电池备用模块。在 Raid 环境的很多情况下数据都是通过 Cache Memory 和磁盘交换的，而 Memory 本身并无法保障数据持久性，万一电源中断而数据没来得及刷到物理磁盘上，就会造成数据丢失的悲剧。一般来讲，BBU 可以保护 RAID Cache 中的数据 2 天左右。例如，关机时强制关机，开机之后发现有数据丢失，后来才知道强制关机 6 天之后才开机，BBU 守护 RAID Cache 中 dirty 内容一段时间之后耗尽了。

（3）有阵列卡时，设置阵列写策略为 WB，甚至 FORCE WB（有双电保护，或对数据安全性要求不是特别高的话），严禁使用 WT 策略。

WT（Write Through，直写）和 WB（Write Back，回写）是阵列卡 Cache 的两种使用方式。当选用 write through 方式时，系统的写磁盘操作并不利用阵列卡的 Cache，而是直接与磁盘进行数据的交互。write back 方式则利用阵列 Cache 作为系统与磁盘间的二传手，让系统先将数据交给 Cache，再由 Cache 将数据传给磁盘。需要特别注意的是，对于 RAID 管理的块设备，如果使用了 RAID Cache，那么文件系统 fsync 或者 sync 相关的系统调用也只保证写入 RAID Cache，并不保证一定落在底层持久化的磁盘上，所以要享受 RAID 卡上 Cache 带来的性能提升就必须配置 BBU。如果 RAID 卡没有 BBU，却非要使用 Write Back 的 Write Policy，那么掉电之后几乎会百分百丢数据的。如果设置 Write Policy 为 NO Write Cache if Bad BBU，即 BBU 剩余电量不足以保护 Cache 中的内容一天以上，那么会自动将 Write Policy（写策略）从 WB 调整成 WT。

（4）尽可能选用 RAID10，而非 RAID 5。

在其他配置相同的情况下，RAID 10 性能要优于 RAID 5。尤其是在写入时，RAID 5 需要先读取其他 I/O 再通过计算得出效验码，再写入，很慢；对于 RAID 10，不存在数据校验，每次写操作只是单纯地执行写操作，因此在写性能上要好于 RAID 5。RAID 10 系统在已有一块磁盘失效的情况下，只有该失效盘的对应镜像盘也失效才会导致数据丢失，其他的磁盘失效不会出现数据丢失情况。RAID 5 系统在已有一块磁盘失效的情况下，只要再出现任意一块磁盘失效，就将导致数据丢失。　从数据重构期间的可靠性来看，RAID 10 和 RAID 5 一块磁盘失效后，进行数据重构时 RAID 5 需耗费的时间要比 RAID 10 长，同时重构期间系统负荷上 RAID 5 要比 RAID 10 高。

（5）服务器 BIOS 层面设置优化。

需要在 BIOS 层面将 NUMA 关闭。因为 NUMA 默认的内存分配策略是优先在进程所在 CPU 的本地内存中分配，会导致 CPU 节点之间内存分配不均衡，当某个 CPU 节点的内存不足时，会导致 swap 产生，而不是从远程节点分配内存。这就是所谓的 swap insanity 现象。特别是单机只运行一个 MySQL 实例时，绝对可以选择关闭 NUMA。

为了保证 MySQL 数据库能够充分利用 CPU 的资源，建议设置 CPU 为最大性能模式，选择 performance per watt optimized 来充分发挥 CPU 的最大功耗性能，同时建议关闭节能选项。这个设置可以在 BIOS 和操作系统中设置。当然，在 BIOS 中设置该选项更好、更彻底。

5.3　Linux 操作系统层面优化

1. 防火墙（iptables）和 SElinux 需要关闭

如图 5-7 所示，要把 SELINUX 设置成 disable，以免因为 SELinux 开启导致 MySQL 服务启动不了。

```
[ root@node0 ~]# cat /etc/sysconfig/selinux

# This file controls the state of SELinux on the system.
# SELINUX= can take one of these three values:
#     enforcing - SELinux security policy is enforced.
#     permissive - SELinux prints warnings instead of enforcing.
#     disabled - No SELinux policy is loaded.
SELINUX=disabled
# SELINUXTYPE= can take one of these two values:
#     targeted - Targeted processes are protected,
#     mls - Multi Level Security protection.
SELINUXTYPE=targeted
```

图 5-7

建议也把系统防火墙 iptables 关闭，否则服务器上需要开放相应的 tcp udp 端口。

2. I/O 调度方式的优化

在 Linux 系统中，关于 I/O 调度问题，建议使用 deadline 或者 noop 模式。不要使用 cfq 模式，因为会影响数据库性能。I/O 调度器（I/O Scheduler）是操作系统用来决定块设备上 I/O 操作提交顺序的方法。存在的目的有两个：一是提高 I/O 吞吐量；二是降低 I/O 响应时间。然而，I/O 吞吐量和 I/O 响应时间往往是矛盾的，为了尽量平衡这两者，I/O 调度器提供了多种调度算法来适应不同的 I/O 请求场景。其中，对数据库这种随机读写的场景最有利的算法是 deadline 模式。在新兴的固态硬盘（比如 SSD、Fusion I/O）上，最简单的 noop 反而可能是最好的算法，因为其他 3 个算法的优化是基于缩短寻道时间的，而固态硬盘没有所谓的寻道时间且 I/O 响应时间非常短。

3. 设置内核参数 vm.swappiness=1

该参数表示使用 swap 的意向，要不惜一切代价避免使用 swap（交换）分区。swappiness 参数值可设置范围在 0~100 之间。低参数值会让内核尽量少用交换，高参数值会使内核更多地去使用交换空间。不建议设置为 0，因为有可能会引发 out of memory，但可以设置为 1，表示尽量不使用 swap。

4. 文件系统选择推荐使用 xfs

推荐在 Linux 下使用 xfs 文件系统，其次是选择 ext4 文件系统，放弃 ext3。xfs 是一种高性能的日志文件系统，特别擅长处理大文件，对比 ext3、ext4。MySQL 在 xfs 上一般有更好的性能、更高的吞吐，相比 ext4 更能保证数据完整。在 RHEL6.4 之前，ext4 性能比 xfs 好，因为 xfs 有锁争用的 bug。但是从 6.4 开始，xfs 的 bug 被 fix 了。RedHat 7、CentOS 7 将 xfs 作为默认的文件系统。在最新内核的测试中，xfs 性能也明显超过 ext4。

5.4 MySQL 配置参数优化

虽然 MySQL 5.7 提供了合适的默认值，但是仍然需要根据业务场景来优化配置参数。

- **max_connections:** 最大连接数。如果经常遇到 "Too many connections" 的错误，是因为 max_connections 太小了。这个错误很常见，因为应用程序没有正确地关闭与数据库的连接，需要设置连接数为比默认 151 更大的值。不要盲目去提高这个值，而应该注意优化业务中的 SQL 语句，让 SQL 快速执行完成，以释放掉连接。另外，建议在应用程序端使用连接池。

- **query_cache_type=0，query_cache_size=0:** 关闭查询缓存。

- **innodb_buffer_pool_size:** 用于缓存索引和数据的内存大小，是越多越好，数据读写在内存中非常快，减少了对磁盘的读写。一般设置 Buffer Pool 大小为物理内存的 50%~80%。如果设置的缓冲区能容纳绝大部分热点数据，那么这个设置是比较合理的。也不要设置过大，我们还需要给操作系统和其他程序预留内存。

- **innodb_io_capacity 与 innodb_io_capacity_max:** 从缓冲区刷新脏页时，一次刷新脏页的数量。在旧版本的 MySQL 中，由于代码写死，因此最多只会刷新 100 个脏页到磁盘、合并 20 个插入缓冲，即使磁盘有能力处理更多的请求，也只会处理这么多。这样在更新量较大（比如大批量 INSERT）的时候，脏页刷新可能就会跟不上，导致性能下降。在 MySQL 5.7 版本里，innodb_io_capacity 参数可以动态调整刷新脏页的数量。该参数设置的大小取决于硬盘的 IOPS，即每秒的输入输出量（或读写次数）。根据磁盘 IOPS 的能力，一般建议设置如下：SAS 200　SSD 3000　PCI-E 10000-50000。譬如服务器有 SSD 硬盘，我们可以设置 innodb_io_capacity_max=6000 和 innodb_io_capacity=3000（最大值的一半）。运行 sysbench 或者任何其他基准工具来对磁盘吞吐量进行基准测试是一个好方法。

- **innodb_log_file_size:** 设置 redo 日志（重做日志）的大小。redo 日志用来确保写入的数据能够快速地写入，并且持久化，还可以用于崩溃恢复（crash recovery）。值太小，会导致日志切换过于频繁；值太大，当实例恢复时，会消耗大量时间。通常我们的应用是频繁写入的，可以设置 innodb_log_file_size=2G。

- **innodb_flush_method:** 决定数据和日志刷新到磁盘的方式。默认值是 fdatasync 模式，在写数据时，write 这一步并不需要真正写到磁盘才算完成（可能写入到操作系统 buffer 中就会返回完成），真正完成是 flush 操作，buffer 交给操作系统去 flush，并且文件的元数据信息也都需要更新到磁盘。当服务器硬件有 SSD 硬盘、RAID 控制器、断电保护、采取 write-back 缓存机制的时候，最常用的值是 O_DIRECT。O_DIRECT 相比 fdatasync 的优点是避免了双缓冲，本身 InnoDB Buffer Pool 就是一个缓冲区，不需要再写入到系统的 buffer，在大量随机写的环境中 O_DIRECT 要比 fdatasync 效率更高。

- **innodb_max_dirty_pages_pct:** 脏页占 InnoDB Buffer Pool 的比例，影响每秒刷新脏页的数量。值过大，脏页过多，会影响数据库的 TPS；值太小，硬盘的压力会增加。建议调整为 50，表示当脏块达到 innodb_buffer_pool_size 的 50%时触发检查点，写磁盘。

- **binlog_format:** 建议 binlog 日志记录格式设置为 row 模式，让数据更加安全可靠、在主从复制过程中不会丢失数据。

71

- **innodb_flush_log_at_trx_commit:** 在要求数据一致性的业务场景中，建议将值设置为 1，每次提交事务都会把 log buffer 的内容写到磁盘里去，对日志文件做到磁盘刷新，安全性最好；当取值为 2 时，每次事务提交都会写入日志文件，但并不会立即刷写到磁盘，日志文件会每秒刷写一次到磁盘。对于一些数据一致性和完整性要求不高的应用，配置为 2 就足够了。对一致性和完整性要求很高的应用，如支付服务，即使最慢，也最好设置为 1（建议通过使用 SSD 硬盘来提高磁盘 I/O）。
- sync_binlog=N: N>0 时，每向二进制日志文件写入 N 条 SQL 或 N 个事务后就把二进制日志文件的数据刷新到磁盘上；N=0 时，不主动刷新二进制日志文件的数据到磁盘上，而是由操作系统决定。

备注：innodb_flush_log_at_trx_commit=1 和 sync_binlog=1 时称为双 1 模式，适合数据安全性要求非常高而且磁盘 I/O 写能力足够支持的业务，比如订单交易、充值、支付消费系统。当磁盘 I/O 无法满足业务需求且业务场景不需要强一致性时，推荐的设置是 innodb_flush_log_at_trx_commit=2、sync_binlog=N（N 为 500 或 1000），且使用带蓄电池后备电源的缓存 Cache，防止系统断电异常。

5.5 MySQL 设计规范

下面会从不同方面给出一些设计规范建议，但有一句忠告：不要听信自己看到的关于优化的"绝对真理"。

1. 库表设计规范

- 建库原则就是同一类业务的表放一个库，不同业务的表尽量避免公用同一个库，尽量避免在程序中执行跨库的关联操作。
- 每张表必须强制有主键，推荐用自增列作为主键。很多 ORM 框架对 MySQL 兼容不足，没有针对性的主键索引建立。在主从复制的场景下，也需要保证自己数据库里面所有的 InnoDB 表都必须有主键或者唯一键，这样才能避免由于没有合适索引导致的从库延迟问题。
- 字符集统一使用 utf8mb4，以降低乱码风险，因为部分复杂汉字和 emoji 表情必须使用 utf8mb4 才能正常显示。修改字符集只对修改后创建的表生效，故建议新购云数据库 MySQL 初始化实例时即选择 utf8mb4。
- 小数字段推荐使用 decimal 类型，float 和 double 精度不够。特别是涉及金钱的业务，必须使用 decimal。
- 尽量避免在数据库中使用 text/blob 来存储大段文本、二进制数据、图片、文件等内容，应该将这些数据保存成本地磁盘文件，在数据库中只保存其索引信息。
- 尽量不使用外键。建议在应用层实现外键的逻辑，外键与级联更新不适合高并发的业务场景，会降低插入性能，而且在大并发环境下容易产生死锁。

- 字段尽量定义为 NOT NULL 并加上默认值。NULL 会给 SQL 开发带来很多问题，从而导致用不了索引。对 NULL 计算时只能用 IS NULL 和 IS NOT NULL 来判断。
- 降低业务逻辑和数据存储的耦合度。数据库以存储数据为主，业务逻辑尽量通过应用层实现，尽可能减少对存储过程、触发器、函数、视图等高级功能的使用，这些功能移植性、可扩展性较差。
- 短期内业务达不到一个比较大的量级，建议禁止使用分区表。分区表主要用作归档管理，多用于快递行业和电商行业订单表。分区表没有提升性能的作用，除非业务中 80%以上的查询走分区字段。
- 对读压力较大，且一致性要求较低（接受数据秒级延时）的业务场景，建议使用主从复制，通过从库来实现读写分离策略。

2. 索引设计规范

- 单表的索引数建议不超过 5 个，单个索引中的字段数建议不超过 5 个。索引也要占空间，维护索引也耗资源。
- 在选择业务中 SQL 过滤用得最多，并且在字段的唯一性比较高的列上建立索引。
- 建立复合索引时，区分度最高的放在复合索引的最左侧（区分度=列中不同值的数量/列的总行数）。例如，在 "select xxx where a=x and b=x" 中，a 和 b 一起建组合索引，a 的区分度更高，所以建产索引 idx_ab(a,b)。
- 禁止在更新十分频繁、区分度不高的列上建立索引。记录更新会变更 B+ 树，在更新频繁的字段上建立索引会大大降低数据库性能。
- 合理利用覆盖索引来降低 I/O 开销。在 InnoDB 中二级索引的叶子节点只保存本身的键值和主键值，若一个 SQL 查询的不是索引列或者主键，用这个索引则会先找到对应主键，然后根据主键去找需要的列（回表），这会带来额外的 I/O 开销。此时我们可以利用覆盖索引来解决这个问题。例如，在 "select a,b from xxx where a=xxx" 中，若 a 不是主键，则可创建 a、b 两个列的复合索引，这样就不会回表了。

3. SQL 编写规范

- 禁止使用 INSERT INTO t_xxx VALUES(xxx)，必须显式指定插入的列属性，避免表结构变动导致数据出错。
- SQL 语句中最常见的导致索引失效的情况需注意以下几项：
  - 隐式类型转换，如索引 a 的类型是 varchar，SQL 语句写成 "where a=1;" 时 varchar 变成了 int。
  - 对索引列进行数学计算和函数等操作。例如，使用函数对日期列进行格式化处理。
  - 模糊查询使用的时候，对于字符型 xxx%形式可以用一些索引，其他情况都用不到索引。
  - 使用了负方向查询（not、!=、not in 等）。

- 按需索取，拒绝 select *，规避以下问题：
  - 无法索引覆盖，回表操作，增加 I/O。
  - 额外的内存负担和额外的网络传输开销。
- 尽量避免使用大事务，建议将大事务拆为小事务。
- 业务代码中的事务要及时提交，避免产生不必要的锁等待。
- 少用多表 join，禁止大表 join，两张表 join 时必须让小表做驱动表，join 列必须字符集一致并且都建有索引。
- 尽量避免多层子查询嵌套的 SQL 语句。
- 业务上线之前做必要的 SQL 审核，日常运维需定期下载慢查询日志做针对性优化。

第 6 章
◀ MySQL性能监控 ▶

MySQL 被越来越多的企业接受。随着企业发展，MySQL 存储数据日益膨胀，性能分析、监控预警显得非常重要。在某些场景下，通常会部署一套 MySQL 监控/图形工具，然后根据 MySQL 监控面板提供的信息来执行进一步的调优。

6.1 监控图表的指导意义

操作系统及 MySQL 数据库的实时性能状态数据尤为重要，特别是在有性能抖动的时候，这些实时的性能数据可以快速帮助你定位系统或 MySQL 数据库的性能瓶颈，就像你在 Linux 系统上使用 top、iostat 等命令工具一样，可以立刻定位 OS 的性能瓶颈是在 I/O 还是 CPU 上，所以收集和展示这些性能数据就尤为重要。根据监控图表的性能数据，能够很直观地指导你进一步做什么样的优化。

举个例子，监控图表中 InnoDB 缓冲池大小的信息如图 6-1 和图 6-2 所示。

图 6-1

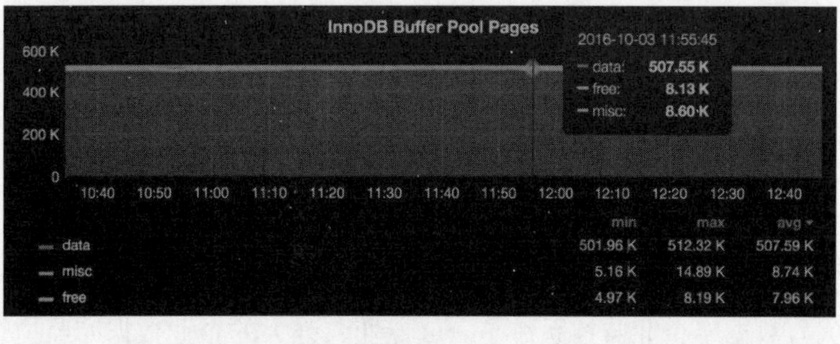

图 6-2

从中可以看出，可用的 RAM 和空闲的页的数量小于缓冲池的总大小。我们可以增加

InnoDB Buffer Pool 的大小，比如从原先 8GB 增加到 10GB，从而获得更好的性能。

另外，从监控图表中可以查看 InnoDB redo log 日志的大小信息，如图 6-3 所示。这里显示 InnoDB 通常每小时写 2.26GB 的数据，超出了 redo log 日志的大小（2GB）。选择合适的 innodb_log_file_size 值（决定 MySQL 事务日志文件的大小）对提升 MySQL 性能很重要，这里要增大 innodb_log_file_size 选项的值。

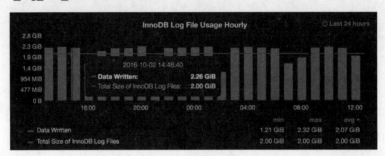

图 6-3

监控图表能指导我们进行更加高级的调优。在频繁写操作的场景下，我们从监控图表中可以看到缓冲池的脏页，如图 6-4 所示。在这种情况下，脏页的总量很大，InnoDB 刷新脏页的速度跟不上脏页的速度。假如我们有一个高速的磁盘 SSD，就可以通过增加 innodb_io_capacity 和 innodb_io_capacity_max 来提高性能，比如优化配置参数 innodb_io_capacity_max=6000 和 innodb_io_capacity=3000（最大值的一半）。

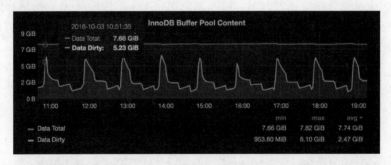

图 6-4

以上就是使用监控系统的好处，接下来我们实战部署一套数据库企业级监控利器。

6.2 Lepus 数据库监控系统实战

6.2.1 Lepus 数据库监控系统简介

Lepus（天兔）数据库企业监控系统是一款专业、强大的企业数据库监控管理系统，可以对数据库的实时健康和各种性能指标进行全方位的监控，目前已经支持 MySQL、Oracle、

MongoDB、Redis 数据库的全面监控。如图 6-5 所示，Lepus 能够查看各种实时性能状态指标，智能聚合数据库健康状态和实时告警信息，并且能够对监控、性能数据进行统计分析。

　　Lepus 无须在每台数据库服务器部署脚本或 Agent，只需要在数据库创建授权账号后即可进行远程监控，适合监控数据库服务器较多的公司和监控云中数据库，将为企业大大简化监控部署流程。同时，Lepus 系统内置了丰富的性能监控指标，让企业能够在数据库宕机前发现潜在的性能问题，减少企业因为数据库问题导致的直接损失。

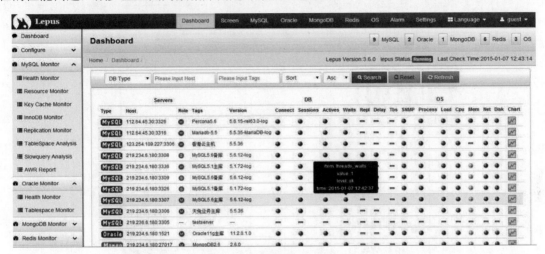

图 6-5

　　Lepus 能够真正地帮助企业解决数据库监控和运维的问题，主要优点是：

　　（1）帮助企业解决数据库性能监控问题，及时发现性能和瓶颈，避免由数据库潜在问题造成的直接经济损失。

　　（2）帮助企业 DBA 运维人员解决重复和枯燥的工作，提高运维人员的工作效率。

　　（3）慢查询推送和性能报告，降低数据库运维人员和开发人员的沟通成本。

6.2.2　Lepus 数据库监控系统部署

　　Lepus 官方下载地址为 http://www.lepus.cc/soft/index，目前只测试完善了 CentOS、RedHat 操作系统的支持。Lepus 这套监控平台是由 PHP+Python 开发的，所以安装需要 Linux+Apache+MySQL+PHP（LAMP）环境。

1. 安装 Xampp

　　配置 LAMP 基础环境的方式有很多种，最简单的方式有 yum 安装、RPM 包安装、安装集成环境包（例如 lampp/xampp）等。也可以手动编译安装相关软件。这里我们不推荐使用 yum 进行安装，yum 安装的 PHP 环境会因为缺少某些依赖包导致 500 错误。如果有能力，可以进行编译安装，按照需要的模块编译 PHP 和 MySQL 数据库，这种方式是目前大型 Web 推荐的方式。如果无法进行编译安装，推荐使用 xampp 集成环境包进行安装。xampp 是一个可靠的稳定的 LAMP 套件，目前已被诸多公司用于生产服务器的部署。

xampp 的下载地址为 https://www.apachefriends.org/download.html，帮助文档地址为 https://www.apachefriends.org/faq_linux.html。

安装 xampp 的步骤非常简单，下载后给执行权限，直接运行，调出图形安装界面，如图 6-6 所示。操作命令如下：

```
chmod +x xampp-linux-x64-1.8.2-5-installer.run
./xampp-linux-x64-1.8.2-5-installer.run
```

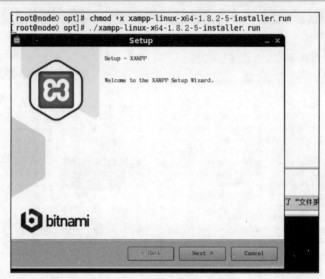

图 6-6

一直单击 Next 按钮，直到出现安装完成的界面提示。

2. 启动 xampp 服务

启动 xampp 服务的操作命令如图 6-7 所示。各服务显示 OK ，代表启动成功。

```
[root@node0 opt]# /opt/lampp/lampp start
Starting XAMPP for Linux 1.8.2-5...
XAMPP: Starting Apache...fail.
XAMPP:  Another web server is already running.
XAMPP: Starting MySQL...ok.
XAMPP: Starting ProFTPD...ok.
[root@node0 opt]#
```

图 6-7

3. 安装 Python 基础模块

安装 Python 环境（Python 版本要求为 Python 2.6 以上，不支持 Python 3）时，需要先安装好一些包，命令是 yum -y install openssl-devel python-devel gcc urpmi xterm，如图 6-8 所示。

```
[root@node0 opt]# yum -y install openssl-devel python-devel gcc urpmi xterm
Loaded plugins: fastestmirror, refresh-packagekit, security
Loading mirror speeds from cached hostfile
 * base: mirrors.aliyun.com
 * extras: mirrors.neusoft.edu.cn
 * updates: mirrors.neusoft.edu.cn
Setting up Install Process
```

图 6-8

另外，还要安装 libffi 库，命令是 rpm -ivh libffi-devel-3.0.5-3.2.el6.x86_64.rpm，如图 6-9 所示。

```
[root@node0 opt]# rpm -ivh libffi-devel-3.0.5-3.2.el6.x86_64.rpm
Preparing...                ########################################### [100%]
   1:libffi-devel           ########################################### [100%]
[root@node0 opt]#
```

图 6-9

接着安装数据库连接 Python 的驱动包。mysqldb 为 Python 连接和操作 MySQL 的类库，如果准备使用 Lepus 系统监控 MySQL 数据库，那么该模块必须下载安装。解压 Python 连接 MySQL 驱动软件包，命令是 unzip MySQL-python-1.2.5.zip，如图 6-10 所示。

```
root@node0 opt]# unzip MySQL-python-1.2.5.zip
Archive:   MySQL-python-1.2.5.zip
 inflating: MySQL-python-1.2.5/GPL-2.0
 inflating: MySQL-python-1.2.5/HISTORY
 inflating: MySQL-python-1.2.5/INSTALL
 inflating: MySQL-python-1.2.5/MANIFEST.in
 inflating: MySQL-python-1.2.5/metadata.cfg
 inflating: MySQL-python-1.2.5/PKG-INFO
 inflating: MySQL-python-1.2.5/pymemcompat.h
 inflating: MySQL-python-1.2.5/README.md
 inflating: MySQL-python-1.2.5/setup.cfg
 inflating: MySQL-python-1.2.5/setup.py
 inflating: MySQL-python-1.2.5/setup_common.py
 inflating: MySQL-python-1.2.5/setup_posix.py
 inflating: MySQL-python-1.2.5/setup_windows.py
 inflating: MySQL-python-1.2.5/site.cfg
```

图 6-10

编辑 site.cfg 文件，加入 mysql_config=/opt/lamp/bin/mysql_config 命令，如图 6-11 所示。

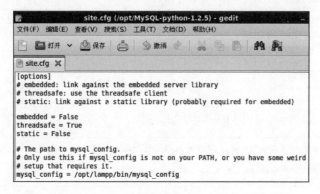

图 6-11

安装 Python 模块的脚本，首先执行 python setup.py build，在 Python 运行过程中可能出现错误提示 "ImportError: No module named setuptools"，如图 6-12 所示。

```
[root@node0 opt]# cd MySQL-python-1.2.5
[root@node0 MySQL-python-1.2.5]# python setup.py build
Traceback (most recent call last):
  File "setup.py", line 7, in <module>
    import setuptools
ImportError: No module named setuptools
```

图 6-12

这句错误提示的表面意思是：没有 setuptools 模块。说明 Python 缺少这个模块，只要安装这个模块即可解决此问题，具体方法如下：

（1）下载 setuptools 包：

```
#wget https://pypi.python.org/packages/source/s/setuptools/
setuptools-0.6c11.tar.gz --no-check-certificate
```

（2）解压 setuptools 包：

```
# tar -xvf setuptools-0.6c11.tar.gz
# cd setuptools-0.6c11
```

（3）编译 setuptools：

```
# python setup.py build
```

（4）开始执行 setuptools 安装：

```
# python setup.py install
```

setuptools 的模块安装成功后，再编译 mysqldb 类库 python setup.py build 就会成功。然后执行安装命令 python setup.py install，如图 6-13 所示。

```
[root@node0 MySQL-python-1.2.5]# python setup.py install
running install
running bdist_egg
running egg_info
```

图 6-13

如果安装成功，就会输出如图 6-14 所示的结果。

```
Installed /usr/lib64/python2.6/site-packages/MySQL_python-1.2.5-py2.6-linux-x86_
64.egg
Processing dependencies for MySQL-python==1.2.5
Finished processing dependencies for MySQL-python==1.2.5
```

图 6-14

4. 测试驱动是否正常运行

在 Lepus 的安装文件包 python 目录中，可以找到测试文件，测试上述驱动是否安装正确。执行命令 python test_driver_mysql.py，如图 6-15 所示，结果显示驱动安装成功。

```
[root@node0 python]# python test_driver_mysql.py
MySQL python drivier is ok!
```

图 6-15

测试驱动的时候，如果出现 "XXX.so.18: cannot open shared object file: no such file or directory failed" 之类的问题，就需要执行复制命令 "cp/opt/lampp/lib/*.* /usr/lib/"。

拓展一下，如果需要监控 MongoDB，则必须安装 pymongo for python。pymongo 为 Python 连接和操作 MongoDB 的类库，如果准备使用 Lepus 系统监控 MongoDB 数据库，就必须安装该模块。如果需要监控 Oracle，则必须下载安装 cx_oracle for python 。同理，如果需要监控 Redis、SQL Server，则必须安装 Redis 驱动、SQL Server 驱动。

5. 安装 Lepus 采集器

下载 Lepus 采集器（http://www.lepus.cc/soft/index），如图 6-16 所示。

图 6-16

（1）上传软件包 Lepus3.7 到监控机服务器，并解压缩软件到系统中：

```
unzip lepus_vx.x.x.zip
```

（2）在监控机创建监控数据库，并授权，如图 6-17 所示。MySQL 中的操作命令如下：

```
create database lepus default character set utf8;
grant select,insert,update,delete,create on lepus.* to 'lepus_user'@'%'
identified by 'root1234';
flush privileges;
```

```
[root@node0 lepus_v3.7]# /opt/lampp/bin/mysql -uroot -p
Enter password:
Welcome to the MySQL monitor.  Commands end with ; or \g.
Your MySQL connection id is 1
Server version: 5.5.36 Source distribution

Copyright (c) 2000, 2014, Oracle and/or its affiliates. All rights reserved.

Oracle is a registered trademark of Oracle Corporation and/or its
affiliates. Other names may be trademarks of their respective
owners.

Type 'help;' or '\h' for help. Type '\c' to clear the current input statement.

mysql> create database lepus default character set utf8;
Query OK, 1 row affected (0.01 sec)

mysql> grant select, insert, update, delete, create on lepus.* to 'lepus_user'@'10.10.75.%' identified by 'root1234';
Query OK, 0 rows affected (0.00 sec)

mysql> flush privileges;
Query OK, 0 rows affected (0.00 sec)
```

图 6-17

需要说明的是，xampp 默认安装的 MySQL 是没有密码的，为了安全起见，需要修改 root

用户密码，如图 6-18 所示。

```
mysql> UPDATE mysql.user SET Password=PASSWORD('123@abc') WHERE user='root';
Query OK, 2 rows affected (0.00 sec)
Rows matched: 2  Changed: 2  Warnings: 0

mysql> flush privileges;
Query OK, 0 rows affected (0.00 sec)
```

图 6-18

如果 MySQL 的 root 用户密码已经修改，那么 phpmyadmin 中的对应密码配置也要修改。找到配置文件/opt/lampp/phpmyadmin /config.inc.php 进行修改，如图 6-19 所示。

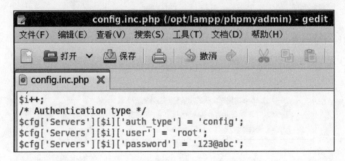

图 6-19

phpmyadmin 是数据库管理程序，用来创建管理数据库等操作。若不修改 config.inc.php 文件中的内容，则 phpmyadmin 无法打开页面。

（3）进入 lepus_v3.7 的 sql 子目录，导入里面的 SQL 文件（表结构和数据文件），如图 6-20 所示。

```
[root@node0 lepus_v3.7]# /opt/lampp/bin/mysql -uroot -p123@abc  lepus </opt/lep
us_v3.7/sql/lepus_table.sql
[root@node0 lepus_v3.7]# /opt/lampp/bin/mysql -uroot -p123@abc  lepus </opt/lep
us_v3.7/sql/lepus_data.sql
[root@node0 lepus_v3.7]#
```

图 6-20

（4）安装 Lpeus 程序。进入 Lepus 软件包的 python 文件夹，授予 install.sh 文件可执行权限，执行安装，如图 6-21 所示。

```
[root@node0 lepus_v3.7]# cd /opt/lepus_v3.7/python
[root@node0 python]# chmod +x install.sh
[root@node0 python]# ./install.sh
[note] lepus will be install on basedir: /usr/local/lepus
[note] /usr/local/lepus directory does not exist, will be created.
[note] /usr/local/lepus directory created success.
[note] wait copy files.......
[note] change script permission.
[note] create links.
[note] install complete.
[root@node0 python]#
```

图 6-21

（5）修改配置文件/usr/local/lepus/etc/config.ini，包括安装 Lepus 监控系统的监控机 IP 地址、连接监控数据库的账户和密码、监控数据库名称等，如图 6-22 所示。

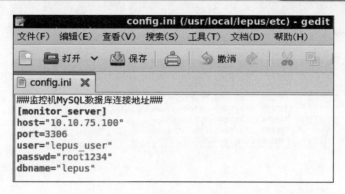

图 6-22

（6）执行启动命令 lepus start 启动 Lepus 采集进程，如图 6-23 所示。

```
[root@node0 python]# lepus start
nohup: 把输出追加到"nohup.out"
lepus server start success!
```

图 6-23

6. 安装 Web 管理台

复制 PHP 文件夹里的文件到 Apache 对应的网站虚拟目录，如图 6-24 所示。

```
[root@node0 python]# mkdir /opt/lampp/htdocs/lepus
[root@node0 python]# cp -rf /opt/lepus_v3.7/php/* /opt/lampp/htdocs/lepus
[root@node0 python]#
[root@node0 python]# ls -l /opt/lampp/htdocs/lepus
总用量 20
drwxr-xr-x 15 root root 4096 9月   13 23:26 application
-rw-r--r--  1 root root 6605 9月   13 23:26 index.php
-rw-r--r--  1 root root 2547 9月   13 23:26 license.txt
drwxr-xr-x  8 root root 4096 9月   13 23:26 system
```

图 6-24

打开/opt/lamp/htdocs/lepus/application/config/database.php 文件，修改 PHP 连接监控服务器的数据库信息，如图 6-25 所示。

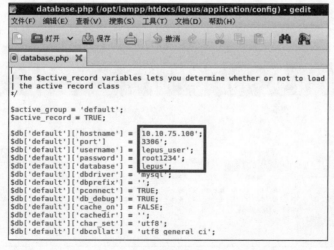

图 6-25

修改完 database.php 之后重启服务，如图 6-26 所示。

```
[root@node0 python]# /opt/lampp/lampp restart
Restarting XAMPP for Linux 1.8.2-5...
XAMPP: Stopping Apache...ok.
XAMPP: Stopping MySQL...ok.
XAMPP: Stopping ProFTPD...ok.
XAMPP: Starting Apache...ok.
XAMPP: Starting MySQL...ok.
XAMPP: Starting ProFTPD...ok.
[root@node0 python]#
```

图 6-26

7. 登录 Lepus 监控台

输入"http://监控机 IP 地址/lepus"，打开监控界面，即可登录系统，默认管理员账号为 admin、密码为 Lepusadmin，如图 6-27 所示。登录后可以修改管理员密码。登录成功后，看见仪表盘页面则代表 Lepus 监控系统安装成功，如图 6-28 所示。

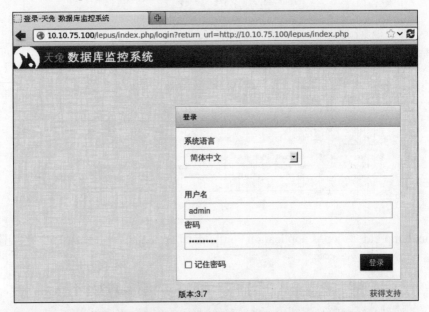

图 6-27

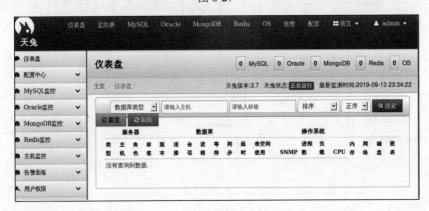

图 6-28

6.2.3　监控 MySQL 服务器

首先在被监控的数据库服务器上创建账号并授权，如图 6-29 所示。

```
mysql> create user 'lepus_monitor'@'10.10.75.%' identified by 'root1234';
Query OK, 0 rows affected (0.01 sec)

mysql> grant select,super,process,reload,show databases,replication client on *.
* to 'lepus_monitor'@'10.10.75.%';
Query OK, 0 rows affected (0.00 sec)

mysql> flush privileges;
Query OK, 0 rows affected (0.00 sec)
```

图 6-29

然后添加被监控的 MySQL 服务器，在"配置中心"中单击"新增"按钮，如图 6-30 和图 6-31 所示。

图 6-30

图 6-31

单击"MySQL 监控"→"健康监控"菜单即可进入健康监控页面，如图 6-32 所示。这里显示的是数据库服务器的基础信息。

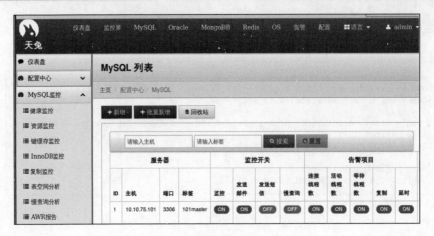

图 6-32

也可以通过监控图表来观察 MySQL 的连接情况，比如 TPS、QPS、每秒执行 DML 语句等监控信息，如图 6-33 所示。

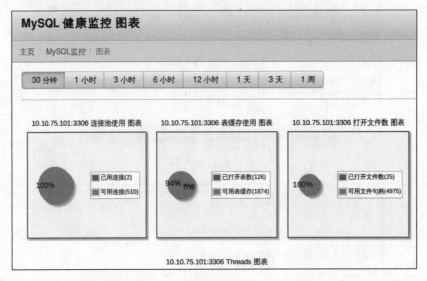

图 6-33

MySQL 的事务性能图表如图 6-34 所示。

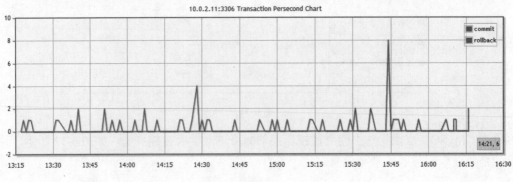

图 6-34

MySQL DML 的性能图表如图 6-35 所示。

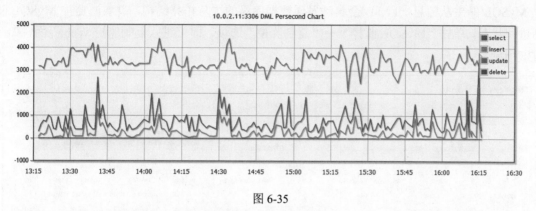

图 6-35

MySQL 的流量图表如图 6-36 所示。

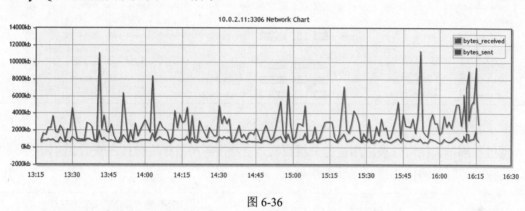

图 6-36

MySQL QPS/TPS 图表如图 6-37 所示。QPS 表示"每秒查询率"，是一台服务器每秒能够响应的查询次数，是对一个特定的查询服务器在规定时间内所处理流量多少的衡量标准。TPS 表示"事务数/秒"，其中一个事务是指一个客户机向服务器发送请求然后服务器做出反应的过程。客户机在发送请求时开始计时，收到服务器响应后结束计时，以此来计算使用的时间和完成的事务个数。

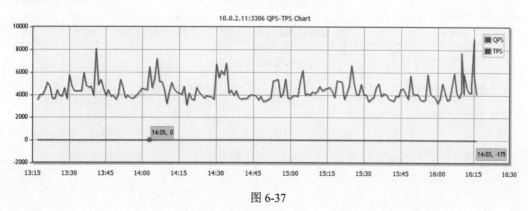

图 6-37

Lepus 提供了一个直观的 Web 界面来监视当前 MySQL 的复制状态。无须在添加主机时配置 MySQL 的主从信息，Lepus 会自动发现数据库里的主从拓扑结构，并实时监控 MySQL 复制进程状态。单击"MySQL 监控"→"复制监控"选项，即可进入复制监控 Web 界面，如图 6-38 所示。

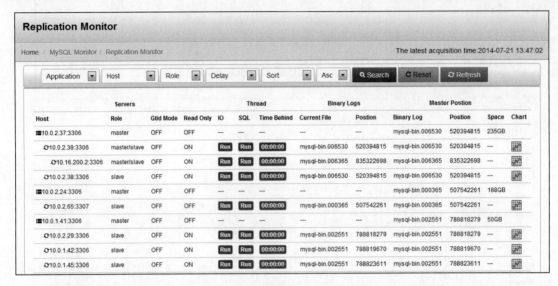

图 6-38

通过顶部搜索栏可以按应用进行分组查看，或者按各种指标进行排序查看。例如，图 6-39 所示为按照延时时间倒序排序查看的结果。

Host	Role	Gtid Mode	Read Only	IO	SQL	Time Behind	Current File	Postion	Binary Log	Postion	Space	Chart
10.0.2.48:3306	slave	OFF	ON	Run	Run	00:00:02	mysql-bin.039600	1048986085	mysql-bin.039600	1050639709	—	
10.0.2.43:3306	slave	OFF	ON	Run	Run	1天以上	mysql-bin.002378	639162483	mysql-bin.002657	685360525	—	
10.0.4.53:3306	slave	OFF	ON	Run	Run	00:00:00	mysql-bin.000030	177401596	mysql-bin.000030	177401596	—	
10.0.4.31:3306	slave	OFF	ON	Run	Run	00:00:00	mysql-bin.000091	107543608	mysql-bin.000091	107543608	—	
10.0.4.41:3306	slave	OFF	ON	Run	Run	00:00:00	mysql-bin.000001	10487524	mysql-bin.000001	10487524	—	
10.0.3.12:3306	slave	OFF	ON	Run	Run	00:00:00	mysql-bin.000134	980986605	mysql-bin.000134	980986605	—	
10.0.4.22:3306	slave	OFF	ON	Run	Run	00:00:00	mysql-bin.000001	956284369	mysql-bin.000001	956284369	—	

图 6-39

通过单击备库的图标，还可以看到当前库的历史延时图表，如图 6-40 所示。

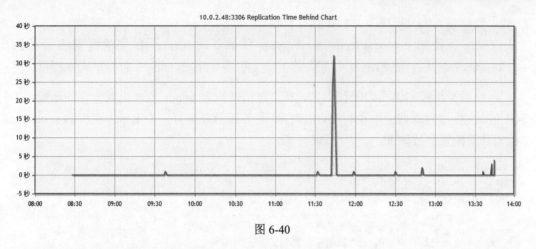

图 6-40

另外，还有告警功能，在复制出现异常或复制延时时，都会发送邮件给 DBA 提示进行处理。图 6-41 所示为复制延时时发出的告警信息。当复制恢复正常后，会发送 OK 信息。

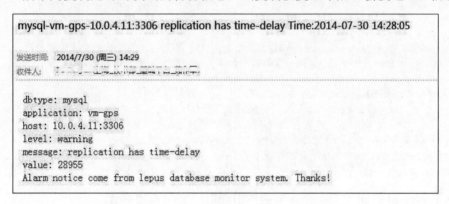

图 6-41

6.2.4　Lepus 慢查询分析平台

Lepus 的慢查询分析平台是独立于监控系统的模块，需要使用 percona-toolkit（http://www.percona.com/software/percona-toolkit）工具来采集和记录慢查询日志，并且需要部署一个我们提供的 shell 脚本来进行数据采集。该脚本会自动开启数据库的慢查询日志，对慢查询日志按小时进行切割，并收集慢查询日志的数据到监控机数据库。随后通过 Lepus 系统就可以分析慢查询了。

（1）在被监控服务器上安装 percona-toolkit 工具包：

```
yum -y install perl-I/O-Socket-SSL
yum -y install perl-DBI
yum -y install perl-DBD-MySQL
yum -y install perl-Time-HiRes
```

解压下载的 percona-toolkit 工具包，解压目录放在/usr/local 下：

```
tar -zxvf percona-toolkit-3.0.3_x86_64.tar.gz -C /usr/local
```

（2）复制慢查询分析脚本并授予执行权限。

从监控服务器的/usr/local/lepus/client/mysql/ 目录复制 Lepus 提供的慢查询分析脚本 lepus_slowquery.sh 到被监控 MySQL 服务器上。之后需要用 chmod +x 对分析脚本授权。

（3）修改分析脚本里面的配置信息。在这里需要指定 Lepus 监控机数据库的地址、本地 MySQL 地址，存储慢查询的路径和慢查询时间，另外还需要配置一个 Lepus 主机的 server_id。

编辑修改配置参数如下：

```
#config lepus database server
lepus_db_host=监控机的 IP 地址
lepus_db_port=3306，监控机的 MySQL 数据库端口号
lepus_db_user="lepus_user" 监控机上创建的 MySQL 用户账号，如 lepus_user
lepus_db_password=监控机上创建的 MySQL 用户账号的密码
lepus_db_database="lepus"监控机上创建的监控数据库

#config mysql server
mysql_client="/data/mysql/bin/mysql" 客户端命令的绝对路径
mysql_host=被监控的 MySQL 服务器
mysql_port=3306
mysql_user="lepus_monitor"被监控的 MySQL 服务器上创建的用户账户
mysql_password=被监控的 MySQL 服务器上创建的用户账户密码

#config slowqury
slowquery_dir="/data/mysql/slowlog/"慢查询日志的目录位置
slowquery_long_time=0.5慢查询日志的时间，单位是秒
pt_query_digest="/usr/local/percona-toolkit-3.03/bin/pt-query-digest"被监控
服务器的 pt-query-digest 命令所在的位置
#config server_id
```

lepus_server_id 的 id 号从 Lepus 监控图中获取，如图 6-42 所示。

> **注　意**
>
> lepus_server_id 值需要从系统中获取。进入 MySQL 服务器配置，在部署脚本的主机前查询到的当前 ID 即为主机的 server_id。lepus_server_id 必须和 MySQL 服务器配置里的对应服务器 ID 一一对应，否则可能将无法查询到该主机的慢查询。

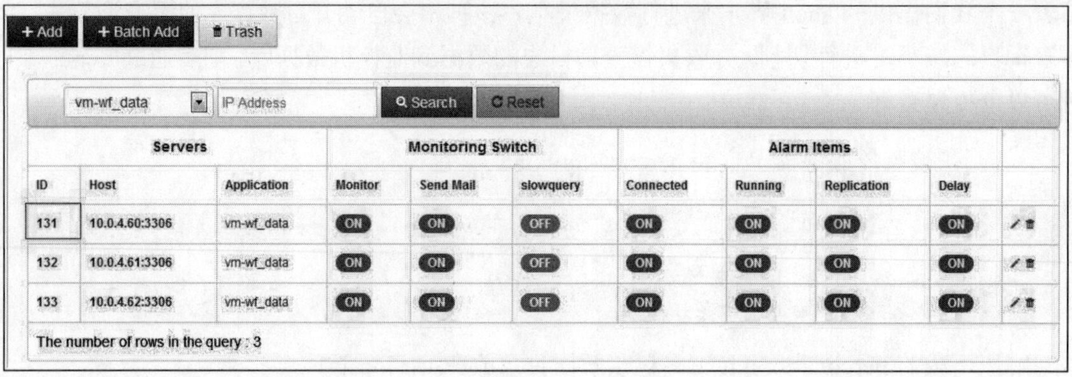

图 6-42

配置完成后保存，就可以加入定时计划任务。每 10 分钟进行一次采集慢查询过程。

```
*/10 * * * * sh /usr/local/sbin/lepus_slowquery.sh > /dev/null 2>&1
```

加入计划任务后可以手动执行脚本，执行完毕后可以看到生成的慢查询日志。

（4）开启慢查询分析。

在 MySQL 服务器管理里面单击右侧的编辑按钮，如图 6-43 所示。

服务器			监控开关			告警项目				
ID	主机	应用	监控	发送邮件	慢查询	连接线程	活动线程	复制	延时	
134	219.234.6.180:3306	西部数码	ON	ON	OFF	ON	ON	ON	ON	
135	219.234.6.180:3307	西部数码	ON	ON	OFF	ON	ON	ON	ON	
136	219.234.6.180:3308	西部数码	ON	ON	OFF	ON	ON	ON	ON	

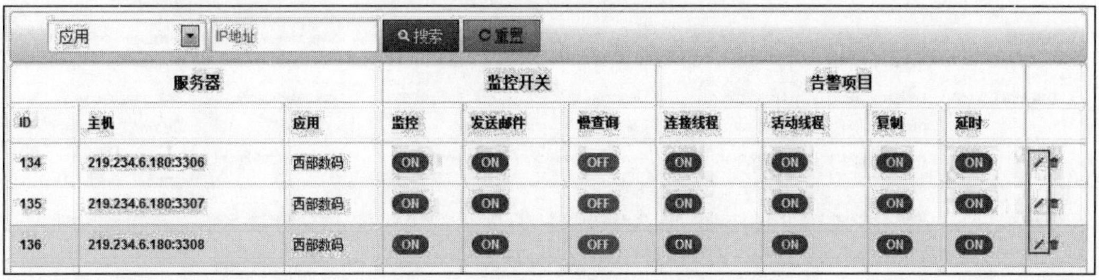

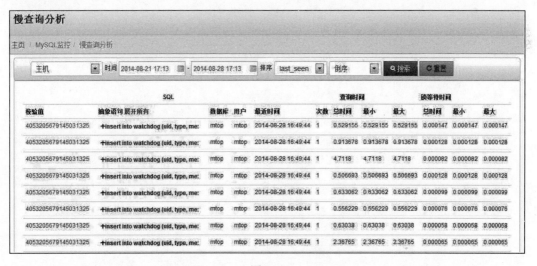

图 6-43

进入服务器编辑界面，配置 slowquery 为打开状态，如图 6-44 所示。

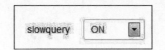

图 6-44

配置完成后，稍等片刻，即可在慢查询分析平台查看该数据库的慢查询日志，如图 6-45 和图 6-46 所示。

SQL					查询时间				锁等待时间		
校验值	抽象语句 展开所有	数据库	用户	最近时间	次数	总时间	最小	最大	总时间	最小	最大
4053205679145031325	+insert into watchdog (uid, type, me:	mtop	mtop	2014-08-28 16:49:44	1	0.529155	0.529155	0.529155	0.000147	0.000147	0.000147
4053205679145031325	+insert into watchdog (uid, type, me:	mtop	mtop	2014-08-28 16:49:44	1	0.913678	0.913678	0.913678	0.000128	0.000128	0.000128
4053205679145031325	+insert into watchdog (uid, type, me:	mtop	mtop	2014-08-28 16:49:44	1	4.7118	4.7118	4.7118	0.000082	0.000082	0.000082
4053205679145031325	+insert into watchdog (uid, type, me:	mtop	mtop	2014-08-28 16:49:44	1	0.506693	0.506693	0.506693	0.000128	0.000128	0.000128
4053205679145031325	+insert into watchdog (uid, type, me:	mtop	mtop	2014-08-28 16:49:44	1	0.633062	0.633062	0.633062	0.000099	0.000099	0.000099
4053205679145031325	+insert into watchdog (uid, type, me:	mtop	mtop	2014-08-28 16:49:44	1	0.556229	0.556229	0.556229	0.000076	0.000076	0.000076
4053205679145031325	+insert into watchdog (uid, type, me:	mtop	mtop	2014-08-28 16:49:44	1	0.63038	0.63038	0.63038	0.000058	0.000058	0.000058
4053205679145031325	+insert into watchdog (uid, type, me:	mtop	mtop	2014-08-28 16:49:44	1	2.36765	2.36765	2.36765	0.000065	0.000065	0.000065

图 6-45

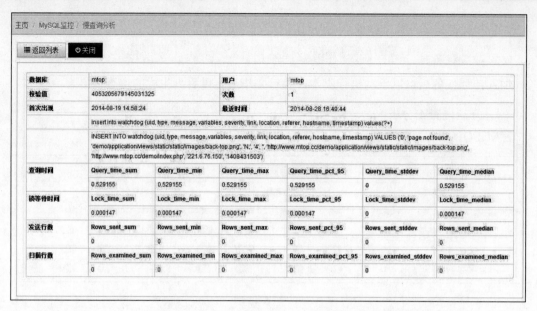

图 6-46

第 7 章
◄ MySQL主从复制详解 ►

MySQL 的主从复制功能是构建基于 MySQL 数据库的高可用、高性能的应用程序基础，既能用于分担主数据库的读负载，也为高可用 HA 等工作提供了更多的支持。主从复制是指数据可以从一个 MySQL 数据库服务器主节点复制到另外一个或多个 MySQL 数据库服务器从节点。主从复制可以用于数据实时备份、读写分离、高可用 HA 等企业场景中。

7.1 主从复制的概念和用途

MySQL 的主从复制概念，如图 7-1 所示。对于修改 MySQL-A 数据库的操作，在数据库中执行后都会写入本地的日志系统 A 中。假设实时地将变化了的日志系统中的数据库事件操作通过网络发给 MySQL-B，MySQL-B 收到后，写入本地日志系统 B，然后一条条地将数据库事件在数据库中完成。所以，MySQL-A 变化，MySQL-B 也会变化，通过这个机制可保证 MySQL-A 数据库和 MySQL-B 数据库的数据同步。

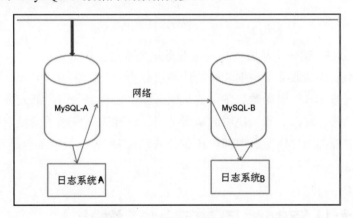

图 7-1

在上面的模型中，MySQL-A 是主服务器，即 master；MySQL-B 是从服务器，即 slave。日志系统 A 其实是 MySQL 日志类型中的二进制日志 binlog，专门用来保存修改数据库表的所有动作。日志系统 B 并不是二进制日志，而是中继日志，即 relay-log，因为它是从 MySQL-A 的二进制日志复制过来的，并不是自己的数据库变化产生的。这就是所谓的 MySQL 的主从复制。报表等读负载可以在从服务器的数据库上查询，同时当主服务器出现问题时，可以切换到从服务器。

下面看一下主从复制的场景用途。

（1）应用场景 1：从服务器作为主服务器的实时数据备份

主从服务器架构的设置可以大大加强 MySQL 数据库架构的健壮性。例如，做数据的热备，当主数据库服务器故障出问题后可切换到从服务器继续提供服务，此时从服务器的从数据库的数据和宕机时的主数据库的数据几乎是一致的，而且可以在从服务器进行备份，避免备份期间影响主服务器服务。

（2）应用场景 2：主从服务器实时读写分离，从服务器实现负载均衡

主从服务器架构可通过程序（PHP、Java 等）或代理数据库中间件实现对用户（客户端）的请求读写分离，如图 7-2 所示，即让从服务器仅仅处理用户的 select 查询请求，降低用户查询响应时间及读写同时在主服务器上带来的访问压力。更新的数据（例如 update、insert、delete 语句）仍然交给主服务器处理，以确保主服务器和从服务器保持实时同步。

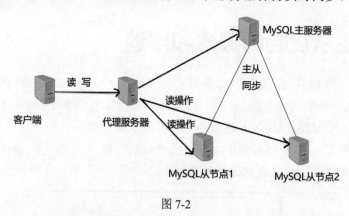

图 7-2

（3）应用场景 3：把多个从服务器根据业务重要性进行拆分访问

可以把几个不同的从服务器根据公司的业务进行拆分。例如，有为外部用户提供查询服务的从服务器，有内部 DBA 用来数据备份的从服务器，还有为公司内部人员提供访问的后台、脚本、日志分析及供开发人员查询使用的从服务器。这样的拆分除了减轻主服务器的压力外，还可以使数据库对外部用户浏览、内部用户业务处理及 DBA 人员的备份等互不影响。

7.2 主从复制的原理及过程描述

MySQL 之间主从复制的基础是二进制日志文件（binary log file）。一个 MySQL 数据库启用二进制日志后，作为 master，数据库中的所有操作都会以"事件"的方式记录在二进制日志中。其他数据库作为 slave 通过一个 I/O 线程与 master 保持通信，并监控 master 二进制日志文件的变化，如果发现 master 二进制日志文件发生变化，就会把变化复制到自己的中继日志中，

然后由一个 SQL 线程把相关的"事件"执行到自己的数据库中，以实现从数据库和主数据库的一致性，也就是实现了主从复制。

在主从复制的过程中，首先必须打开 master 主节点的 binary log（binlog）功能，否则无法实现。因为整个复制过程实际上就是 slave 从节点从 master 主节点获取日志然后在自己身上完全顺序地执行日志中所记录的各种操作。

MySQL 主从复制涉及 3 个线程，一个运行在主节点（log dump thread），其余两个（I/O thread、SQL thread）运行在从节点，如图 7-3 所示。

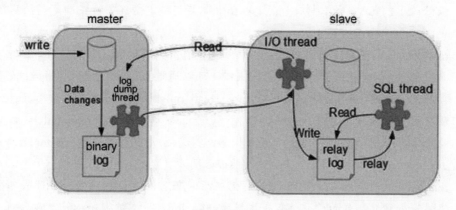

图 7-3

主节点会创建一个 binlog dump 线程，用于发送 binlog 的内容。当从节点上执行 start slave 命令开启主从复制之后，从节点会创建一个 I/O 线程，用来连接主节点，并请求从指定 binlog 日志文件的指定位置之后的日志内容。主节点接收到来自从节点的 I/O 请求后，通过负责复制的 binlog dump 的 I/O 进程，根据从节点的 I/O 线程请求的信息分批读取 binlog 日志文件所指定位置之后的日志信息，返回给从节点。返回信息中除了日志所包含的信息之外，还包括本次返回信息的 binlog 文件名以及 binlog 的位置。

从节点的 I/O 进程接收到内容后，将接收到的日志内容更新到本机的 relay-log 中，并将读取到的 bin-log 文件名和位置保存到 master-info 文件中，以便在下一次读取的时候能够清楚地告诉 master "我需要从某个 binlog 的哪个位置开始往后的日志内容，请发给我"。从节点上的 SQL 线程会实时检测到 relay log 中新增加了内容，将 relay log 的内容解析成具体的 SQL 语句操作，并在从节点上按解析 SQL 语句的位置顺序执行和应用这些 SQL 语句，最终保证主从数据的一致性。

7.3　主从复制的重点参数解析

在 MySQL 数据库配置文件 my.cnf 中，启用主从复制过程中需要考虑的重要参数说明如下：

- server-id: MySQL 主从服务器上不能一样，这是同一组主从结构的唯一标识。
- log-bin: 开启二进制日志（搭建主从复制必须开启）。
- binlog_format: 二进制日志的格式，有 statement 模式（基于 SQL 语句的复制）、row 模式（基于行的复制）、还有 mixed 模式（混合复制），这里必须使用 row 模式。statement 基于 SQL 语句的复制就是记录 SQL 语句在 binlog 中，缺点是在某些情况下会导致主从节点中的数据不一致（比如 sleep()、now() 等）。row 基于行的复制是 MySQL master 将 SQL 语句分解为基于 row 更改的语句并记录在 binlog 中，也就是只记录哪条数据被修改了、修改成什么样，优点是不会出现某些特定情况下被正确复制的问题。mixed 是以上两种模式的混合。
- read_only: 设置从库只读模式，可以限定普通用户进行数据修改的操作，但不会限定具有 super 权限的用户的数据修改操作，可以通过 set global read_only=1 设置从库只读状态。MySQL 5.7 增加了一个 super_read_only 参数，一旦开启该参数，连超级管理员都没有权限进行写入操作。在 MySQL slave 库中设定了 read_only=1 以后，通过 show slave status\G 命令查看 salve 状态，发现 salve 仍然会读取 master 上的日志，并且在 slave 库中应用日志，不会影响 slave 同步复制的功能。
- relay_log_recovery=1: 当 slave 从库宕机后，若 relay log 损坏了，导致一部分中继日志没有处理，则自动放弃所有未执行的 relay log，并重新从 master 上获取日志，这样就保证了 relay log 的完整性。默认情况下，该功能是关闭的，将 relay_log_recovery 的值设置为 1 时，可在 slave 从库上开启该功能。建议开启。
- relay-log-info-repository=TABLE 和 master-info-repository=TABLE: 在 MySQL 运行过程中宕机的话，从库启动后必须能够恢复到已经执行事务的位置，该信息传统上是存在文件中的，有可能存在不一致或者损坏的风险。从 MySQL 5.7 开始，可以用表来存储这些信息，并把这些表设置为 InnoDB 引擎，通过使用事务型存储引擎来恢复这个信息。
- gtid_mode: 是否开启 gtid 模式。若使用 gtid 模式，则设置 gtid_mode=on。
- enforce-gtid-consistency: enforce_gtid_consistency 默认为 off，可选[off|on]，表示限定事务安全的 SQL 才允许被记录。例如，create table...select 语句以及 create temporary table 语句不被允许执行。（create table...select 会被拆分为两个事务，比如 create table 和 insert 事务，会导致相同的 GTID 分配给两个事务，从库会忽略。）
- log_slave_updates: 通常情况下，从服务器从主服务器接收到的更新不记入它的二进制日志。该选项的作用是将从 master 上获取数据变更的信息记录到 slave 的二进制日志文件中。对于级联复制 A→B→C，也就是说，A 为从服务器 B 的主服务器，B 为从服务器 C 的主服务器。为了能工作，B 必须既为主服务器又为从服务器。除了 A 和 B 启用二进制日志外，B 服务器必须启用 log-slave-updates 选项。另外，MySQL 5.6 的 GTID 复制模式也必须开启 log_slave_updates 参数，否则启动就会报错，因为需要在 bin-log 找到同步复制的信息。在 MySQL 5.7 里，官方做了调整，用一张 gtid_executed 系统表记录同步复制的信息，可以不用开启 log_slave_updates 参数，减少了从库的压力。

7.4　主从复制的部署架构

　　MySQL 数据库支持单向、双向、链式级联、环状等不同业务场景的复制。在复制过程中，一台服务器充当主服务器（master），接收来自用户的内容更新，而一个或多个其他的服务器充当从服务器（slave），接收来自主服务器 binlog 文件的日志内容，解析出 SQL 重新应用到从服务器，使得主从服务器数据达到一致。

　　（1）一主一从或一主多从

　　如图 7-4 所示，常见的 master-slaves 架构（大概 90% 的主从复制会使用这种架构）就是一台 master 复制数据到一台或多台 slave，将 master 上的读压力分散到多台 slave 上，因为在很多系统中读压力往往会大于写压力。

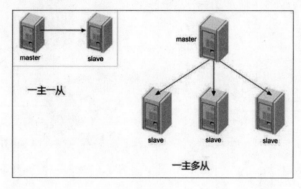

图 7-4

　　（2）多级主从（级联同步）

　　如图 7-5 所示，如果设置了链式级联复制，那么从服务器（slave）本身除了充当从服务器外，也会同时充当其下面从服务器的主服务器。链式级复制类似 A→B→C 的复制形式，需要注意的是要复制的节点过多，会导致复制延迟。

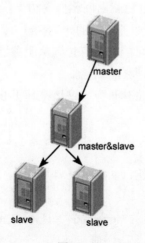

图 7-5

（3）双主

如图 7-6 所示，可以搭建一个双主（master）环境，在这个双 master 环境里，两个 MySQL Server 互相将对方视为自己的 master，自己作为 slave。这样无论哪一方数据发生了更改都能同步到另一方，如果其中一个 master 停机维护，重启后也不会有任何数据问题。当然如果双 master 都同时提供写服务的话，也会有一定的数据冲突问题，虽然是双主，但是业务上同一时刻只允许对一个主进行写入。

（4）多主一从（也称多源复制，MySQL 5.7 之后开始支持）

如图 7-7 所示，多主一从使得从机从各主机同步接收业务信息（transactions），这样可以让一部服务器为多个主机服务器备份、合并数据表、联合数据。应用场景如数据汇总，可将多个主数据库同步汇总到一个从数据库中，方便数据统计分析，从库只用于查询。

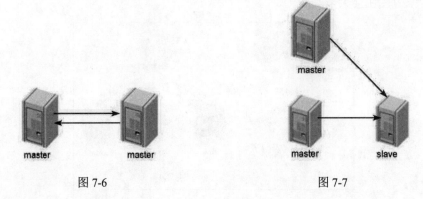

图 7-6   图 7-7

7.5 异步复制

MySQL 默认采用异步复制方式。所谓异步模式，指的是 MySQL 主服务器上 I/O thread 线程将二进制日志写入 binlog 文件之后就返回客户端结果，不会考虑二进制日志是否完整传输到从服务器以及是否完整存放到从服务器上的 relay-log 日志中。在这种模式下，主服务器宕机时，主服务器上已经提交的事务可能并没有传到从服务器上，如果强行将从服务器提升为主服务器，可能导致新主服务器上的数据不完整。

下面看一下 MySQL 异步复制搭建过程，这里是基于 binlog 和 position 方式来搭建主从复制的。

1. 搭建主从复制必要条件

（1）主库开启 binlog 功能（建议从库也开启 binlog，并且开启 log_slave_updates 参数，方便后期扩展架构）。

（2）主库的 server-id 和从库的 server-id 保证不能重复，MySQL 同步的数据中是包含 server-id 的，而 server-id 用于标识该语句最初是从哪个 server 写入，因此 server-id 一定要有，而且不能相同。如果 server-id 相同，那么同步就可能陷入死循环，会有问题。

（3）在 MySQL 中做主主同步时，多个主需要构成一个环状，但是同步的时候又要保证一条数据不会陷入死循环，要靠 server-id 来实现。

（4）为了保证后期不会出现数据不一致的情况，binlog 格式要为 row 模式。

（5）从库设置 relay-log-info-repository=TABLE、master-info-repository=TABLE 和 relay_log_recovery=1。其中，前两个选项的作用是确保在 slave 上和复制相关的元数据以表的形式存放到数据库中，表采用 InnoDB 引擎，受到 InnoDB 事务安全的保护；后一个选项的作用是开启 relay-log 自动修复机制，发生 crash 时，会自动判断哪些 relay-log 需要重新从 master 上抓取回来再次应用，以此避免部分数据丢失的可能性。

（6）主库要建立主从复制账户账号（授予 replication slave 权限）。

2. 主从复制具体搭建过程

假设搭建一主一从的部署架构，master（主服务器）node0 的 IP 地址是 10.10.75.100，slave（从服务器）node1 的 IP 地址是 10.10.75.101。

（1）修改数据库配参数文件，如图 7-8 所示，为主库开启 binlog 功能；为了便于后期架构扩展，也为从库开启 binlog 功能。

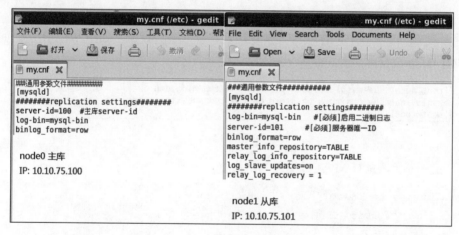

图 7-8

（2）在主服务器 node0（10.10.75.100）上建立复制账户并授权，如图 7-9 所示。

```
mysql> GRANT REPLICATION SLAVE ON *.* to 'mysync'@'%' identified by 'q123456';
Query OK, 0 rows affected, 1 warning (0.00 sec)

mysql> flush privileges;
Query OK, 0 rows affected (0.00 sec)
```

图 7-9

（3）初始化数据，备份主库，在从库上恢复，让从库与主库在某一位置时达到同步。这里用 mysqldump 做数据的备份导出操作，命令是 "mysqldump -uroot -p123@abc

--single-transaction --master-data=2 --databases mldn >/tmp/mldn.dmp",如图 7-10 所示。如果数据量大,使用 Xtrabackup 进行热备份也是可以的。

```
[root@node0 ~]# mysqldump -uroot -p123@abc --single-transaction --master-data=2
  --databases mldn>/tmp/mldn.dmp
mysqldump: [Warning] Using a password on the command line interface can be insec
ure.
[root@node0 ~]#
```

图 7-10

备注:加参数--databases mldn 表示备份 mldn 数据库;加参数--master-data=2 让备份出来的文件中记录备份这一时刻的 binlog 文件 position 号;加参数--single-transaction 是为了得到一个一致性备份,在导出数据之前开启一个事务,由数据库保证单次导出数据的一致性,此时针对 InnoDB 表的所有读写操作均不会被阻塞。

查看 mldn.dmp,得到当前 binlog 文件名和 position 号,如图 7-11 所示。

```
-- Position to start replication or point-in-time recovery from
--
-- CHANGE MASTER TO MASTER_LOG_FILE='mysql-bin.000001', MASTER_LOG_POS=1627;
```

图 7-11

复制到从库的服务器上,在从库上恢复从主库导出来的数据,如图 7-12 所示。如果从服务器上没有 mldn 数据库,就在从库上创建一个。

```
[root@node1 ~]# mysql -uroot -p123@abc </tmp/mldn.dmp
mysql: [Warning] Using a password on the command line interface can be insecure.
[root@node1 ~]#
```

图 7-12

(4)在从库上,执行 MySQL 配置主从命令:

```
change master to master_host='10.10.75.100',
master_user='mysync',master_password='q123456',
master_port=3306,
master_log_file='mysql-bin.000001',master_log_pos=1627;
```

在 MySQL 主从配置命令中,master_host 指的是主库的 IP 地址;master_user、master_password、master_port 指的是之前在主库上创建的复制账户、用户密码、数据库端口号;master_log_file 和 master_log_pos 指的是从备份文件中获取的当前二进制文件名以及 position 号。

如果出现报错信息" ERROR 1776 (HY000): Parameters MASTER_LOG_FILE, MASTER_LOG_POS, RELAY_LOG_FILE and RELAY_LOG_POS cannot be set when MASTER_AUTO_POSITION is active.",就执行命令 change master to master_auto_position=0,如图 7-13 所示。

```
ERROR 1776 (HY000): Parameters MASTER_LOG_FILE, MASTER_LOG_POS, RELAY_LOG_FILE a
nd RELAY_LOG_POS cannot be set when MASTER_AUTO_POSITION is active.
mysql> change master to master_auto_position=0;
Query OK, 0 rows affected (0.03 sec)
```

图 7-13

（5）执行 start slave 命令，启动从服务器复制功能。在从服务器上查看主从复制状态命令是 show slave status\G，如图 7-14 所示。

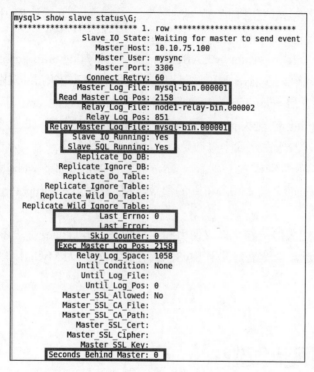

图 7-14

其中，Slave_I/O 及 Slave_SQL 进程必须正常运行，即 Yes 状态，否则都是错误的状态（只要其中一个是 NO 就属错误）。

```
Slave_I/O_Running: Yes      //此状态必须是 Yes
Slave_SQL_Running: Yes       //此状态必须是 Yes
......
```

Master_Log_File 是当前主库的二进制文件名。

Read_Master_Log_Pos 是正在读取主库当前二进制日志的位置。

Exec_Master_Log_Pos 是执行到主库二进制日志中的位置。

判断节点是否延迟，查看 Seconds_Behind_Master，这里为 0。

完成以上操作过程，主从服务器配置完成。

（6）主从服务器测试验证是否可以正常同步数据，可以在主库 mldn 中建表，并插入数据，在从库上查看主库上新插入的数据。

（7）如果需要禁用主从复制，只要在从服务器上执行命令 stop slave，关闭主从同步即可。执行命令 reset slave all，可以清空从库的所有配置信息。

至此，MySQL 主从复制搭建成功。

关于如何保证主从复制数据一致性的问题，需要注意的是在 MySQL 中一次事务提交后需要写 undo、redo、binlog、数据文件等。在这个过程中，可能在某个步骤发生 crash，导致主从数据不一致。为了避免这种情况，我们需要调整主从上面相关选项的配置，确保即便发生 crash了，也不能发生主从复制的数据丢失。在 master 主库上修改配置参数 innodb_flush_log_at_trx_commit=1 和 sync_binlog=1，确保数据高安全。在 slave 从库上修改配置参数 master_info_repository="TABLE" 和 relay_log_info_repository="TABLE" 和 relay_log_recovery=1，确保在 slave 上和复制相关的元数据表也采用 InnoDB 引擎，受到 InnoDB 事务安全的保护，并开启 relay-log 自动修复机制，这样，在发生 crash 时根据 relay_log_info 中记录的已执行的 binlog 位置从 master 上重新抓取回来再次应用，以避免部分数据丢失的可能性。为了避免人为误操作在从库中修改数据，导致主从数据不一致，从节点上授权只读模式 set global read_only=1（只读模式不会影响 slave 同步复制的功能，但此限制对于拥有的 super 权限用户无效，MySQL 5.7 版本增加了新的参数，使用 set global super_read_only=ON 限制超管用户）。

关于主从复制延迟大的问题，建议使用和主库规格一样好的硬件设备作为 slave，存储采用 PCIE-SSD 才是王道，当然最好使用 MySQL 5.7 版本，因为 MySQL 5.7 版本中复制性能有极大的增强。

7.6 半同步复制

7.6.1 半同步复制概念和原理

首先了解一下全同步复制的概念：master 主库提交事务，直到事务在所有 slave 从库都已提交，才会返回客户端事务执行完毕信息，优点是能够确保将数据都实时复制到所有的从库，缺点是完成一个事务可能造成延迟，会影响主库的更新效率，所以全同步复制的性能必然会受到影响。

MySQL 复制默认是异步复制，复制效率很高，缺点也很明显，master 将事件写入 binlog，提交事务，自身并不知道 slave 是否接收、是否处理，所以不能保证所有事务都被所有 slave 接收。

为了保证在主库出现问题的时候至少有一个从库的数据是完整的，MySQL 引入了半同步复制功能。半同步复制介于异步复制和全同步复制之间，主库在执行完客户端提交的事务后不是立刻返回给客户端，而是等待至少一个从库接收到并写到 relay-log 中才返回给客户端，主库不需要等待所有从库给主库反馈。相对于异步复制，半同步复制提高了数据的安全性，同时也造成了一定程度的延迟，至少是一个 TCP/IP 往返的时间。所以，半同步复制最好在低延时的网络中使用。在等待超时的情况下，半同步复制也会转换为异步复制，以保障主库业务的正常更新。

　　MySQL 5.5-5.6 的半同步复制原理如图 7-15 所示，主库将事务写入 binlog，并传递给从库，刷新到中继日志，同时主库存储引擎层提交事务，之后主库开始等待从库的确认反馈，只有收到从库的回复后，主库才将"Commit OK"的结果反馈给客户端。这里有潜在的隐患，若客户端事务在存储引擎层提交后，在得到从库反馈确认的过程中主库宕机了，则可能的情况有两种：① 事务还没发送到从库上，此时客户端会收到事务提交失败的信息，客户端会重新提交该事务到新的主库上，当宕机的主库重新启动后，以从库的身份重新加入到该主从结构中，会发现事务在从库中被提交了两次，一次是之前作为主库的时候，一次是被新主库同步过来的；② 事务已经发送到从库上，此时从库已经收到并应用了该事务，但是客户端仍然会收到事务提交失败的信息，重新提交该事务到新的主库上。

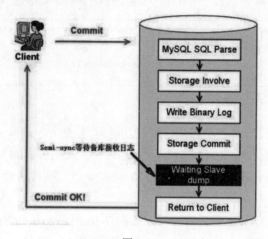

图 7-15

　　针对上述潜在问题，MySQL 5.7 引入了一种新的半同步方案，无数据丢失的半同步复制。针对图 7-15 所示，"Waiting Slave dump"被调整到"Storage Commit"之前，接收到从库的反馈回复后，再提交事务并返回"Commit OK"。当然，之前的半同步方案同样支持，MySQL 5.7 引入了一个新的参数进行控制：rpl_semi_sync_master_wait_point。这个参数有两种取值：AFTER_SYNC，新的半同步方案，Waiting Slave dump 在 Storage Commit 之前；AFTER_COMMIT，是老的半同步方案。

　　MySQL 5.7 版本极大地提升了半同步复制的性能。MySQL 5.6 版本的半同步复制，dump thread 承担了两份不同且又十分频繁的任务，即传送 binlog 给 slave，并且需要等待 slave 反馈信息，而且这两个任务是串行的，dump thread 必须等待 slave 返回之后才会传送下一个 events 事务。dump thread 已然成为整个半同步提高性能的瓶颈。在高并发业务场景下，这样的机制会影响数据库整体的 TPS。MySQL 5.7 版本的半同步复制中，独立出一个 ack collector thread，专门用于接收 slave 的反馈信息。这样 master 上有两个线程独立工作，可以同时发送 binlog 到 slave 和接收 slave 的反馈。

7.6.2 半同步复制配置

半同步复制搭建很简单，在 MySQL 已经配置好主从复制（异步复制）的基础上，安装半同步复制功能插件即可。

在主库上安装半同步复制插件和开启半同步复制功能，并且将超时等待的时间调整一个比较大的值（默认 10 秒），防止由于网络抖动导致超时向异步复制切换，如图 7-16 所示。

```
mysql> install plugin rpl_semi_sync_master soname 'semisync_master.so';
Query OK, 0 rows affected (0.02 sec)

mysql>  set global rpl_semi_sync_master_enabled=on;
Query OK, 0 rows affected (0.00 sec)

mysql> set global rpl_semi_sync_master_timeout=30000;
Query OK, 0 rows affected (0.00 sec)
```

图 7-16

在从库上也安装半同步复制插件和开启半同步复制功能，如图 7-17 所示。

```
mysql> install plugin rpl_semi_sync_slave soname 'semisync_slave.so';
Query OK, 0 rows affected (0.00 sec)

mysql> set global rpl_semi_sync_slave_enabled=1;
Query OK, 0 rows affected (0.00 sec)
```

图 7-17

为了 MySQL 重启后能自动启动半同步复制功能，可以把 rpl_semi_sync_master_enabled=on、rpl_semi_sync_slave_enabled=on 这两个参数分别加载到主从服务器的 my.cnf 配置文件中。

通过 stop slave io_thread 和 start slave io_thread 命令，重启从库的 I/O 线程，激活半同步复制。

在主库上查看半同步复制是否正常运行，如图 7-18 所示，参数 Rpl_semi_sync_master_clients 代表的是已经有一个从库连接到了主库，而且是半同步模式。参数 Rpl_semi_sync_master_status 是 ON（开启）状态，代表已经是半同步复制模式。

```
mysql> show status like '%semi_sync%';
+--------------------------------------------+-------+
| Variable_name                              | Value |
+--------------------------------------------+-------+
| Rpl_semi_sync_master_clients               | 1     |
| Rpl_semi_sync_master_net_avg_wait_time     | 0     |
| Rpl_semi_sync_master_net_wait_time         | 0     |
| Rpl_semi_sync_master_net_waits             | 0     |
| Rpl_semi_sync_master_no_times              | 0     |
| Rpl_semi_sync_master_no_tx                 | 0     |
| Rpl_semi_sync_master_status                | ON    |
| Rpl_semi_sync_master_timefunc_failures     | 0     |
| Rpl_semi_sync_master_tx_avg_wait_time      | 0     |
| Rpl_semi_sync_master_tx_wait_time          | 0     |
| Rpl_semi_sync_master_tx_waits              | 0     |
| Rpl_semi_sync_master_wait_pos_backtraverse | 0     |
| Rpl_semi_sync_master_wait_sessions         | 0     |
| Rpl_semi_sync_master_yes_tx                | 0     |
+--------------------------------------------+-------+
14 rows in set (0.00 sec)
```

图 7-18

在从库上查看半同步复制状态，如图 7-19 所示，Rpl_semi_sync_slave_status 参数值为 ON 代表从库也开启了半同步复制模式。

```
mysql> show global status like '%semi%';
+----------------------------+-------+
| Variable_name              | Value |
+----------------------------+-------+
| Rpl_semi_sync_slave_status | ON    |
+----------------------------+-------+
1 row in set (0.01 sec)

mysql>
```

图 7-19

7.7 GTID 复制

7.7.1 GTID 特性和复制原理介绍

GTID（Global Transaction ID，全局事务标识）是对于一个已提交事务的编号，并且是一个全局唯一的编号，并且一个事务对应一个 GTID。GTID 实际上是由 UUID+TID 组成的。其中，UUID 是一个 MySQL 实例的唯一标识。TID 代表了该实例上已经提交的事务数量，并且随着事务提交单调递增。

GTID 是用来代替传统复制的方法，与普通复制模式的最大不同就是不需要指定二进制文件名和位置。在传统的复制里面，首先从服务器上在一个特定的偏移量那里连接到一个给定的二进制日志文件 binlog，然后主服务器从给定的连接点 position 开始发送所有的事件。当发生故障时，需要主从切换，找到 binlog 和 position 点，然后将主节点指向新的主节点，相对来说比较麻烦，也容易出错。加入全局事务 ID 来强化数据库的主备一致性，用于取代过去通过 binlog 文件偏移量定位复制位置的传统方式。借助 GTID，在发生主备切换的情况下，MySQL 的其他 Slave 可以自动在新主上找到正确的复制位置，大大简化了复杂复制拓扑下集群的维护，也减少了人为设置复制位置发生误操作的风险。

GTID 用于在 binlog 中唯一标识一个事务。当事务提交时，MySQL Server 在写 binlog 的时候会先写一个特殊的 binlog Event，类型为 GTID_Event，指定下一个事务的 GTID，再写事务的 binlog。主从同步时 GTID_Event 和事务的 binlog 都会传递到从库，从库在执行的时候也是用同样的 GTID 写 binlog，这样主从同步以后，就可以通过 GTID 确定从库同步到的位置了。也就是说，无论是级联情况还是一主多从情况，都可以通过 GTID 自动找点同步，而无须像之前那样通过 binglog 文件名和 position 找点了。这就是 GTID 复制的优势，更简单地搭建主从复制，更简单地实现 failover。

1. GTID 实现的工作原理

关于基于 GTID 实现的工作原理如下：

（1）主节点更新数据时，会在事务前产生 GTID，一同记录到 binlog 日志中。

（2）从节点的 I/O 线程将变更的 binlog 写入到本地的 relay-log 中。

（3）SQL 线程从 relay-log 中获取 GTID，然后对比本地 binlog 是否有记录（MySQL 从节点必须开启 binary log）。如果有记录，就说明该 GTID 的事务已经执行，从节点会忽略。如果没有记录，从节点就会从 relay-log 中执行该 GTID 的事务，并记录到 binlog。

（4）在解析过程中会判断是否有主键，如果没有就用二级索引。如果没有二级索引，就用全部扫描。

支持启用 GTID 对运维人员来说应该是一件高兴的事。在配置主从复制的传统方式里，需要找到 binlog 和 position 点，然后通过 "change master to" 命令指向新的主库，不是很有经验的运维人员往往会找错，造成主从同步复制报错。在 MySQL 5.6 里，如果使用了 GTID，启动一个新的复制从库或切换到一个新的主库，就不必依赖 log 文件或者 position 点。只需要知道 master 的 IP、端口、账号密码即可，因为同步复制是自动的，MySQL 通过内部机制 GTID 自动找点同步。

2. GTID 的限制

（1）不支持非事务引擎（从库报错，stopslave; start slave; 忽略）。

（2）不支持 create table…select 语句复制（主库直接报错）。原理是会生成两个 SQL：一个是 DDL 创建表 SQL，一个是 insert into 插入数据的 SQL。由于 DDL 会导致自动提交，因此 SQL 至少需要两个 GTID，但是在 GTID 模式下只能给这个 SQL 生成一个 GTID。

（3）不允许在一个 SQL 同时更新一个事务引擎和非事务引擎的表。

（4）在一个复制组中，必须统一开启 CTID 或是关闭 GTID。

（5）开启 GTID 需要重启（MySQL 5.7 中不需要）。

（6）开启 GTID 后，就不再使用原来的传统复制方式。

（7）对于 create temporary table 和 drop temporary table 语句不支持。

（8）不支持 sql_slave_skip_counter（由于在这个 GTID 中必须是连续的，正常情况下同一个服务器产生的 GTID 是不会存在空缺的。所以不能简单地 skip 掉一个事务，只能通过注入空事务的方法替换掉一个实际操作事务）。

7.7.2 GTID 复制配置实战

GTID 复制的主从库需要设置的参数有 gtid_mode=on、enforce_gtid_consistency=on、log_bin=on、binlog_format=row。另外，server-id 主从库不能一样。从库建议还是开启 log_slave-updates=1，虽然 MySQL 5.7 版本之后可以不需要开启这个参数，使用 gtid_eecuted 这张表。配置好参数之后，主库也是需要创建好复制账户的。如果是新搭建的环境，就可以直接在从库执行 change master to 语句（使用 master_auto_position=1 的方式）了，不再利用 binlog 文件和 position 号，让主从复制的搭建过程变得简单。

从 MySQL 5.7.6 开始，终于支持在线动态设置 GTID_MODE 了。在介绍如何通过动态设置 GTID MODE 来开启主从复制结构的 GTID 之前，先来了解一下全局系统变量 GTID_MODE。

全局系统变量 GTID_MODE 变量值说明如下：

- 值为 OFF：新事务是非 GTID，slave 只接受不带 GTID 的事务，传送来 GTID 的事务会报错。
- 值为 OFF_PERMISSIVE：新事务是非 GTID，slave 既接受不带 GTID 的事务也接受带 GTID 的事务。
- 值为 ON_PERMISSIVE：新事务是 GTID，slave 既接受不带 GTID 的事务也接受带 GTID 的事务。
- 值为 ON：新事务是 GTID，Slave 只接受带 GTID 的事务。

在生产环境中，MySQL 5.7 版本支持在线从传统复制模式切换到 GTID 复制模式。特别需要强调的是 gtid_mode，虽然支持动态修改，但不支持跳跃式修改，即它的几个值的改变是有顺序的，从 off←→OFF_PERMISSIVE←→ON_PERMISSIVE←→ON，不能跳跃执行。传统复制模式切换到 GTID 复制模式的操作过程如下：

（1）在主、从服务器上都设置 set @@GLOBAL.ENFORCE_GTID_CONSISTENCY=WARN，如图 7-20 所示。设置之后确保错误日志中没有任何警告，如果有，需要调整不兼容语句才能往后继续执行。注意：执行完这条语句后，如果出现 GTID 不兼容的语句用法，在错误日志会记录相关信息，那么需要调整应用程序中的 SQL 避免不兼容的写法，直到完全没有产生不兼容的语句，这一步非常重要。

```
mysql> set @@GLOBAL.ENFORCE_GTID_CONSISTENCY=WARN;
Query OK, 0 rows affected (0.00 sec)
```

图 7-20

（2）在每台服务器上设置 set @@GLOBAL.ENFORCE_GTID_CONSISTENCY=ON，确保所有事务都不能违反 GTID 的一致性，如图 7-21 所示。

```
mysql> set @@GLOBAL.ENFORCE_GTID_CONSISTENCY=ON;
Query OK, 0 rows affected (0.00 sec)
```

图 7-21

（3）目前拓扑结构中所有 MySQL 的 gtid_mode 值为 off 状态，如下的操作步骤都是有序的，不要跳跃着进行。在每台服务器上设置 set @@GLOBAL GTID_MODE=OFF_PERMISSIVE，这一步表示新的事务是匿名的，同时允许复制的事务是 GTID 或者匿名的，如图 7-22 所示。

```
mysql> set @@GLOBAL.GTID_MODE=OFF_PERMISSIVE;
Query OK, 0 rows affected (0.01 sec)
```

图 7-22

（4）在每一台服务器上设置 set @@GLOBAL.GTID_MODE=ON_PERMISSIVE，这一步表示新的事物使用 GTID，同时允许复制的事物是 GTID 或者匿名的，如图 7-23 所示。

```
mysql> SET @@GLOBAL.GTID_MODE = ON_PERMISSIVE;
Query OK, 0 rows affected (0.02 sec)
```

图 7-23

（5）show status like 'ONGOING_ANONYMOUS_TRANSACTION_COUNT'，在所有从库上查询该状态，必须为 0 才能进行下一步，该状态表示已标记为匿名的正在进行的事务数量，如果状态值为 0，就表示没有事务等待被处理，如图 7-24 所示。

```
mysql> show status like 'ONGOING_ANONYMOUS_TRANSACTION_COUNT';
+-------------------------------------+-------+
| Variable_name                       | Value |
+-------------------------------------+-------+
| Ongoing_anonymous_transaction_count | 0     |
+-------------------------------------+-------+
1 row in set (0.01 sec)
```

图 7-24

（6）确认整个拓扑结构中已经没有匿名事务的存在，然后在每一台服务器上设置 set @@global.gtid_mode=on，如图 7-25 所示，开启 GTID。

```
mysql> set @@global.gtid_mode=on;
Query OK, 0 rows affected (0.00 sec)
```

图 7-25

（7）查看 GTID 参数设置，如图 7-26 所示，目前都是开启状态。

```
mysql> SHOW VARIABLES LIKE '%gtid%';
+---------------------------------+-----------+
| Variable_name                   | Value     |
+---------------------------------+-----------+
| binlog_gtid_simple_recovery     | ON        |
| enforce_gtid_consistency        | ON        |
| gtid_executed_compression_period| 1000      |
| gtid_mode                       | ON        |
| gtid_next                       | AUTOMATIC |
| gtid_owned                      |           |
| gtid_purged                     |           |
| session_track_gtids             | OFF       |
+---------------------------------+-----------+
8 rows in set (0.00 sec)
```

图 7-26

（8）先把传统复制停掉，执行 stop slave 操作，再执行 change master to master_auto_position=1，然后 start slave，开启主从复制，如图 7-27 所示。

```
mysql> stop slave;
Query OK, 0 rows affected (0.00 sec)

mysql> change master to master_auto_position=1;
Query OK, 0 rows affected (0.01 sec)

mysql> start slave;
Query OK, 0 rows affected (0.00 sec)
```

图 7-27

（9）在从库中执行 show slave status 查看主从复制状态，在主库中插入数据，在从库中可以查看到新增加的数据，并且再次查看主从复制状态，会发现 GTID 值增加了，类似结果如图 7-28 所示，证明开启了 GTID 复制方式，切换成功。

```
Retrieved_Gtid_Set: f36c9fb6-dd28-11e9-9929-000c293e9781:1-3
Executed_Gtid_Set: f36c9fb6-dd28-11e9-9929-000c293e9781:1-3
```

图 7-28

（10）修改 my.cnf 的参数配置文件，添加 gtid_mode=on 和 enforce_gtid_consistency=1。这样即使数据库重启，配置也会生效。

7.8　多源复制

MySQL 5.7 在复制方面有了很大的改进和提升，比如开始支持多源复制（multi-source）以及真正地支持并行（多线程）复制。如图 7-29 所示，多源复制是指一个 slave 从实例指向多个 master 主实例，相当于把多个 MySQL 实例的数据汇聚到一个实例上面。

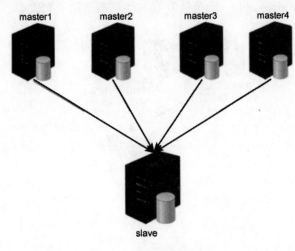

图 7-29

1. 多源复制的使用场景

（1）数据分析部门会需要各个业务部门的部分数据做数据分析，这时可以使用多源复制把各个主数据库的数据复制到统一的数据库中。

（2）在从服务器进行数据的汇总，如果我们的主服务器进行了分库分表的操作，为了实现后期的一些数据统计功能，往往要把数据汇总在一起再进行统计。

（3）在从服务器对所有主服务器的数据进行备份，在 MySQL 5.7 之前每个主服务器都需要一台从服务器，这样很容易造成资源的浪费，同时也加大了 DBA 的维护成本，但 MySQL 5.7 引入的多源复制可以把多个主服务器的数据同步到一台从服务器进行备份。

2. 多源复制的必要条件

要开启多源复制功能，必须在从库上设置 master-info-repository 和 relay-log-info-repository 这两个参数。

这两个参数是用来存储同步信息的，可以设置的值为 FILE 和 TABLE，默认是 FILE。比如 master-info 就保存在 master.info 文件中，relay-log-info 保存在 relay-log.inf 文件中，服务器如果意外关闭，主从间的同步信息文件没有来得及更新，就会造成数据的丢失。为了数据更加安全，通常设置为 TABLE。这些表都是 InnoDB 类型的，支持事务，相对于文件存储安全得多。在 MySQL 库下可以看到这两个表的信息分别是 mysql.slave_master_info 和 mysql.slave_relay_log_info，这两个参数也是可以动态调整的。

3. 多源复制搭建过程

环境如图 7-30 所示，这里使用两主一从的架构基于 MySQL 5.7 版本的 GTID 多源复制。node0 和 node1 这两个主库服务器不能有相同的数据库名字，否则就会在从库出现数据覆盖的现象。node0→node2 和 node1→node2 要拥有不同的复制账号，这 3 台服务器之间的数据库参数配置要保证开启 GTID 复制功能（gtid_mode=on 和 enforce_gtid_consistency=on），binlog 格式为 row 模式，server-id 之间都不同，另外从库的参数需要配置 master_info_repository=table 和 relay_log_info_repository=table，即主从复制的信息需要记录到表中。

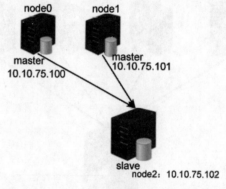

图 7-30

（1）分别在 node0 和 node1 上创建复制账号。

在 node0 的 mysql 数据库上创建复制账号：

```
create user 'bak'@'10.10.75.%' identified by 'bak123456';
grant replication slave on *.* to 'bak'@'10.10.75.%';
flush privileges;
```

在 node1 的 mysql 数据库上创建复制账号：

```
create user 'repl'@'10.10.75.%' identified by 'repl123456';
grant replication slave on *.* to 'repl'@'10.10.75.%';
flush privileges;
```

（2）在 node0 和 node1 中使用 mysqldump 工具导出需要备份的 tz 和 ts 数据库，传递到从库 node2 机器上。

node0 上的操作命令：

```
mysqldump -uroot -p123@abc --master-data=2 --single-transaction
tz >/tmp/tz.tmp
  scp /tmp/tz.dmp 10.10.75.102:/tmp/
```

node1 上的操作命令：

```
mysqldump -uroot -p123@abc --master-data=2 --single-transaction
ts >/tmp/ts.tmp
  scp /tmp/tz.dmp 10.10.75.102:/tmp/
```

（3）在 node2 从库上进行恢复操作，命令如下：

```
mysql -uroot -p123@abc tz </tmp/tz.dmp
mysql -uroot -p123@abc ts </tmp/ts.dmp
```

（4）在从库上分别配置 masterA ->slave 和 masterB ->slave 的同步过程。每一个复制关系叫作一个复制通道 channel，这点从执行 change master 命令的时候可以看出来。这里创建 for channel 'm1'、for channel 'm2'两个通道来管理从库通往主库的通道，有 m1 和 m2 两个通道。

```
change master to master_host='10.10.75.100',master_user='bak',
master_password='bak123456',master_auto_position=1 for channel 'm1';
  change master to master_host='10.10.75.100',master_user='repl',
master_password='repl123456',master_auto_position=1 for channel 'm2';
```

（5）开启主从复制，通过 start slave for channel 'm1'和 start slave for channel 'm2'分别来开启。通过 show slave status for channel 'm1\G'、show slave status for channel 'm2\G'来分别查看复制源 m1 和 m2 的主从同步状态信息，也可以通过 performance_schema.replication_connection_status 表中的内容来监控主从复制状态。

（6）在 node0 上往 tz 库下的表插入数据，在 node1 上往 ts 库下的表插入数据，在从服务器 node2 上查看数据是否有进来。

至此，MySQL 5.7 多源复制两主一从架构搭建成功。

7.9　主从复制故障处理

1. 主从复制在生产环境中常见的故障

（1）主从故障之主键冲突，错误代码 1062。

原因：在从库上执行了写操作，比如插入记录，然后在主库上执行相同的 SQL 语句，主

111

键冲突，主从复制状态就会报错。在从库上执行 show slave status\G，会发现报错 last_error:1062，SQL 线程已经停止工作。

解决方法：利用 percona-toolkit 工具中的 pt-slave-restart 命令在从库跳过错误（因为主从库都有相同的数据）。pt-slave-restart 是 percona-toolkit 工具集中一个专用于处理复制错误的工具，若没有，则安装 percona-toolkit 工具。

（2）主库更新数据，从库找不到而报错，错误代码为 1032。

原因：在从库执行 delete 删除操作，再在主库执行更新操作，由于从库已经没有该数据，导致主从数据不一致了。

解决方法：在从库执行 show slave status 命令，根据错误信息所知道的 binlog 文件和 position 号在主库上通过 mysqlbinlog 命令查找在主库执行的哪条 SQL 语句导致的主从报错。把从库上丢失的这条数据补上，然后执行跳过错误，主从复制功能就恢复正常了。如果从库缺失了很多条数据，就可以考虑重新搭建主从环境。

（3）在主库中设置 binlog-do-db=xxx 的库复制过滤规则，并且在 statement binlog 格式下执行跨库操作，导致从库没有复制成功。

原因：主库参数文件有 binlog-do-db 设置，并且主库的 binlog_format 设置为 statement，进行跨库操作的时候，数据不能复制到从库上，导致主从数据不一致。

解决方法：主库的 binlog 格式要为 row 模式，另外在主库上尽量避免使用库复制过滤原则，可以在从库上使用 replicate-do-db 或者 replicate-ignore-db 参数。

2. 主从复制的数据一致性检查

主库宕机，把从库提升为主库，主从库之间的数据一致性不能保证，我们就会利用 perconna-toolkit 工具集中的 pt-table-checksum 工具来检查主从数据的一致性，然后通过 pt-table-sync 工具来修复不一致的数据。

为了演示，事先故意在从库 mldn 下的 demo2 表修改一条记录，如图 7-31 所示。

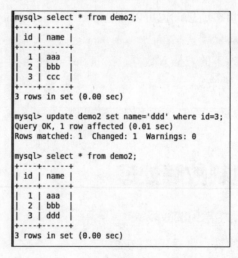

图 7-31

下载 percona-toolkit-3.0.1-1.el6.x86_64.rpm 后，执行安装 percona-toolkit 工具的命令"yum -y install percona-toolkit-3.0.1-1.el6.x86_64.rpm"。

工具 pt-table-checksum 在主库上执行校验检查，操作命令如下：

```
pt-table-checksum --nocheck-replication-filters --replicate=mldn.checksums
--no-check-binlog-format --databases=mldn -uroot -p123@abc -h10.10.75.100 -P3306
```

输出结果分析，如图 7-32 所示。

```
[root@node0 local]# pt-table-checksum --nocheck-replication-filters --replicate=mldn.checksums --no-check-bi
nlog-format --databases=mldn    -uroot -p123@abc -h10.10.75.100 -P3306
            TS ERRORS  DIFFS     ROWS CHUNKS SKIPPED       TIME TABLE
10-13T21:45:55      0      0        8      1       0      0.021 mldn.demo1
10-13T21:45:55      0      1        3      1       0      0.018 mldn.demo2
```

图 7-32

- TS: 完成检查的时间。
- ERRORS: 检查时候发生错误和警告的数量。
- DIFFS: 0 表示一致，1 表示不一致。本例中值为 1，代表出现了数据不一致的情况。
- ROWS: 表的行数。
- CHUNKS: 被划分到表中的块的数目。
- SKIPPED: 由于错误或警告过大而跳过块的数目。
- TIME: 执行的时间。
- TABLE: 被检查的表名。

在主库执行完命令，会在主从服务器的 mldn 库下分别生成一张 checksums 表，把检查信息都写到了 checksums 表中。pt-table-checksum 原理就是针对某张表中的所有字段进行 hash 函数运算，在主库和从库上分别经过运算后，把得到的值的记录进行比较来判断主从之间的数据一致性。

如果运行 pt-table-checksum 报错" install_driver(mysql) failed: Attempt to reload DBD/mysql.pm aborted."，则需要卸载 perl-DBD 后重装，如图 7-33 所示。

```
10-13T20:50:24 install_driver(mysql) failed: Attempt to reload DBD/mysql.pm abor
ted.
Compilation failed in require at (eval 23) line 3.

 at /usr/bin/pt-table-checksum line 1581
[root@node0 local]#  rpm -qa|grep -i dbd
perl-DBD-MySQL-4.013-3.el6.x86_64
[root@node0 local]# rpm -e --nodeps perl-DBD-MySQL-4.013-3.el6
[root@node0 local]# yum install perl-DBD-MySQL
```

图 7-33

如果发现主从不一致，就使用 pt-table-sync 工具来修复。在主库用 pt-table-sync 打印出修复不一致数据的 SQL 语句，这里需要配合--print 参数，命令格式如下：

```
pt-table-sync -print --sync-to-master h='从库 IP',P=3306,u=root,p='密码'
--databases=库名 --tables=表名 > /tmp/repair.sql
```

在主库上执行 pt-table-sync 命令，打印出需要执行修复的 SQL 语句，结果如图 7-34 所示。

```
[root@node0 local]# pt-table-sync --print --sync-to-master h='10.10.75.101', P=3306, u=root, p='123@abc' --data
bases=mldn --tables=demo2
REPLACE INTO `mldn`.`demo2`(`id`, `name`) VALUES ('3', 'ccc') /*percona-toolkit src_db: mldn src_tbl: demo2 sr
c_dsn: P=3306, h=10.10.75.100, p=..., u=root dst_db: mldn dst_tbl: demo2 dst_dsn: P=3306, h=10.10.75.101, p=..., u=roo
t lock: 1 transaction: 1 changing_src: 1 replicate: 0 bidirectional: 0 pid: 10847 user: root host: node0*/;
[root@node0 local]#
```

图 7-34

执行数据修复语句，将主库上的数据同步到从库，只同步 mldn 库 demo2 表。执行 pt-table-sync 命令，使用-execute 参数来真正修复主从服务器 mldn 库不一致的数据。操作命令如下：

```
pt-table-sync --execute h=10.10.75.100,D=mldn,t=demo2,u=root,p=123@abc
h=10.10.75.101,u=root,p=123@abc --no-check-slave --print
```

pt-table-sync 命令的输出结果如图 7-35 所示。

```
[root@node0 local]# pt-table-sync --execute h=10.10.75.100, D=mldn, t=demo2, u=root, p=123@abc h=10.10.75.101, u=
root, p=123@abc --no-check-slave --print
UPDATE `mldn`.`demo2` SET `name`='ccc' WHERE `id`='3' LIMIT 1 /*percona-toolkit src_db: mldn src_tbl: demo2 sr
c_dsn: D=mldn, h=10.10.75.100, p=..., t=demo2, u=root dst_db: mldn dst_tbl: demo2 dst_dsn: D=mldn, h=10.10.75.101, p=.
.., t=demo2, u=root lock: 0 transaction: 1 changing_src: 0 replicate: 0 bidirectional: 0 pid: 10851 user: root host: n
ode0*/;
[root@node0 local]#
```

图 7-35

最后校验主从数据是否一致，如图 7-36 所示，结果显示 diff 记录为 ie0，没有差异，表示 mldn 库下的 demo2 表主从数据一致。

```
[root@node0 local]# pt-table-checksum --nocheck-replication-filters --replicate=mldn.checksums --no-check-bi
nlog-format --databases=mldn    -uroot -p123@abc -h10.10.75.100 -P3306
            TS ERRORS  DIFFS      ROWS  CHUNKS SKIPPED      TIME TABLE
10-13T22:01:12        0      0         8       1       0    0.021 mldn.demo1
10-13T22:01:12        0      0         3       1       0    0.021 mldn.demo2
[root@node0 local]#
```

图 7-36

7.10 主从延迟解决方案和并行复制

MySQL 的主从复制都是单线程的操作,主库对所有 DDL 和 DML 产生的日志都写进 binlog,由于 binlog 是顺序写,因此效率很高。slave 的 SQL thread 线程将主库的 DDL 和 DML 操作事件在 slave 中重放,由于在主库上事务的提交是并发模式的,而从库只有一个 SQL thread 工作,当主库的并发较高时,产生的 DML 数量超过 slave 的 SQL thread 所能处理的速度,而且通常从库的硬件配置没有主库的好,那么主从延时必然会产生。

1. 主从延时排查方法

简单粗略的方法是通过监控 show slave status 命令输出的 Seconds_Behind_Master 参数的值来判断,如图 7-37 所示,该值为 0,表示主从复制良好（如果是正值,表示主从已经出现延时,数字越大,表示从库延迟越严重）。

图 7-37

传统的通过 show slave status\G 命令中的 Seconds_Behind_Master 值来判断主从延迟有时并不靠谱。另外,建议使用 percona-toolkit 工具集的一个工具 pt-heartbeat 来监测主从延迟的情况。pt-heartbeat 的工作原理是在主库上创建一张 heartbeat 表,按照一定的时间频率更新该表的字段(把时间更新进去),然后连接到从库上检查复制的时间记录,和从库的当前系统时间进行比较,得出时间的差异。

在主库(10.10.75.100)上开启守护进程来更新 heartbeat 表,执行命令如 "pt-heartbeat --update -h 10.10.75.100 -u root -p123@abc-D mldn --create-table--daemonize"。其中,--update 表示每秒更新一次 heartbeat 表的记录;-D 是--database 的缩写,指的是 heartbeat 表所在的 database。在第一次运行时,需带上--create-table 参数创建 heartbeat 表并插入第一条记录。也可加上--daemonize 参数,让该脚本以后台进程运行。

在从库(10.10.75.101)上执行命令,如图 7-38 所示,可用--monitor 参数或者--check 参数。其中, --monitor 参数是持续监测并输出结果, --check 参数是只监测一次就退出,--master-server-id 指定主库的 server_id,0 表示从没有延迟;[0.00s,0.00s,0.00s]表示 1m、5m、15m 的平均值。

```
[root@node0 ~]# pt-heartbeat --monitor -h 10.10.75.101  --master-server-id=100
--database mldn -uroot -p123@abc
0.00s [  0.00s,   0.00s,   0.00s ]
0.00s [  0.00s,   0.00s,   0.00s ]
0.00s [  0.00s,   0.00s,   0.00s ]
0.00s [  0.00s,   0.00s,   0.00s ]
0.00s [  0.00s,   0.00s,   0.00s ]
```

图 7-38

通过 pt-heartbeart 工具可以很好地检测主从延迟的时间,但需要搞清楚该工具的原理。默认的 Seconds_Behind_Master 值是通过将服务器当前的时间戳与二进制日志中的事件时间戳相对比得到的,所以只有在执行事件时才能报告延时。

2. 延迟的优化解决方法

(1)建议从库的硬件配置要和主库一样,强烈建议使用 SSD 硬盘,并且修改配置参数 innodb_flush_method 为 O_DIRECT,提升写入性能。

(2)适当增大从库参数 innodb_buffer_pool_size 的值,减少 I/O 压力。

（3）主库对数据安全性较高，比如 sync_binlog=1、innodb_flush_log_at_trx_commit=1 之类的设置，而 slave 从库则不需要这么高的数据安全，完全可以将 sync_binlog 设置为 0 或者 500，且 innodb_flushlog_at_trx_commit 也可以设置为 2 来提高 SQL 的执行效率，以减少磁盘 I/O 压力。

（4）表设计时就要定义有主键，没有主键的话，数据量巨大的时候更新会导致大量主从延时。

（5）拆分大事务语句到若干小事务中，这样能够进行及时提交，减小主从复制延时。

（6）修改参数 master_info_repository、relay_log_info_repository 为 TABLE，减少直接 I/O 导致的磁盘压力。

（7）升级到 MySQL 5.7 版本，才可称为真正的并行复制，其中最为主要的原因就是 slave 服务器的回放与主机是一致的。也就是说，主服务器上是怎么并行执行的，从库上就怎样进行并行回放。

3. MySQL 5.7 并行复制 Multi-Threaded Slave 原理（简称 MTS）

从 MySQL 5.6.3 版本开始就支持所谓的并行复制了，但是其并行只是基于 schema 的，也就是基于库的。其核心思想是：不同 schema 下的表并发提交时的数据不会相互影响，即 slave 节点可以用对 relay-log 中不同的 schema 各分配一个类似 SQL 功能的线程来重放 relay-log 中主库已经提交的事务，保持数据与主库一致。如果用户的 MySQL 数据库实例中存在多个 schema，对于从机复制的速度的确可以有比较大的帮助。在一般的 MySQL 使用中，一库多表比较常见，如果用户实例仅有一个库，就无法实现并行回放，甚至性能会比原来的单线程更差。单库多表是比多库多表更为常见的一种情形。所以 MySQL 5.6 的并行复制对真正用户来说不太适合生产使用。

下面简单地聊聊 MySQL 5.7 中的并行复制究竟是如何实现的。

MySQL 5.7 的并行复制基于一个前提，即所有已经处于 prepare 阶段的事务都是可以并行提交的。这些当然也可以在从库中并行提交，因为处理这个阶段的事务都是没有冲突的，该获取的资源都已经获取了。反过来说，如果有冲突，则后来的会等已经获取资源的事务完成之后才能继续，故而不会进入 prepare 阶段。MySQL 5.7 并行复制的思想一言以蔽之：通过对事务进行分组，如果事务能同时提交成功，那么它们就不会共享任何锁，这意味着它们没有冲突（否则不可能提交），一个组提交（group commit）的事务都是可以并行回放的，因为这些事务都已进入事务的 prepare 阶段，可以在 slave 上并行执行。所以通过在主机上的二进制日志中添加组提交信息，这些 slave 可以并行、安全地运行事务。

如何知道事务是否在同一组中又是一个问题。MySQL 5.7 二进制日志较原来的二进制日志内容多了 last_committed 和 sequence_number。last_committed 表示事务提交的时候上次事务提交的编号，如果事务具有相同的 last_committed，就表示这些事务都在一组内，可以进行并行的回放。sequence_number 是顺序增长的，每个事务对应一个序列号。另外，每一个组的 last_committed 值都是上一个组中事务的 sequence_number 最大值，也是本组中事务 sequence_number 最小值减 1。

4. MySQL 5.7 并行复制配置

在 MySQL 5.7 中，引入了基于组提交的并行复制（Multi-threaded Slaves），设置参数 slave_parallel_workers>0 并且 slave_parallel_type='LOGICAL_CLOCK'启用基于并行复制。

参数变量 slave_parallel_type 可以有两个值：DATABASE 默认值，基于库的并行复制方式；LOGICAL_CLOCK，基于组提交的并行复制方式。开启并行复制 MTS 功能即可支持一个 schema 下 slave_parallel_workers（并行的 SQL 线程数量）个 worker 线程并发执行 relay-log 中主库提交的事务。另外，务必确保将参数 master_info_repository 设置为 TABLE，这样性能可以有 50%~80%的提升。这是因为并行复制开启后对于 master.info 这个文件的更新将会大幅提升，资源的竞争也会变大。

如图 7-39 所示，显示了开启并行复制 MTS 后 slave 服务器的 QPS。测试的工具是 sysbench 的单表全 update 测试，测试结果显示在 16 个线程下的性能最好，从机的 QPS 可以达到 25000 以上，进一步增加并行执行的线程至 32 并没有带来更高的提升。原单线程回放的 QPS 仅在 4000 左右，由此可见 MySQL 5.7 MTS 带来的性能提升。

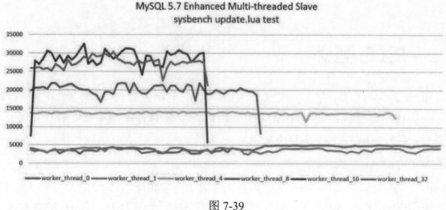

图 7-39

从测试结果来看，MySQL 5.7 的多线程复制在一定的 TPS 范围以内能够避免备库的大延迟，MySQL 5.7 推出的 Enhanced Multi-Threaded Slave 在一定程度上解决了困扰 MySQL 长达数十年的复制延迟问题。如果 MySQL 5.7 要使用 MTS 功能，就必须使用最新版本，最少升级到 5.7.19 版本，修复了很多 Bug。

第 8 章
PXC高可用解决方案

Percona 公司的 Percona XtraDB Cluster（简称 PXC）是基于 Galera 协议的 MySQL 高可用性集群架构，集成了 Percona Server 和 Percona XtraBackup，同时采用了 Codership Galera 库。Percona Xtradb Cluster 在原 MySQL 代码上通过 Galera 包将不同的 MySQL 实例连接起来，实现了 multi-master 的集群架构。它可以实现多个 MySQL 节点间的数据同步复制以及读写，不但可以保障数据库的服务高可用，而且保证整个集群所有数据的强一致性，满足 CAP 理论中的一致性（Consistency）和可用性（Availability）。

8.1 PXC 概述

众所周知，传统 MySQL 的主从模式天生地不能完全保证数据一致，很多公司会花大量的人力物力去解决这个问题，但是效果很一般。所以，需要一种新型架构。Galera Cluster 就是一种完美的架构，最突出的特点是解决了诟病已久的数据复制延迟问题，基本上可以达到实时同步，保证 MySQL 集群的数据一致性。

Codership 是著名的数据库集群化解决方案 Galera Cluster 技术提供商，以 Galera Cluster 为核心的高可用 MySQL 架构解决了数据库的一致性问题和高可用问题。目前两种基于 Galera 的方案 MariaDB Galera Cluster 和 Percona XtraDB Cluster 发展已有好几年的历史，而且有不少业界使用经验，目前 PXC 架构在生产环境中用得会比较多一些。

PXC 结构如图 8-1 所示，有 3 个节点，组成了一个 MySQL 集群。这 3 个节点与普通的主从架构不同，它们都可以作为主节点，即这 3 个节点不分从属，是平等的关系，一般称为 multi-master 架构。当有客户端要写入或者读取数据时，随便连接哪个实例都是一样的，读到的数据是相同的，写入某一个节点之后，PXC 集群自己会将新写入的数据同步到其他节点上面，这种高冗余的架构不共享任何数据，每个节点都拥有一份集群的完整数据。这个架构支持多点写入，能避免主从复制经常出现的数据不一致问题，可以做到主从读写切换的高度优雅，以及在不影响用户的情况下离线维护等工作。此方案无法解决海量 MySQL 数据场景的数据保存问题，即不能实现分库分表，但是提供了一个高冗余的环境，适合要求数据绝对安全的环境。

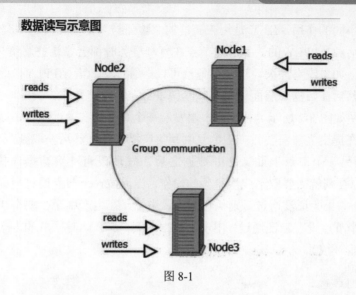

图 8-1

在实际应用中，通常在 PXC 集群上面再搭建一个代理层。这个代理层的功能包括建立连接、管理连接池，负责负载均衡，负责在客户端与实例的连接断开之后重连，也可以负责读写分离等。使用这个代理层之后，客户端只需要连接到代理层提供虚拟 IP 地址即可，代理层会负责客户端与数据库服务器实例连接的传递工作。

PXC 集群方案与传统的 Replication 复制方案的区别是：

（1）PXC 集群方案所有节点都是可读可写的，Replication 从节点不能写入，因为主从同步是单向的，无法从 slave 节点向 master 节点同步。

（2）PXC 集群方案保证数据的强一致性，在一个事务提交的过程中，一个节点提交一个事务，必须其他所有节点通过了这个事务的请求，并且返回成功（ok）或者失败（conflict）信号之后才真正地提交之后返回的结果给用户。即当程序向 PXC 的一个节点写入时，先同步其他节点，如果其他节点同步失败就会立即回滚返回，告知插入数据失败，只有所有节点都同步成功才返回告知插入数据成功，所以 PXC 可以保证各节点数据的强一致性。

（3）PXC 同步机制是同步进行的，Replication 同步机制是异步进行的。

8.2　PXC 的实现原理

所有的 Galera Cluster 都对 Galera 所提供的接口 API 做了封装，这些 API 为上层提供了丰富的状态信息及回调函数，做到多点写入及同步复制。这些 API 被称作是 Write-Set Replication API，简称为 wsrep API。

通过这些 API，Galera Cluster 提供了基于验证的乐观并发控制。一个将要被复制的事务称为写集，这个写集中不仅包括了事务影响的所有行的主键（组成了写集的 KEY），还包括这个事务产生的所有 Binlog（组成了写集的 DATA），这样一个 KEY-DATA 就是写集。KEY 和

DATA 分别具有不同的作用，KEY 是用来验证的，验证与其他事务没有冲突，而 DATA 是用来在验证通过之后做 APPLY 的。每一个节点在复制事务时都会拿这些写集与正在 APPLY 队列的写集做比对，如果没有冲突，这个事务就可以继续提交或者 APPLY，此时这个事务就被认为是提交了，然后在数据库层面还需要继续做事务上的提交操作。

Galera 原理图如图 8-2 所示。首先客户端发起一个事务，在本地执行，完成之后发起对事务的提交操作。在提交之前需要将产生的复制写集广播出去，然后获取到一个全局的事务 ID 号，一并传送到另一个节点上面。合并数据之后，发现没有冲突数据，执行 apply_cb 和 commit_cb 动作，否则就需要取消此次事务的操作。当前 server 节点通过验证之后执行提交操作，并返回 OK；如果验证没通过，则执行回滚。当然，在生产中至少要有 3 个节点的集群环境，如果其中一个节点没有验证通过，出现了数据冲突，那么此时采取的方式就是将出现不一致的节点踢出集群环境。

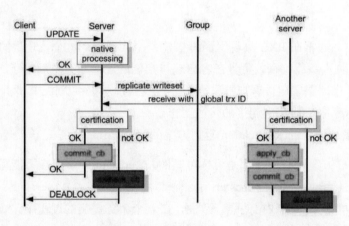

图 8-2

8.3 PXC 集群的优缺点

PXC 集群的优点如下：

（1）数据同步复制（并发复制），几乎无延迟，基本上达到了实时同步，在数据库挂掉之后，数据不会丢失。

（2）多主复制，多个可同时读写节点，真正的多节点读写集群方案。

（3）新加入的节点可以自动部署，Galera Cluster 会自动拉取在线节点数据，无须提供手动备份，维护起来非常方便。

（4）完全兼容 MySQL，实现数据库高可用和数据强一致性，由于是多节点写入，因此数据库故障切换很容易。

PXC 集群的局限性如下：

（1）只支持 InnoDB 存储引擎表，所有表都要有主键，不然操作数据时会报错。

（2）因为要保证数据的一致性，所以在多节点并发写时锁冲突、死锁问题相对多一些。

（3）PXC 集群采用的是强一致性原则，任何更新事务都需要全局验证通过才能在每个节点上执行，一个更改操作在所有节点都成功才算执行成功，写入效率取决于集群中性能最差的节点，也就是所谓的短板效应。

（4）新加入节点采用 SST 传输开销大，需要复制完整的数据。

（5）存在写扩大问题，所有的节点都会发生写操作。

8.4 PXC 中的重要概念

在搭建 PXC 集群之前，我们需要了解关于 PXC 的重要概念和核心参数，便于集群的维护。首先整个 PXC 集群需要使用 3 个或以上的节点来应对脑裂问题。

PXC 有两种节点的数据传输方式：一种是 SST 全量传输（Incremental State Transfer 增量同步，有 mysqldump、rsync、xtrabackup3 种方法），另外一种是 IST 增量传输（Incremental State Transfer 增量同步，就只有一种方法 xtrabackup）。如果在生产环境中有一个新节点加入集群，此时又需要大量数据的 SST 传输，就有可能因此而拖垮整个集群的性能，可以考虑先建立主从关系再加入集群。

PXC 大概会使用 4 个端口号，分别为：

● 3306：数据库对外服务的端口号。

● 4444：请求 SST（SST 指数据一个镜像传输 xtrabackup、rsync、mysqldump）在新节点加入时起作用。

● 4567：组成员之间进行沟通的一个端口号。

● 4568：传输 IST 用的，是相对于 SST 来说的一个增量，节点下线，重启加入时起作用。

节点状态变化阶段如图 8-3 所示。

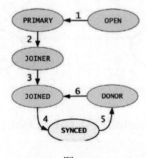

图 8-3

● open: 节点启动成功，尝试连接到集群。

● primary: 节点已处于集群中，在新节点加入时，选取 donor 进行数据同步时会产生的状态。

- joiner: 节点处于等待接收同步文件时的状态。
- joined: 节点完成数据同步的工作，尝试保持和集群进度一致。
- synced: 节点正常提供服务的状态，表示已经同步完成并和集群进度保持一致。
- doner: 节点处于为新加入的节点提供全量数据时的状态。

新节点加入集群时，需要从当前集群中选择一个 donor 节点来同步数据，也就是所谓的 state_snapshot_tranfer（SST）过程。SST 同步数据的方式由选项 wsrep_sst_method 决定，一般选择的是 xtrabackup。因为 mysqldump 和 rsync 在传输时都需要对 donor 加全局只读锁（FLUSH TABLES WITH READ LOCK），xtrabackup 则不需要（它使用 percona 自己提供的 backup lock），所以强烈建议采用 xtrabackup。必须注意，新节点加入 Galera 时，会删除新节点上所有已有数据，再通过 xtrabackup 从 donor 处完整备份。如果数据量很大，那么新节点加入过程会很慢。而且，在一个新节点成为 Synced 状态之前，不要同时加入其他新节点，否则很容易将集群性能拖垮。

8.5 PXC 集群部署实战

PXC 集群推荐配置至少 3 个节点，但是也可以运行在 2 个节点上，每个节点都是普通的 MySQL/percona 服务器，每个节点都包含完整的数据副本。当执行一个查询时，在本地节点上执行。因为所有数据都在本地，无须远程访问。可以在任何时间点失去任何节点，但是集群将照常工作。良好的读负载扩展，任意节点都可以查询。

安装环境如图 8-4 所示。安装之前，要确保 3 台机器的防火墙 iptables、selinux 都要关闭，3 台机器的 server-id 不能一样。编辑/etc/hosts 文件，把 IP 和主机名写到 hosts 文件里。

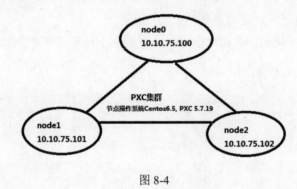

图 8-4

（1）安装 EPEL 源，上传 epel-release-6-8.noarch.rpm 包到服务器上的/usr/local 目录下，操作命令如下：

```
cd /usr/local
yum localinstall epel-release-6-8.noarch.rpm
```

要是没装 ，通过 yum 就可能无法安装 socat、libev，会出现"No package socat available"报错。我们在 CentOS 下使用 yum 安装时往往会找不到 rpm，因为官方的 rpm repository 提供

的 rpm 包也不够丰富。这个 EPEL（Extra Packages for Enterprise Linux，企业版 Linux 的额外软件包）恰恰可以解决这方面的问题。装上 EPEL 之后，就相当于添加了一个第三方源。EPEL 为 RHEL/CentOS 提供它们默认不提供的软件包。另外，通过 rpm -ivh 来安装，需要自己来解决需要其他依赖包的问题，通过 yum localinstall 来安装本地 rpm 包，从而自动解决依赖问题。

当我们安装第三方扩展源后，yum install 运行的时候就会出现"Error: Cannot retrieve metalink for repository: epel. Please verify its path"报错信息。需要修改编辑 /etc/yum.repos.d/epel.repo 文件，如图 8-5 所示，将所有 baseurl 前面的"#"去掉，在 mirrorlist 前面加上"#"。

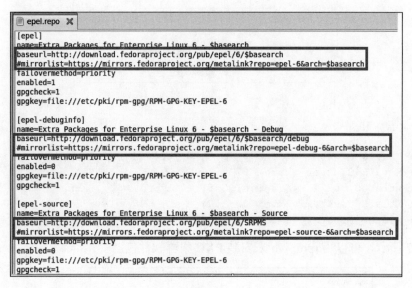

图 8-5

（2）安装 perl 组件（xtrabackup 需要的组件，建议用 yum 来安装），安装 socat、libev 这两个 PXC 的依赖包，操作命令如下：

```
yum install perl-DBD-MySQL perl-DBI perl-Time-HiRes
yum install socat libev
```

（3）添加 mysql 组和用户，操作命令如下：

```
groupadd mysql
useradd -g mysql -M -s /sbin/nologin mysql
```

其中，参数-M 表示不创建主目录，-s 表示不允许登录，-g 表示加入 mysql 组。

（4）每个节点都要安装 Percona XtraDB Cluster 集群包，到官网下载即可，如图 8-6 所示。因为还需要使用 XtraBackup 的 SST 传输方式，所以也要下载安装 Percona-xtrabackup。

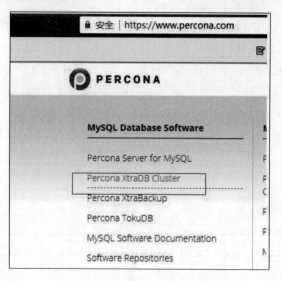

图 8-6

安装包列表如下：

```
Percona-XtraDB-Cluster-client-57-5.7.19-29.22.3.el6.x86_64.rpm
Percona-XtraDB-Cluster-shared-57-5.7.19-29.22.3.el6.x86_64.rpm
percona-xtrabackup-24-2.4.8-1.el6.x86_64.rpm
Percona-XtraDB-Cluster-server-57-5.7.19-29.22.3.el6.x86_64.rpm
Percona-XtraDB-Cluster-57-5.7.19-29.22.3.el6.x86_64.rpm
```

如图 8-7 所示，可以用 rpm -ivh 来安装 PXC 集群软件包。

```
[root@node1 local]# rpm -ivh Percona-XtraDB-Cluster-client-57-5.7.19-29.22.3.el6
.x86_64.rpm
warning: Percona-XtraDB-Cluster-client-57-5.7.19-29.22.3.el6.x86_64.rpm: Header
V4 DSA/SHA1 Signature, key ID cd2efd2a: NOKEY
Preparing...                ################################# [100%]
   1:Percona-XtraDB-Cluster-################################# [100%]
[root@node1 local]# rpm -ivh Percona-XtraDB-Cluster-shared-57-5.7.19-29.22.3.el6
.x86_64.rpm
warning: Percona-XtraDB-Cluster-shared-57-5.7.19-29.22.3.el6.x86_64.rpm: Header
V4 DSA/SHA1 Signature, key ID cd2efd2a: NOKEY
Preparing...                ################################# [100%]
   1:Percona-XtraDB-Cluster-################################# [100%]
[root@node1 local]# rpm -ivh percona-xtrabackup-24-2.4.8-1.el6.x86_64.rpm
warning: percona-xtrabackup-24-2.4.8-1.el6.x86_64.rpm: Header V4 DSA/SHA1 Signat
ure, key ID cd2efd2a: NOKEY
Preparing...                ################################# [100%]
   1:percona-xtrabackup-24   ################################# [100%]
[root@node1 local]# rpm -ivh Percona-XtraDB-Cluster-server-57-5.7.19-29.22.3.el6
.x86_64.rpm
warning: Percona-XtraDB-Cluster-server-57-5.7.19-29.22.3.el6.x86_64.rpm: Header
V4 DSA/SHA1 Signature, key ID cd2efd2a: NOKEY
Preparing...                ################################# [100%]
Giving mysqld 5 seconds to exit nicely
   1:Percona-XtraDB-Cluster-################################# [100%]
Percona XtraDB Cluster is distributed with several useful UDFs from Percona Tool
kit.
Run the following commands to create these functions:
mysql -e "CREATE FUNCTION fnv1a_64 RETURNS INTEGER SONAME 'libfnv1a_udf.so'"
mysql -e "CREATE FUNCTION fnv_64 RETURNS INTEGER SONAME 'libfnv_udf.so'"
mysql -e "CREATE FUNCTION murmur_hash RETURNS INTEGER SONAME 'libmurmur_udf.so'"
See  http://www.percona.com/doc/percona-server/5.7/management/udf_percona_toolki
t.html for more details
[root@node1 local]# rpm -ivh Percona-XtraDB-Cluster-57-5.7.19-29.22.3.el6.x86_64
.rpm
warning: Percona-XtraDB-Cluster-57-5.7.19-29.22.3.el6.x86_64.rpm: Header V4 DSA/
SHA1 Signature, key ID cd2efd2a: NOKEY
Preparing...                ################################# [100%]
   1:Percona-XtraDB-Cluster-################################# [100%]
```

图 8-7

124

（5）建议所有节点都取消 mysql 自动启动，并更改 root 用户的密码：

```
chkconfig --level 345 mysql off
```

各节点安装完成后，在第一个节点 node0 启动 mysql 服务时 PXC 会创建随机默认密码并保存在日志文件/var/log/mysqld.log 中，使用 grep 命令搜索关键字 temporary password 即可查看，执行命令为 "grep "temporary password" /var/log/mysqld.log"，如图 8-8 所示。

```
[root@node0 mysql-files]# chkconfig --level 345 mysql off
[root@node0 mysql-files]# service mysql start
初始化 MySQL 数据库：                              [确定]
Starting MySQL (Percona XtraDB Cluster)...         [确定]
[root@node0 mysql-files]# grep "temporary password" /var/log/mysqld.log
2019-11-03T09:45:05.267733Z 1 [Note] A temporary password is generated for root@localh
ost: qt99,d!;,#X?
```

图 8-8

（6）然后使用该随机密码登录 MySQL，修改 root 账户密码，如图 8-9 所示。

```
[root@node0 ~]# grep "temporary password" /var/log/mysqld.log
2019-11-03T09:45:05.267733Z 1 [Note] A temporary password is generated for root@localh
ost: qt99,d!;,#X?
[root@node0 ~]# mysql -uroot -p'qt99,d!;,#X?'
mysql: [Warning] Using a password on the command line interface can be insecure.
Welcome to the MySQL monitor.  Commands end with ; or \g.
Your MySQL connection id is 11234
Server version: 5.7.19-17-57-log

Copyright (c) 2009-2017 Percona LLC and/or its affiliates
Copyright (c) 2000, 2017, Oracle and/or its affiliates. All rights reserved.

Oracle is a registered trademark of Oracle Corporation and/or its
affiliates. Other names may be trademarks of their respective
owners.

Type 'help;' or '\h' for help. Type '\c' to clear the current input statement.

mysql> set password=password('123@abc');
Query OK, 0 rows affected, 1 warning (0.00 sec)

mysql> grant all privileges on *.* to root@'%' identified by '123@abc';
Query OK, 0 rows affected, 1 warning (0.00 sec)

mysql> flush privileges;
Query OK, 0 rows affected (0.01 sec)
```

图 8-9

（7）修改/etc/my.cnf，配置 PXC 相关的参数。这里以第一个节点 node0 为例，配置 PXC 的参数文件内容如下：

```
# The Percona XtraDB Cluster 5.7 configuration file.
!includedir /etc/my.cnf.d/
!includedir /etc/percona-xtradb-cluster.conf.d/
[mysqld]
#### Galera 库文件路径
wsrep_provider=/usr/lib64/libgalera_smm.so
##PXC 集群所有节点的 IP 地址
wsrep_cluster_address=gcomm://10.10.75.100,10.10.75.101,10.10.75.102
```

```
##PXC 只支持 binlog 格式为 row
binlog_format=row
# 当前节点的 IP 地址
wsrep_node_address=10.10.75.100
# 全量同步 SST 的方式
wsrep_sst_method=xtrabackup-v2
##集群的名称，各节点统一
wsrep_cluster_name=pxc_cluster
##用来做节点间数据同步的账号密码
##sst 模式需要的用户名和密码
wsrep_sst_auth="sstuser:passw0rd"
## gcache.size 的大小会影响节点加入集群时需不需要完整复制资料
wsrep_provider_options="gcache.size=1G"
## 开启的复制线程数，建议 CPU 核数*2
wsrep_slave_threads=4
wsrep_max_ws_rows=131072
wsrep_max_ws_size=16000
## PXC 严格模式旨在避免在 Percona XtraDB 集群中使用实验性和不受支持的功能
pxc_strict_mode=ENFORCING
# #PXC 对 InnoDB 存储引擎有最好的支持
default_storage_engine=InnoDB
##在向有 auto_increment 列的表插入数据时，PXC 只支持 interleaved(2)交错锁
innodb_autoinc_lock_mode=2
###########################3
skip-external-locking
skip_name_resolve=1
user=mysql
datadir=/var/lib/mysql
sql_mode=NO_ENGINE_SUBSTITUTION,STRICT_TRANS_TABLES
log-error=/var/lib/mysql/error.log
innodb_buffer_pool_size=1G
innodb_flush_log_at_trx_commit=2
sync_binlog = 1
log-bin=mysql-bin
expire-logs-days=30
character-set-server = utf8mb4
master_info_repository = TABLE
relay-log-info-repository = TABLE
```

其他节点的 PXC 配置参数只需要修改当前节点的 IP 地址即可，即参数 wsrep_node_address 的值为当前机器的 IP 地址。

（8）配置好 PXC 参数，在第一个节点初始化集群，进行授权操作。这个节点必须包含全部数据，作为集群的数据源。而且第一个节点必须以特殊方式启动，操作命令为

"/etc/init.d/mysql bootstrap-pxc"，如图 8-10 所示。

```
[root@node0 local]# /etc/init.d/mysql bootstrap-pxc
Bootstrapping PXC (Percona XtraDB Cluster)Starting MySQL (Percona XtraDB Cluster
)..
                                                        [确定]
```

图 8-10

在增加其他节点到集群中前需要创建 SST 的数据库用户。这个账户必须和配置文件中的信息相符，如图 8-11 所示，登录到第一个节点 node 的 mysql 实例上，创建 sstuser 这个用户账号并授予相应权限。

```
[root@node0 local]# mysql -uroot -p123@abc
mysql: [Warning] Using a password on the command line interface can be insecure.
Welcome to the MySQL monitor.  Commands end with ; or \g.
Your MySQL connection id is 377
Server version: 5.7.19-17-57-log Percona XtraDB Cluster (GPL), Release rel17, Revis
ion 35cdc81, WSREP version 29.22, wsrep_29.22

Copyright (c) 2009-2017 Percona LLC and/or its affiliates
Copyright (c) 2000, 2017, Oracle and/or its affiliates. All rights reserved.

Oracle is a registered trademark of Oracle Corporation and/or its
affiliates. Other names may be trademarks of their respective
owners.

Type 'help;' or '\h' for help. Type '\c' to clear the current input statement.

mysql> CREATE USER 'sstuser'@'localhost' IDENTIFIED BY 'passw0rd';
Query OK, 0 rows affected (0.00 sec)

mysql> GRANT RELOAD, LOCK TABLES, PROCESS, REPLICATION CLIENT ON *.* TO 'sstuser'@'
localhost';
Query OK, 0 rows affected, 1 warning (0.01 sec)

mysql> FLUSH PRIVILEGES;
Query OK, 0 rows affected (0.00 sec)
```

图 8-11

（9）PXC 集群状态确认，使用"show global status like 'wsrep%'"命令来查看集群中的参数状态，如图 8-12 所示，这时 PXC 集群只有一个节点。

```
wsrep_incoming_addresses     | 10.10.75.100:3306
wsrep_desync_count           | 0
wsrep_evs_delayed            |
wsrep_evs_evict_list         |
wsrep_evs_repl_latency       | 0/0/0/0/0
wsrep_evs_state              | OPERATIONAL
wsrep_gcomm_uuid             | 36248cd4-fe40-11e9-b258-faed53014db9
wsrep_cluster_conf_id        | 1
wsrep_cluster_size           | 1
wsrep_cluster_state_uuid     | a36bae26-fe1e-11e9-b437-87c39b201171
wsrep_cluster_status         | Primary
```

图 8-12

（10）增加其他节点到集群中。配置好其他节点的 PXC 配置参数，修改参数 wsrep_node_address 的值为当前机器的 IP 地址。启动其他节点，它会自动加入集群并开始同步数据，不要在相同时间加入多个节点到集群中，以避免巨大的网络流量压力。 默认 Percona

XtraDB 集群使用 Percona XtraBackup 来传输状态快照，这里已经设置好 wsrep_sst_method 参数为 xtrabackup-v2，并使用 wsrep_sst_auth 变量提供 SST 用户认证，并且已经初始化节点上面创建的 SST 用户。

确认修改好 PXC 配置参数后，启动第二个节点 node1 上的 mysql 服务，命令为 "/etc/init.d/mysql start"，如图 8-13 所示。

```
[root@node1 local]# /etc/init.d/mysql start
Initializing MySQL database:                                    [ OK ]
Starting MySQL (Percona XtraDB Cluster)...State transfer in progress, setting sleep higher
...                                                             [ OK ]
```

图 8-13

第二个节点 node1 的 MySQL 服务启动成功后，登录 node1 节点，发现用户密码已经都同步过来了，如图 8-14 所示。

```
[root@node1 local]# mysql -uroot -p123@abc
mysql: [Warning] Using a password on the command line interface can be insecure.
Welcome to the MySQL monitor.  Commands end with ; or \g.
Your MySQL connection id is 2431
Server version: 5.7.19-17-57-log Percona XtraDB Cluster (GPL), Release rel17, Revision 35cdc81, WSREP version 29.22, wsrep_29.22

Copyright (c) 2009-2017 Percona LLC and/or its affiliates
Copyright (c) 2000, 2017, Oracle and/or its affiliates. All rights reserved.

Oracle is a registered trademark of Oracle Corporation and/or its
affiliates. Other names may be trademarks of their respective
owners.

Type 'help;' or '\h' for help. Type '\c' to clear the current input statement.

mysql> select host,user,authentication_string  from mysql.user;
+-----------+---------------+-------------------------------------------+
| host      | user          | authentication_string                     |
+-----------+---------------+-------------------------------------------+
| localhost | root          | *2BA3CCD30A03E904AAE154A223D7FEFA40B332BB |
| localhost | mysql.session | *THISISNOTAVALIDPASSWORDTHATCANBEUSEDHERE |
| localhost | mysql.sys     | *THISISNOTAVALIDPASSWORDTHATCANBEUSEDHERE |
| %         | root          | *2BA3CCD30A03E904AAE154A223D7FEFA40B332BB |
| localhost | sstuser       | *74B1C21ACE0C2D6B0678A5E503D2A60E8F9651A3 |
+-----------+---------------+-------------------------------------------+
5 rows in set (0.00 sec)
```

图 8-14

在第二个节点 node1 上查看用户和集群状态，命令为 "show status like 'wsrep%'"，如图 8-15 所示，可以看到 SST 用户已经复制到第二个节点，集群已经有两个节点（集群的 wsrep_cluster_size 参数变为 2）。

```
wsrep_incoming_addresses    10.10.75.100:3306,10.10.75.101:3306
wsrep_desync_count          0
wsrep_evs_delayed           
wsrep_evs_evict_list        
wsrep_evs_repl_latency      0/0/0/0/0
wsrep_evs_state             OPERATIONAL
wsrep_gcomm_uuid            bfea78d7-fe42-11e9-995d-e25dd7a500ae
wsrep_cluster_conf_id       2
wsrep_cluster_size          2
wsrep_cluster_state_uuid    a36bae26-fe1e-11e9-b437-87c39b201171
wsrep_cluster_status        Primary
```

图 8-15

配置好第三个节点的 PXC 集群配置参数，启动第三个节点 node2 的 mysql 服务，查询 PXC

集群状态，如图 8-16 所示。从中可以看到集群的 wsrep_cluster_size 参数变为 3，集群增加到 3 个节点。

```
[root@node2 local]# mysql -uroot -p123@abc
mysql: [Warning] Using a password on the command line interface can be insecure.
Welcome to the MySQL monitor.  Commands end with ; or \g.
Your MySQL connection id is 9
Server version: 5.7.19-17-57-log Percona XtraDB Cluster (GPL), Release rel17, Revision 35cdc81,

Copyright (c) 2009-2017 Percona LLC and/or its affiliates
Copyright (c) 2000, 2017, Oracle and/or its affiliates. All rights reserved.

Oracle is a registered trademark of Oracle Corporation and/or its
affiliates. Other names may be trademarks of their respective
owners.

Type 'help;' or '\h' for help. Type '\c' to clear the current input statement.

mysql> show status like '%wsrep_cluster_size%';
+--------------------+-------+
| Variable_name      | Value |
+--------------------+-------+
| wsrep_cluster_size | 3     |
+--------------------+-------+
1 row in set (0.00 sec)

mysql> show status like '%wsrep_cluster_status';
+----------------------+---------+
| Variable_name        | Value   |
+----------------------+---------+
| wsrep_cluster_status | Primary |
+----------------------+---------+
```

图 8-16

（11）测试 PXC 集群功能。

PXC 集群的 3 个节点都已经启动成功，这样在任意一个节点上执行一条 DML 语句操作都会同步到另外两个节点上。现在模拟 10.10.75.102 节点 node2 宕机，如图 8-17 所示。

```
[root@node2 local]# service mysql stop
Shutting down MySQL (Percona XtraDB Cluster).............. [  OK  ]
[root@node2 local]# service mysql status
MySQL (Percona XtraDB Cluster) is not running                    [FAILED]
```

图 8-17

在任意其他节点查看 cluster 状态，如图 8-18 所示，发现 wsrep_incoming_addresses 的 10.10.75.102:3306 不存在，并且 wsrep_cluster_size（可用节点）为 2。

```
mysql>  show status like '%wsrep_cluster_size%';
+--------------------+-------+
| Variable_name      | Value |
+--------------------+-------+
| wsrep_cluster_size | 2     |
+--------------------+-------+
1 row in set (0.00 sec)

mysql>  show status like '%wsrep_incoming_addresses%';
+--------------------------+----------------------------------+
| Variable_name            | Value                            |
+--------------------------+----------------------------------+
| wsrep_incoming_addresses | 10.10.75.100:3306,10.10.75.101:3306 |
+--------------------------+----------------------------------+
1 row in set (0.00 sec)

mysql>
```

图 8-18

在节点 node1（10.10.75.101）上面插入新数据，如图 8-19 所示。

```
[root@node1 local]# mysql -uroot -p123@abc -h 10.10.75.101
mysql: [Warning] Using a password on the command line interface can be insecure.
Welcome to the MySQL monitor.  Commands end with ; or \g.
Your MySQL connection id is 3735
Server version: 5.7.19-17-57-log Percona XtraDB Cluster (GPL), Release rel17, Revision 35cdc81

Copyright (c) 2009-2017 Percona LLC and/or its affiliates
Copyright (c) 2000, 2017, Oracle and/or its affiliates. All rights reserved.

Oracle is a registered trademark of Oracle Corporation and/or its
affiliates. Other names may be trademarks of their respective
owners.

Type 'help;' or '\h' for help. Type '\c' to clear the current input statement.

mysql> insert into mldn.test values(100,'test_node1');
Query OK, 1 row affected (0.02 sec)
```

图 8-19

恢复节点 node2（10.10.75.102）的 mysql 服务，查询节点 node2 数据是否正常，如图 8-20 所示。从结果可知新插入数据复制过来了。

```
[root@node2 local]# service mysql start
Starting MySQL (Percona XtraDB Cluster)...State transfer in progress, setting sleep higher
.                                                                   [  OK  ]
[root@node2 local]# mysql -uroot -p123@abc -h 10.10.75.102
mysql: [Warning] Using a password on the command line interface can be insecure.
Welcome to the MySQL monitor.  Commands end with ; or \g.
Your MySQL connection id is 8
Server version: 5.7.19-17-57-log Percona XtraDB Cluster (GPL), Release rel17, Revision 35cdc81

Copyright (c) 2009-2017 Percona LLC and/or its affiliates
Copyright (c) 2000, 2017, Oracle and/or its affiliates. All rights reserved.

Oracle is a registered trademark of Oracle Corporation and/or its
affiliates. Other names may be trademarks of their respective
owners.

Type 'help;' or '\h' for help. Type '\c' to clear the current input statement.

mysql> select * from mldn.test where tid=100;
+-----+------------+
| tid | tname      |
+-----+------------+
| 100 | test_node1 |
+-----+------------+
1 row in set (0.00 sec)
```

图 8-20

通过查询 PXC 集群状态，发现 wsrep_incoming_addresses 的 10.10.75.102:3306 已经存在，并且 wsrep_cluster_size（可用节点）为 3，如图 8-21 所示。

```
mysql>  show status like '%wsrep_incoming_addresses%';
+-------------------------+-------------------------------------------------+
| Variable_name           | Value                                           |
+-------------------------+-------------------------------------------------+
| wsrep_incoming_addresses | 10.10.75.100:3306,10.10.75.101:3306,10.10.75.102:3306 |
+-------------------------+-------------------------------------------------+
1 row in set (0.03 sec)

mysql>  show status like '%wsrep_cluster_size%';
+--------------------+-------+
| Variable_name      | Value |
+--------------------+-------+
| wsrep_cluster_size | 3     |
+--------------------+-------+
1 row in set (0.01 sec)
```

图 8-21

（12）PXC 集群关闭和重启。

PXC 集群关闭，所有节点都用"/etc/init.d/mysql stop"。集群关闭之后再启动，谁做第一个节点谁就执行"/etc/init.d/mysql bootstrap-pxc"，其他节点执行"/etc/init.d/mysql start"。关于节点重启，第一个节点用"/etc/init.d/mysql restart-bootstrap"命令，其他节点用"/etc/init.d/mysql restart"命令。

8.6　PXC 集群状态监控

PXC 集群部署成功后，还要做好监控，这里使用"show status like 'wsrep%'"命令查看集群中的参数状态。下面列出几个重要的参数：

（1）wsrep_local_state_uuid：与集群的 wsrep_cluster_state_uuid 一致，集群中所有的节点值应该是相同的，如果有不同值的节点，就说明其没有连接入集群。

（2）wsrep_last_committed：集群已经提交事务数目，是一个累计值，所有节点应该相等，如果出现不一致，就说明事务有延迟，可以用来计算延迟。

（3）wsrep_replicated：从本地节点复制出去的写集（write set）数目，wsrep_replicated_bytes 为写集的总字节数；可以用于参考节点之间的负载均衡是否平衡；该值较大的节点较为繁忙。

（4）wsrep_received：与 wsrep_replicated 对应，表示接收来自其他节点的写集（write set）数目。

（5）wsrep_local_commits：从本地节点发出的写集（write set）被提交的数目，不超过 wsrep_replicated 的数目。

（6）wsrep_local_cert_failures：同步过程中节点认证失败计数。本地提交的事务和同步队列中事务存在锁冲突，则本地验证失败（保证全局数据一致性）。

（7）wsrep_local_bf_aborts：强制放弃的写集数目。本地事务和同步队列中正在执行的事务存在锁冲突时，将强制保证先提交的事务成功，后者回滚或报错。

（8）wsrep_local_send_queue：发送队列的长度。

（9）wsrep_local_send_queue_avg：从上次查询状态到目前发送队列的平均长度，大于 0.0 意味着复制过程被节流了。

（10）wsrep_local_recv_queue：接收队列的长度，与 wsrep_local_send_queue 对应。

（11）wsrep_cert_deps_distance：可以并行执行的写集（write set）的最大 seqno 与最小 seqno 之间的平均差值。

（12）wsrep_apply_oooe：队列中事务并发执行占比，值越高意味着效率越高。

（13）wsrep_commit_window：平均并发提交窗口大小。

（14）wsrep_local_state：节点的状态，值为 4 表示正常.Joining 表示节点正在加入集群，donor 表示节点正在为新加入的同步数据，joined 表示成功加入，synced 表示当前节点已经与集群同步。

（15）wsrep_incoming_addresses：集群中其他节点的地址，多个地址之间用逗号分隔。

（16）wsrep_cluster_size：集群节点个数。

（17）wsrep_cluster_status：集群的目前状态，取值为 PRIMARY（正常）和 NON_PRIMARY （不一致）。如果不为 PRIMARY，就说明有可能出现脑裂现象。

（18）wsrep_connected：节点是否连接到集群，取值为 ON/OFF。

（19）wsrep_local_index：节点 id，取值从 0 开始。

（20）wsrep_ready：节点是否接收查询，即节点是否可正常使用。值为 ON 时表示当前节点可以正常服务，为 OFF 时表示可能出现脑裂（网络问题）。

8.7 PXC 集群的适用场景和维护总结

现在对 PXC 集群已经有了足够的了解，但是这样的"完美"架构在什么场景下才可以使用呢？或者说，哪种场景又不适合使用这样的架构呢？

因为 PXC 集群可以保证数据的强一致性，所以它更适合应用于对数据一致性和完整性要求特别高的场景，比如交易的场景。对于 PXC 集群能支持多点写入的特性，其实不是要以多点写入的方式提供服务，更重要的是因为有了多点写入才会使 DBA 在正常维护数据库集群的时候不影响业务，做到真正的无感知。这个特性对于交易型的业务而言是非常需要的。因为只要是主从复制就不能出现多点写入，从而导致了在切换时对业务有影响，PXC 支持了多点写入，在切换时允许有短暂的多点写入，从而不会影响老的连接，只需要将新连接都路由到新节点即可。事实上，采用 PXC 的主要目的是解决数据的一致性问题，高可用是顺带实现的。因为 PXC 存在写扩大以及短板效应，并发效率会有较大损失，所以尽量单节点写入操作。整个集群数最好为 3 个，最多是 8 个。如果节点数太多，那么节点之间的认证和传输量就会很大，也会影响性能。

使用 PXC 集群时有一个比较严重的坑，例如在 PXC 集群中执行多个大的改表操作时会导致整个集群在一段时间内完全写入不了任何事务，都卡死在那里，而且也不能 kill 掉。这个情况确实很严重，会导致线上完全不可服务。原因还是在并发控制上，因为提交操作设置为串行。DDL 执行是一个提交过程，那么串行执行改表，执行多久就会卡多久，直到改表操作执行完。这个问题暂时没有好的解决方法，小表可以这样直接操作，大一点或者更大的都是通过 OSC（pt-online-schema-change）来做。如果集群真的被一个 DDL 卡死了，导致整个集群都动不了了、所有的写请求都 Hang 住了，要么就等 DDL 执行完成（所有这个数据库上面的业务都处于不可服务状态），要么就将数据库直接 kill 掉，快速重启，赶紧恢复一个节点提交线上服务，再考虑集群其他节点的数据增量的同步等。

建议 PXC 不要多节点写操作，一个节点写，其他节点读。虽然可以多节点 insert，但是不要 update。多个节点同时更新到同一行记录无法避免更新丢失问题，所以建议 update 写操作在一个节点上。对 insert 影响不大，可以对多个节点进行 insert 操作。

新加节点时，为了防止还要 SST 全量备份传输给新节点而导致整体拉垮集群性能，建议让新加入的节点先成为 PXC 集群中某个节点的从库节点，然后将从库转入 PXC 集群。

在 PXC 中还有一个特别重要的模块，就是 GCache。它的核心功能是让每个节点缓存当前最新的写集。其中，参数 gcache.size 代表用来缓存写集增量信息的大小，默认是 128MB；wsrep_provider_options 参数建议调整为 1GB~4GB，设置足够的空间便于缓存更多的增量信息。

并发事务量很大的话，整个集群的吞吐量/性能将取决于最慢的那个节点（因为需要所有节点上做 Certification）以及节点间的网络性能，因此需要所有节点都有相同的硬件配置，并且网络、磁盘等性能要尽可能高。建议采用 InfiniBand 网络，降低网络延迟。

Percona XtraDB cluster 的高可用解决方案增加、删除节点很方便，自动切换故障，如果能配合 Mycat、Oneproxy 中间件做读写分离就完美了。建议使用 PCIE-SSD 来提高 cluster 写性能。

第 9 章
基于MHA实现的MySQL自动故障转移集群

MHA（Master High Avaliability）是由日本的一位工程师采用 Perl 语言编写的一个脚本管理工具，是一款开源的 MySQL 高可用解决方案软件，能在 MySQL 主从复制的基础上实现自动化主服务器故障转移，目前在 MySQL 高可用方面是一个相对成熟的解决方案。在 MySQL 故障切换过程中，MHA 能做到在 30 秒之内自动完成数据库的故障切换操作，并且在进行故障切换的过程中能在最大程度上保证数据的一致性，以达到真正意义上的高可用。

9.1 MHA 简介

MHA 是一套优秀的作为 MySQL 高可用性环境下故障切换和主从提升的高可用软件。由两部分组成：MHA Manager（管理节点）和 MHA Node（数据节点），如图 9-1 所示。MHA Manager 可以独立部署在一台独立的机器上管理多个 master-slave 主从复制集群，也可以部署在一台 slave 从节点上。

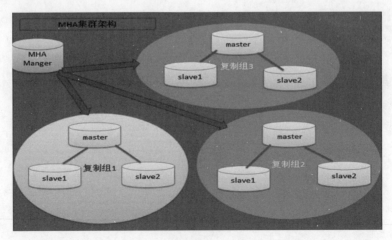

图 9-1

它为 MySQL 主从复制架构提供了 automating master failover 功能。MHA 在监控到 master 主节点故障时，会提升其中拥有最新数据的 slave 从节点成为新的 master 主节点，整个故障转移过程对应用程序是完全透明的。

　　相较于其他 HA 软件，MHA 的目的在于维持 MySQL Replication 中 master 库的高可用性，最大特点是可以修复多个 slave 之间的差异日志，最终使所有 slave 保持数据一致。MHA 可以与半同步复制结合起来。如果只有一个 slave 收到了最新的二进制日志，MHA 就可以将最新的二进制日志应用于其他所有的 slave 服务器上，保持一致性。

　　如果主服务器硬件没有故障且可以通过 ssh 访问，那么 MHA 会试图从宕机的主服务器上保存二进制日志。只要 MHA 能保存二进制日志，就能进行故障转移，并且不会丢失最新数据。

9.2　MHA 原理

　　MHA 的两大主要功能是保证整个故障切换过程中整个集群的数据丢失尽可能小，以及保证其他从库与新主库数据保持一致。它是如何做到的呢？ MHA 的工作原理如图 9-2 所示。

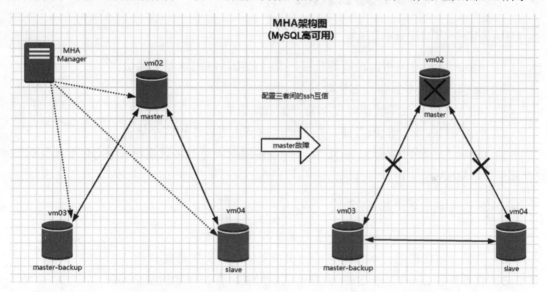

图 9-2

　　（1）如果服务宕机的主库仍然可以通过 SSH 连接，那么 MHA 把宕机的 master 主库上的所有二进制日志 binlog 保存起来。

　　（2）根据其他 slave 从库的 binlog 位置点识别含有最新更新的 slave 从库作为备用主库。

　　（3）应用差异的中继日志（relay-log）到其他 slave，使得其他所有从库与备用主库的数据保持一致。

　　（4）应用从原 master 主库上保存的二进制日志 binlog（如果有），将其恢复到所有的数据库节点上。

　　（5）将备用主库正式提升为新的 master 主库。

　　（6）使其他的 slave 从库重新连接到新的 master 主库保持主从复制状态。

MHA 的工作原理主要分为"选择新主""数据补全""角色切换"3 个过程。另外，关于主库的 VIP 问题，可以通过 keepalived 的 VIP 漂移功能来解决应用程序访问数据库集群的问题。

MHA 在发生切换的过程中，从库的恢复依赖于 relay-log 的相关信息，所以要将 relay-log 的自动清除设置为 OFF，采用手动清除 relay-log 的方式。在默认情况下，从服务器上的中继日志会在 SQL 线程执行完毕后被自动删除。在 MHA 环境中，这些中继日志在恢复其他从服务器时可能会被用到，因此需要禁用中继日志的自动删除功能。定期清除中继日志需要考虑到复制延时的问题。在 ext3 的文件系统下，删除大的文件需要一定的时间，会导致严重的复制延时。为了避免复制延时，需要暂时为中继日志创建硬链接，因为在 Linux 系统中通过硬链接删除大文件速度会很快。

9.3　MHA 的优缺点

MHA 解决方案的优点如下：

（1）master 自动监控和自动故障转移，并且故障转移的速度会很快。

（2）master crash 不会导致主从数据不一致。

（3）MHA 在进行故障转移时更不易产生数据丢失。

（4）不需要添加额外的服务器，同一个监控节点可以监控多个集群。

（5）MHA 不需要对当前 MySQL 集群环境做出重大更改，只要是 MySQL 主从复制支持的存储引擎，MHA 都支持。

MHA 解决方案的缺点如下：

（1）需要编写脚本或利用第三方工具来实现 VIP 的配置。

（2）原先自动切换的脚本太简单了，比较老化，需要自行完善。

（3）需要开启 Linux 基于 SSH 免登录认证配置，存在一定的安全隐患。

（4）没有提供从库的读负载均衡功能。

9.4　MHA 工具包的功能

MHA 组件说明如下：

（1）Manager 管理工具

- masterha_check_ssh：检查 MHA 的 SSH 配置。
- masterha_check_repl：检查 MySQL 复制。

- masterha_manager：启动 MHA。
- masterha_check_status：检测当前 MHA 运行状态。
- masterha_master_monitor：监测 master 是否宕机。
- masterha_master_switch：控制故障转移（自动或手动）。
- masterha_conf_host：添加或删除配置的 server 信息。

（2）Node 数据节点工具（通常由 MHAManager 的脚本触发无须人工操作）

- save_binary_logs：保存和复制 master 的二进制日志。
- apply_diff_relay_logs：识别差异的中继日志事件并应用于其他 slave。
- filter_mysqlbinlog：去除不必要的 ROLLBACK 事件（MHA 已不再使用这个工具）。
- purge_relay_logs：清除中继日志（不会阻塞 SQL 线程）。

9.5　MHA 集群部署实战

目前 MHA 主要支持一主多从的架构。搭建 MHA，一个复制集群必须最少有 3 台数据库服务器，一主二从，即一台充当 master、一台充当备用 master、另一台充当从库。

可以把它看作是一个监控 MySQL 的工具，当 master 挂了之后，唤起一个 slave 作为 master，另外一台 slave 重新作为新 master 的备库。MHA 可以管理多组 MySQL 主从集群，VIP 的跳转是通过 keepalived 来实现的。

实战演练环境如图 9-3 所示，使用 3 台机器来完成本次 MHA 的搭建过程；node0 充当 master；node1 是 slave 从库，同时是备用 master；node2 是从库，也是 MHA 管理节点。MHA 至少需要 3 台服务器，操作系统是 CentOS 6.5，数据库是 MySQL 5.7 二进制软件包。

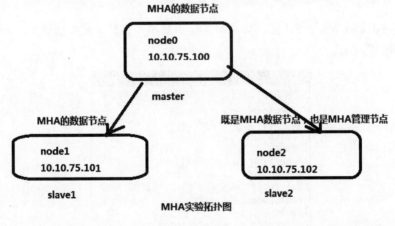

图 9-3

（1）配置 3 台机器的互信，SSH 免密码登录。

在 3 台服务器上编辑/etc/hosts 文件，分别在 3 台机器上加入各自的 hostname，要求 3 台机器都要完成，命令如下：

```
vim /etc/hosts
node0 10.10.75.100
node1 10.10.75.101
node2 10.10.75.102
```

在主节点 node0 上生成公钥，并改名为 key_node0，命令如下：

```
ssh-keygen -t rsa
cp /root/.ssh/id_rsa.pub /root/.ssh/key_node0
```

在从节点 node1 上生成公钥，改名为 key_node1，复制给 node0 节点，命令如下：

```
ssh-keygen -t rsa
cp /root/.ssh/id_rsa.pub /root/.ssh/key_node1
scp /root/.ssh/key_node1 root@node0:/root/.ssh
```

在从节点 node2 上生成公钥，改名为 key_node2，复制给 node0 节点上，命令如下：

```
ssh-keygen -t rsa
cp /root/.ssh/id_rsa.pub /root/.ssh/key_node2
scp /root/.ssh/key_node2 root@node0:/root/.ssh
```

在主节点 node0 上执行合并密钥的命令，生成 authorized_keys，授权属主有读写权限，并传送合成的密钥 authorized_keys 给其他两台机器。

```
cd /root/.ssh
cat key_node0 >> authorized_keys
cat key_node1 >> authorized_keys
cat key_node2 >> authorized_keys
chmod 600 authorized_keys
scp authorized_keys  root@node1:/root/.ssh
scp authorized_keys  root@node2:/root/.ssh
```

分别在 3 台机器上测试 SSH 免密码登录（不需要输入密码，直接登录），如图 9-4 所示，代表主机互信配置成功。

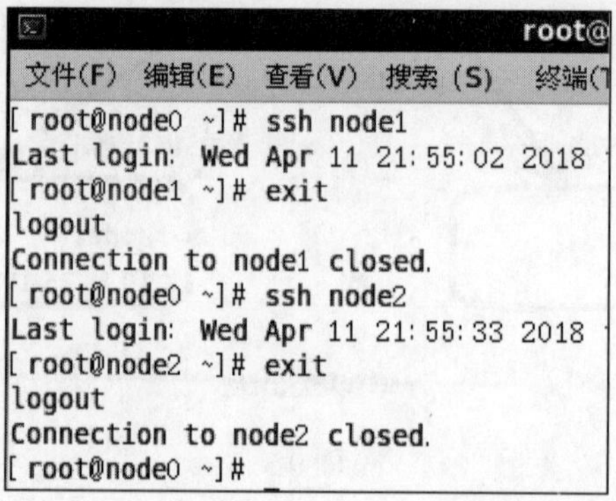

图 9-4

（2）搭建 MySQL 一主二从环境。

使用 MySQL 5.7 版本，基于传统复制或 GTID 复制模式都可以。在传统复制环境下，MHA 利用 Latest Slave 的 relay-log 去补全其他 Slave 与 Latest Slave 之间的差异数据；在 GTID 复制环境下，通过 change master to 利用 binlog 补全数据，不再依赖 relay-log。建议使用 GTID 复制模式。

在所有 MySQL 服务器上创建主从复制账号，操作命令如下：

```
grant replication slave on *.* to 'mysync'@'10.10.75.%' identified by 'q123456';
flush privileges;
```

在所有 MySQL 服务器上创建管理账号，操作命令如下：

```
grant all privileges on *.* to 'zs'@'10.10.75.%' identified by 'q123456';
flush privileges;
```

在主库（10.10.75.100）备份数据，操作命令如下：

```
mysqldump --single-transaction -uroot -p123@abc --master-data=2
-A >/tmp/all.sql
```

查看 all.sql 备份文件，显示已记录当前 binlog 文件和 position 号，如图 9-5 所示。

```
-- Position to start replication or point-in-time recovery from
--
-- CHANGE MASTER TO MASTER_LOG_FILE='mysql-bin.000018', MASTER_LOG_POS=462;
```

图 9-5

将备份通过 scp 命令复制到两个从库，然后恢复从主库传递过来的数据，操作命令如下：

```
mysql -uroot -p123@abc </tmp/all.sql
```

分别在两个从库上配置主从复制并开启主从同步，命令如下：

```
change master to
master_auto_position=0,master_host='10.10.75.100',master_user='mysync',
 master_password='q123456',master_log_file='mysql-bin.000018',master_log_pos
=462;
 start slave;
```

分别在从库上查看复制状态，操作命令是"mysql -uroot -p123@abc -e 'show slave status\G' | egrep 'Slave_I/O|Slave_SQL'"，如图 9-6 所示，结果显示 SQL 和 I/O thread 运行正常。

```
[root@node2 ~]# mysql -uroot -p123@abc -e 'show slave status\G' | egrep 'Slave_I
O|Slave_SQL'
mysql: [Warning] Using a password on the command line interface can be insecure.
             Slave_IO_State: Waiting for master to send event
          Slave_IO_Running: Yes
         Slave_SQL_Running: Yes
    Slave_SQL_Running_State: Slave has read all relay log; waiting for more up
dates
[root@node2 ~]#
```

图 9-6

在两台 slave 从节点服务器上设置 read_only（从库对外提供读服务，之所以没有写进配置文件，是因为 slave 随时会提升为 master），如图 9-7 所示。

```
mysql> set global read_only=1;
Query OK, 0 rows affected (0.00 sec)
```

图 9-7

（3）分别在主库和两个从库上安装 MHA-node 数据节点。

安装依赖的 Perl 环境：

```
yum -y install perl-DBD-MySQL
```

解压上传到/usr/local 数据节点的软件包：

```
cd /usr/local
tar -zxvf mha4mysql-node-0.57.tar.gz
```

安装 perl-CPAN 软件包：

```
cd /usr/local/mha4mysql-node-0.57
yum -y install perl-CPAN*
perl Makefile.PL
```

如果出现如图 9-8 所示的结果，就说明生成 makefile 没有问题。

```
[root@node0 mha4mysql-node-0.57]# perl Makefile.PL
*** Module::AutoInstall version 1.06
*** Checking for Perl dependencies...
[Core Features]
- DBI        ...loaded. (1.609)
- DBD::mysql ...loaded. (4.013)
*** Module::AutoInstall configuration finished.
Checking if your kit is complete...
Looks good
Writing Makefile for mha4mysql::node
```

图 9-8

最后编译安装：

```
make && make install
```

（4）在从库 node2（10.10.75.102）上面安装管理 manager 节点。

安装环境需要的介质包：

```
yum install -y perl-DBD-MySQL*
rpm -ivh perl-Params-Validate-0.92-3.el6.x86_64.rpm
rpm -ivh perl-Config-Tiny-2.12-7.1.el6.noarch.rpm
rpm -ivh perl-Log-Dispatch-2.26-1.el6.rf.noarch.rpm
rpm -ivh perl-Parallel-ForkManager-0.7.5-2.2.el6.rf.noarch.rpm
```

或者直接通过 "yum install -y perl-Params-Validate perl-Config-Tiny perl-Log-Dispatch perl-Parallel-ForkManager"来安装介质包。

安装管理节点：

```
tar -zxvf mha4mysql-manager-0.57.tar.gz
cd mha4mysql-manager-0.57
yum install perl-Time-HiRes
perl Makefile.PL
```

如果出现如图 9-9 所示的结果，就说明生成 makefile 没有问题。

```
[root@node2 mha4mysql-manager-0.57]# perl Makefile.PL
*** Module::AutoInstall version 1.06
*** Checking for Perl dependencies...
[Core Features]
- DBI                    ...loaded. (1.609)
- DBD::mysql             ...loaded. (4.013)
- Time::HiRes            ...loaded. (1.9721)
- Config::Tiny           ...loaded. (2.12)
- Log::Dispatch          ...loaded. (2.26)
- Parallel::ForkManager  ...loaded. (1.20)
- MHA::NodeConst         ...loaded. (0.57)
*** Module::AutoInstall configuration finished.
Checking if your kit is complete...
Looks good
Writing Makefile for mha4mysql::manager
```

图 9-9

编译安装：

```
make && make install
```

（5）在管理节点 node2 上创建 MHA 家目录，编辑配置文件 mha.conf：

```
mkdir -p /usr/local/mha
mkdir -p /etc/mha
cd /etc/mha/
vim /etc/mha/mha.conf
[server default]
user=zs
password=q123456
manager_workdir=/usr/local/mha        ##设置 manager 工作目录
manager_log=/usr/local/mha/manager.log ##设置 manager 的日志
##设置 master 保存 binlog 的位置，以便 MHA 可以找到 master 的日志
master_binlog_dir=/data/mysql
remote_workdir=/usr/local/mha

ssh_user=root
repl_user=mysync
repl_password=q123456
ping_interval=1
##设置监控主库，发送 ping 包的时间间隔，尝试三次没有回应的时候自动进行 railover
```

```
ping_type=CONNECT
##设置自动 failover 时的切换脚本
master_ip_failover_script=/usr/local/scripts/master_ip_failover
##设置手动切换时的切换脚本
master_ip_online_change_script=/usr/local/scripts/master_ip_online_change
[server1]
hostname=10.10.75.100
ssh_port=22
master_binlog_dir=/data/mysql/
candidate_master=1
port=3306
[server2]
hostname=10.10.75.101
ssh_port=22
master_binlog_dir=/data/mysql/
##设置为候选 master，发生主从切换以后优先将此从库提升为主库
candidate_master=1
##MHA 触发切换在选择一个新的 master 时将会忽略复制延时
check_repl_delay=0
port=3306
[server3]
hostname=10.10.75.102
ssh_port=22
master_binlog_dir=/data/mysql/
#意味着这个 server 从来不会成为新的 master
no_master=1
port=3306
##########################
```

（6）在管理节点 node2 上编辑 master_ip_falover 和 master_ip_online_change 脚本。为了防止脑裂发生，推荐生产环境采用脚本的方式来管理虚拟 IP，而不是使用 keepalived 来完成。

首先创建 failover、online 脚本的目录，命令如下：

```
mkdir -p /usr/local/scripts
```

编辑 master_ip_failover（failover 切换的脚本，failover 通常在主库突发故障、迫切需要向外提供数据库服务时进行故障转移），VIP 地址是 10.10.75.123，内容如下：

```
#!/usr/bin/env perl
use strict;
use warnings FATAL => 'all';
use Getopt::Long;
my (
    $command,          $ssh_user,        $orig_master_host, $orig_master_ip,
    $orig_master_port, $new_master_host, $new_master_ip,    $new_master_port
```

```perl
);
my $vip = '10.10.75.123/24';
my $key = '1';
my $ssh_start_vip = "/sbin/ifconfig eth0:$key $vip";
my $ssh_stop_vip = "/sbin/ifconfig eth0:$key down";
GetOptions(
    'command=s'          => \$command,
    'ssh_user=s'         => \$ssh_user,
    'orig_master_host=s' => \$orig_master_host,
    'orig_master_ip=s'   => \$orig_master_ip,
    'orig_master_port=i' => \$orig_master_port,
    'new_master_host=s'  => \$new_master_host,
    'new_master_ip=s'    => \$new_master_ip,
    'new_master_port=i'  => \$new_master_port,
);
exit &main();
sub main {
    print "\n\nIN SCRIPT TEST====$ssh_stop_vip==$ssh_start_vip===\n\n";
    if ( $command eq "stop" || $command eq "stopssh" ) {
        my $exit_code = 1;
        eval {
            print "Disabling the VIP on old master: $orig_master_host \n";
            &stop_vip();
            $exit_code = 0;
        };
        if ($@) {
            warn "Got Error: $@\n";
            exit $exit_code;
        }
        exit $exit_code;
    }
    elsif ( $command eq "start" ) {
        my $exit_code = 10;
        eval {
            print "Enabling the VIP - $vip on the new master - $new_master_host
\n";
            &start_vip();
            $exit_code = 0;
        };
        if ($@) {
            warn $@;
            exit $exit_code;
        }
```

```perl
        exit $exit_code;
    }
    elsif ( $command eq "status" ) {
        print "Checking the Status of the script.. OK \n";
        exit 0;
    }
    else {
        &usage();
        exit 1;
    }
}


sub start_vip() {
    `ssh $ssh_user\@$new_master_host \" $ssh_start_vip \"`;
}
sub stop_vip() {
    return 0  unless  ($ssh_user);
    `ssh $ssh_user\@$orig_master_host \" $ssh_stop_vip \"`;
}


sub usage {
    print
    "Usage: master_ip_failover --command=start|stop|stopssh|status
--orig_master_host=host --orig_master_ip=ip --orig_master_port=port
--new_master_host=host --new_master_ip=ip --new_master_port=port\n";
    }
    ###############################################################
```

master_ip_online_change 脚本存放在/usr/local/scripts 目录下，是手动执行 mysql master Switchover（Switchover 是有计划地将主库切换为备库、备库提升为主库）的在线切换脚本。现在编辑 master_ip_online_change 脚本（可以自行编写简单的 shell 完成），脚本内容如下：

```perl
#!/usr/bin/env perl
## This is a  master_ip_online_change script . Modify the script based on your
environment.
use strict;
use warnings FATAL => 'all';
use Getopt::Long;
use MHA::DBHelper;
use MHA::NodeUtil;
use Time::HiRes qw( sleep gettimeofday tv_interval );
use Data::Dumper;

my $_tstart;
my $_running_interval = 0.1;
my (
```

```perl
  $command,             $orig_master_host, $orig_master_ip,
  $orig_master_port, $orig_master_user,
  $new_master_host,  $new_master_ip,    $new_master_port,
  $new_master_user,
);
my $vip = '10.10.75.123/24';  # Virtual IP
my $key = "1";
my $ssh_start_vip = "/sbin/ifconfig eth1:$key $vip";
my $ssh_stop_vip = "/sbin/ifconfig eth1:$key down";
my $ssh_user = "root";
my $new_master_password='q123456';
my $orig_master_password='q123456';
GetOptions(
  'command=s'              => \$command,
  #'ssh_user=s'            => \$ssh_user,
  'orig_master_host=s'    => \$orig_master_host,
  'orig_master_ip=s'      => \$orig_master_ip,
  'orig_master_port=i'    => \$orig_master_port,
  'orig_master_user=s'    => \$orig_master_user,
  #'orig_master_password=s' => \$orig_master_password,
  'new_master_host=s'     => \$new_master_host,
  'new_master_ip=s'       => \$new_master_ip,
  'new_master_port=i'     => \$new_master_port,
  'new_master_user=s'     => \$new_master_user,
  #'new_master_password=s'  => \$new_master_password,
);

exit &main();

sub current_time_us {
  my ( $sec, $microsec ) = gettimeofday();
  my $curdate = localtime($sec);
  return $curdate . " " . sprintf( "%06d", $microsec );
}
sub sleep_until {
  my $elapsed = tv_interval($_tstart);
  if ( $_running_interval > $elapsed ) {
    sleep( $_running_interval - $elapsed );
  }
}
sub get_threads_util {
  my $dbh                  = shift;
  my $my_connection_id      = shift;
  my $running_time_threshold = shift;
  my $type                 = shift;
  $running_time_threshold = 0 unless ($running_time_threshold);
  $type                 = 0 unless ($type);
  my @threads;
  my $sth = $dbh->prepare("SHOW PROCESSLIST");
  $sth->execute();
  while ( my $ref = $sth->fetchrow_hashref() ) {
```

```
    my $id        = $ref->{Id};
    my $user      = $ref->{User};
    my $host      = $ref->{Host};
    my $command   = $ref->{Command};
    my $state     = $ref->{State};
    my $query_time = $ref->{Time};
    my $info      = $ref->{Info};
    $info =~ s/^\s*(.*?)\s*$/$1/ if defined($info);
    next if ( $my_connection_id == $id );
    next if ( defined($query_time) && $query_time < $running_time_threshold );
    next if ( defined($command)   && $command eq "Binlog Dump" );
    next if ( defined($user)      && $user eq "system user" );
    next
      if ( defined($command)
      && $command eq "Sleep"
      && defined($query_time)
      && $query_time >= 1 );

    if ( $type >= 1 ) {
      next if ( defined($command) && $command eq "Sleep" );
      next if ( defined($command) && $command eq "Connect" );
    }

    if ( $type >= 2 ) {
      next if ( defined($info) && $info =~ m/^select/i );
      next if ( defined($info) && $info =~ m/^show/i );
    }
    push @threads, $ref;
  }
  return @threads;
}
sub main {
  if ( $command eq "stop" ) {
    ## Gracefully killing connections on the current master
    # 1. Set read_only= 1 on the new master
    # 2. DROP USER so that no app user can establish new connections
    # 3. Set read_only= 1 on the current master
    # 4. Kill current queries
    # * Any database access failure will result in script die.
    my $exit_code = 1;
    eval {
      ## Setting read_only=1 on the new master (to avoid accident)
      my $new_master_handler = new MHA::DBHelper();

      # args: hostname, port, user, password, raise_error(die_on_error)_or_not
      $new_master_handler->connect( $new_master_ip, $new_master_port,
        $new_master_user, $new_master_password, 1 );
      print current_time_us() . " Set read_only on the new master.. ";
      $new_master_handler->enable_read_only();
      if ( $new_master_handler->is_read_only() ) {
        print "ok.\n";
```

```
        }
        else {
          die "Failed!\n";
        }
        $new_master_handler->disconnect();

        # Connecting to the orig master, die if any database error happens
        my $orig_master_handler = new MHA::DBHelper();
        $orig_master_handler->connect( $orig_master_ip, $orig_master_port,
          $orig_master_user, $orig_master_password, 1 );
    ## Drop application user so that nobody can connect. Disabling per-session
binlog beforehand
    #$orig_master_handler->disable_log_bin_local();
    #print current_time_us() . " Drpping app user on the orig master..\n";
    #FIXME_xxx_drop_app_user($orig_master_handler);
    ## Waiting for N * 100 milliseconds so that current connections can exit
        my $time_until_read_only = 15;
        $_tstart = [gettimeofday];
        my @threads = get_threads_util( $orig_master_handler->{dbh},
          $orig_master_handler->{connection_id} );
        while ( $time_until_read_only > 0 && $#threads >= 0 ) {
          if ( $time_until_read_only % 5 == 0 ) {
            printf
   "%s Waiting all running %d threads are disconnected.. (max %d milliseconds)\n",
                current_time_us(), $#threads + 1, $time_until_read_only * 100;
            if ( $#threads < 5 ) {
              print Data::Dumper->new( [$_] )->Indent(0)->Terse(1)->Dump . "\n"
                foreach (@threads);
            }
          }
          sleep_until();
          $_tstart = [gettimeofday];
          $time_until_read_only--;
          @threads = get_threads_util( $orig_master_handler->{dbh},
            $orig_master_handler->{connection_id} );
        }

        ## Setting read_only=1 on the current master so that nobody(except SUPER)
can write
        print current_time_us() . " Set read_only=1 on the orig master.. ";
        $orig_master_handler->enable_read_only();
        if ( $orig_master_handler->is_read_only() ) {
          print "ok.\n";
        }
        else {
          die "Failed!\n";
        }
        ## Waiting for M * 100 milliseconds so that current update queries can
complete
        my $time_until_kill_threads = 5;
        @threads = get_threads_util( $orig_master_handler->{dbh},
```

```perl
        $orig_master_handler->{connection_id} );
      while ( $time_until_kill_threads > 0 && $#threads >= 0 ) {
        if ( $time_until_kill_threads % 5 == 0 ) {
          printf
"%s Waiting all running %d queries are disconnected.. (max %d milliseconds)\n",
            current_time_us(), $#threads + 1, $time_until_kill_threads * 100;
          if ( $#threads < 5 ) {
            print Data::Dumper->new( [$_] )->Indent(0)->Terse(1)->Dump . "\n"
              foreach (@threads);
          }
        }
        sleep_until();
        $_tstart = [gettimeofday];
        $time_until_kill_threads--;
        @threads = get_threads_util( $orig_master_handler->{dbh},
          $orig_master_handler->{connection_id} );
      }

            print "Disabling the VIP on old master: $orig_master_host \n";
            &stop_vip();
      ## Terminating all threads
      print current_time_us() . " Killing all application threads..\n";
      $orig_master_handler->kill_threads(@threads) if ( $#threads >= 0 );
      print current_time_us() . " done.\n";
      #$orig_master_handler->enable_log_bin_local();
      $orig_master_handler->disconnect();

      ## After finishing the script, MHA executes FLUSH TABLES WITH READ LOCK
      $exit_code = 0;
    };
    if ($@) {
      warn "Got Error: $@\n";
      exit $exit_code;
    }
    exit $exit_code;
  }
  elsif ( $command eq "start" ) {
    ## Activating master ip on the new master
    # 1. Create app user with write privileges
    # 2. Moving backup script if needed
    # 3. Register new master's ip to the catalog database
# If exit code is 0 or 10, MHA does not abort
    my $exit_code = 10;
    eval {
      my $new_master_handler = new MHA::DBHelper();

      # args: hostname, port, user, password, raise_error_or_not
      $new_master_handler->connect( $new_master_ip, $new_master_port,
        $new_master_user, $new_master_password, 1 );

      ## Set read_only=0 on the new master
```

```perl
    #$new_master_handler->disable_log_bin_local();
    print current_time_us() . " Set read_only=0 on the new master.\n";
    $new_master_handler->disable_read_only();

    ## Creating an app user on the new master
    #print current_time_us() . " Creating app user on the new master..\n";
    #FIXME_xxx_create_app_user($new_master_handler);
    #$new_master_handler->enable_log_bin_local();
    $new_master_handler->disconnect();

    ## Update master ip on the catalog database, etc
        print "Enabling the VIP - $vip on the new master - $new_master_host
\n";

        &start_vip();
        $exit_code = 0;
    };
    if ($@) {
      warn "Got Error: $@\n";
      exit $exit_code;
    }
    exit $exit_code;
  }
  elsif ( $command eq "status" ) {

    # do nothing
    exit 0;
  }
  else {
    &usage();
    exit 1;
  }
}


# A simple system call that enable the VIP on the new master
sub start_vip() {
    `ssh $ssh_user\@$new_master_host \" $ssh_start_vip \"`;
}
# A simple system call that disable the VIP on the old_master
sub stop_vip() {
    `ssh $ssh_user\@$orig_master_host \" $ssh_stop_vip \"`;
}


sub usage {
  print
  "Usage: master_ip_online_change --command=start|stop|status
--orig_master_host=host --orig_master_ip=ip --orig_master_port=port
--new_master_host=host --new_master_ip=ip --new_master_port=port\n";
  die;
}
####################################################
```

创建完两个脚本，记得对脚本文件赋予执行权限：

```
chmod a+x  /usr/local/scripts/master_ip_online_change
chmod a+x  /usr/local/scripts/master_ip_failover
```

（7）在管理节点 node2 上利用 mha 工具检测 SSH。

安装需要的环境包：

```
yum -y  install perl-Time-HiRes
cd /usr/local/bin
/usr/local/bin/masterha_check_ssh --conf=/etc/mha/mha.conf
```

输出显示结果，如图 9-10 所示。检测结果显示都为"OK"，代表 SSH 检测成功。

```
[root@node2 ~]# /usr/local/bin/masterha_check_ssh --conf=/etc/mha/mha.conf
Sun Oct 20 12:20:27 2019 - [warning] Global configuration file /etc/masterha_def
ault.cnf not found. Skipping.
Sun Oct 20 12:20:27 2019 - [info] Reading application default configuration from
 /etc/mha/mha.conf..
Sun Oct 20 12:20:27 2019 - [info] Reading server configuration from /etc/mha/mha
.conf..
Sun Oct 20 12:20:27 2019 - [info] Starting SSH connection tests..
Sun Oct 20 12:20:28 2019 - [debug]
Sun Oct 20 12:20:27 2019 - [debug]  Connecting via SSH from root@10.10.75.100(10
.10.75.100:22) to root@10.10.75.101(10.10.75.101:22)..
Sun Oct 20 12:20:28 2019 - [debug]   ok.
Sun Oct 20 12:20:28 2019 - [debug]  Connecting via SSH from root@10.10.75.100(10
.10.75.100:22) to root@10.10.75.102(10.10.75.102:22)..
Sun Oct 20 12:20:29 2019 - [debug]
Sun Oct 20 12:20:28 2019 - [debug]  Connecting via SSH from root@10.10.75.101(10
.10.75.101:22) to root@10.10.75.100(10.10.75.100:22)..
Sun Oct 20 12:20:28 2019 - [debug]   ok.
Sun Oct 20 12:20:28 2019 - [debug]  Connecting via SSH from root@10.10.75.101(10
.10.75.101:22) to root@10.10.75.102(10.10.75.102:22)..
Sun Oct 20 12:20:28 2019 - [debug]   ok.
Sun Oct 20 12:20:29 2019 - [debug]
Sun Oct 20 12:20:29 2019 - [debug]  Connecting via SSH from root@10.10.75.102(10
.10.75.102:22) to root@10.10.75.100(10.10.75.100:22)..
Warning: Permanently added '10.10.75.102' (RSA) to the list of known hosts.
Sun Oct 20 12:20:29 2019 - [debug]   ok.
Sun Oct 20 12:20:29 2019 - [debug]  Connecting via SSH from root@10.10.75.102(10
.10.75.102:22) to root@10.10.75.101(10.10.75.101:22)..
Sun Oct 20 12:20:29 2019 - [debug]   ok.
Sun Oct 20 12:20:29 2019 - [info] All SSH connection tests passed successfully.
[root@node2 ~]#
```

图 9-10

（8）在管理节点 node2 上利用 MHA 工具检测主从结构，命令如下：

```
/usr/local/bin/masterha_check_repl --conf=/etc/mha/mha.conf
```

返回结果必须都是"MySQL Replication Health is OK"，如图 9-11 所示。

```
Sun Oct 20 12:58:18 2019 - [info] Slaves settings check done.
Sun Oct 20 12:58:18 2019 - [info]
10.10.75.100(10.10.75.100:3306) (current master)
 +--10.10.75.101(10.10.75.101:3306)
 +--10.10.75.102(10.10.75.102:3306)

Sun Oct 20 12:58:18 2019 - [info] Checking replication health on 10.10.75.101..
Sun Oct 20 12:58:18 2019 - [info]  ok.
Sun Oct 20 12:58:18 2019 - [info] Checking replication health on 10.10.75.102..
Sun Oct 20 12:58:18 2019 - [info]  ok.
Sun Oct 20 12:58:18 2019 - [info] Checking master_ip_failover_script status:
Sun Oct 20 12:58:18 2019 - [info]  /usr/local/scripts/master_ip_failover --command=status
0.10.75.100 --orig_master_port=3306
Checking the Status of the script.. OK
Sun Oct 20 12:58:18 2019 - [info]  OK.
Sun Oct 20 12:58:18 2019 - [warning] shutdown_script is not defined.
Sun Oct 20 12:58:18 2019 - [info] Got exit code 0 (Not master dead).

MySQL Replication Health is OK.
```

图 9-11

如果有报错，就需要根据报错信息来解决。如图 9-12 所示，明显的错误原因是找不到 mysqlbinlog 命令。

```
Sun Oct 20 12:21:42 2019 - [info]   Connecting to root@10.10.75.101(10.10.75.101:22)..
Can't exec "mysqlbinlog": No such file or directory at /usr/local/share/perl5/MHA/BinlogManager.pm line 106.
mysqlbinlog version command failed with rc 1:0, please verify PATH, LD_LIBRARY_PATH, and client options
 at /usr/local/bin/apply_diff_relay_logs line 493
```

图 9-12

解决办法是找到 MySQL 的安装目录，创建适当的软链接：

```
ln -s /usr/local/mysql/bin/mysqlbinlog /usr/local/bin/mysqlbinlog
ln -s /usr/local/mysql/bin/mysql /usr/local/bin/mysql
```

到此为止，基本 MHA 集群配置完毕。

（9）通过一些测试来看一下 MHA 到底是如何进行工作的。

下面将从 MHA 自动 failover、手动 failover、在线切换 3 种方式来介绍 MHA 的工作情况。

使用脚本管理 VIP 的话，第一次需要手动在主服务器上绑定一个 VIP，在 node0 主库上执行添加 VIP 的命令：

```
/sbin/ifconfig eth0:1 10.10.75.123/24
```

通过"ip addr show"验证添加成功，如图 9-13 所示。

```
[root@node0 ~]#  /sbin/ifconfig eth0:1 10.10.75.123/24
[root@node0 ~]# ip addr show
1: lo: <LOOPBACK, UP, LOWER_UP> mtu 16436 qdisc noqueue state UNKNOWN
    link/loopback 00:00:00:00:00:00 brd 00:00:00:00:00:00
    inet 127.0.0.1/8 scope host lo
    inet6 ::1/128 scope host
       valid_lft forever preferred_lft forever
2: eth0: <BROADCAST, MULTICAST, UP, LOWER_UP> mtu 1500 qdisc pfifo_fast state UP qlen 1000
    link/ether 00:0c:29:3e:97:81 brd ff:ff:ff:ff:ff:ff
    inet 10.10.75.100/24 brd 10.10.75.255 scope global eth0
    inet 10.10.75.123/24 brd 10.10.75.255 scope global secondary eth0:1
    inet6 fe80::20c:29ff:fe3e:9781/64 scope link
       valid_lft forever preferred_lft forever
[root@node0 ~]#
```

图 9-13

在管理节点 node2（10.10.75.102）上执行 MHA 的启动：

```
nohup masterha_manager --conf=/etc/mha/mha.conf > /tmp/mha_manager.log < /dev/null 2>&1 &
```

验证启动成功的命令并查看显示状态：

```
masterha_check_status --conf=/etc/mha/mha.conf
```

输出结果如图 9-14 所示，证明 MHA 启动成功。

```
[root@node2 ~]# nohup masterha_manager --conf=/etc/mha/mha.conf > /tmp/mha_manager.log  < /dev/null 2>&1 &
[1] 7227
[root@node2 ~]# masterha_check_status --conf=/etc/mha/mha.conf
mha (pid:7227) is running(0:PING_OK), master:10.10.75.100
[root@node2 ~]#
```

图 9-14

在另外一台机器上执行"mysql -uroot -p123@abc -h10.10.75.123"，正常连接 VIP 地址访问 MySQL 数据库，如图 9-15 所示。

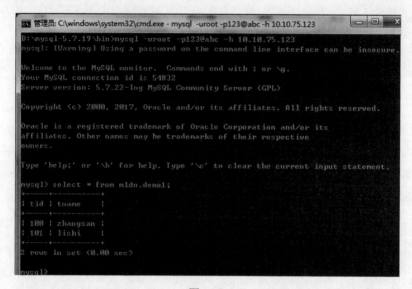

图 9-15

模拟主库故障，查看是否自动切换。在主库 node0（10.10.75.100）上面执行停掉 MySQL 操作的命令"mysqladmin -uroot -p123@abc shutdown"，结果如图 9-16 所示。

```
[ root@node0 ~]# mysqladmin -uroot -p123@abc shutdown
mysqladmin: [Warning] Using a password on the command line interface can be inse
cure.
[ root@node0 ~]# service mysql status
MySQL is not running, but lock file (/var/lock/subsys/mysql[失败]ts
[ root@node0 ~]#
```

图 9-16

在从节点 node1（10.10.75.101）上通过"ip add show"命令查看到，如图 9-17 所示，从节点自动获取了 VIP。

```
[root@node1 ~]# ip addr show
1: lo: <LOOPBACK,UP,LOWER_UP> mtu 16436 qdisc noqueue state UNKNOWN
    link/loopback 00:00:00:00:00:00 brd 00:00:00:00:00:00
    inet 127.0.0.1/8 scope host lo
    inet6 ::1/128 scope host
       valid_lft forever preferred_lft forever
2: eth0: <BROADCAST,MULTICAST,UP,LOWER_UP> mtu 1500 qdisc pfifo_fast state UP ql
en 1000
    link/ether 00:0c:29:2e:0d:69 brd ff:ff:ff:ff:ff:ff
    inet 10.10.75.101/24 brd 10.10.75.255 scope global eth0
    inet 10.10.75.123/24 brd 10.10.75.255 scope global secondary eth0:1
    inet6 fe80::20c:29ff:fe2e:d69/64 scope link
       valid_lft forever preferred_lft forever
```

图 9-17

执行命令"tail -f /usr/local/mha/manager.log"查看 MHA 的 manager 日志, 如图 9-18 所示,
从库 10.10.75.101 转换为新的主库。

```
[root@node2 scripts]# tail -f /usr/local/mha/manager.log
Invalidated master IP address on 10.10.75.100(10.10.75.100:3306)
The latest slave 10.10.75.101(10.10.75.101:3306) has all relay logs for recovery.
Selected 10.10.75.101(10.10.75.101:3306) as a new master.
10.10.75.101(10.10.75.101:3306): OK: Applying all logs succeeded.
10.10.75.101(10.10.75.101:3306): OK: Activated master IP address.
10.10.75.102(10.10.75.102:3306): This host has the latest relay log events.
Generating relay diff files from the latest slave succeeded.
10.10.75.102(10.10.75.102:3306): OK: Applying all logs succeeded. Slave started, replicating from
10.10.75.101(10.10.75.101:3306)
10.10.75.101(10.10.75.101:3306): Resetting slave info succeeded.
Master failover to 10.10.75.101(10.10.75.101:3306) completed successfully.
```

图 9-18

登录从节点 node2 的 MySQL 实例, 通过 "show slave status\G;" 命令查看, 如图 9-19 所
示, 节点 node2 (10.10.75.102) 自动指向新的主库 10.10.75.101。

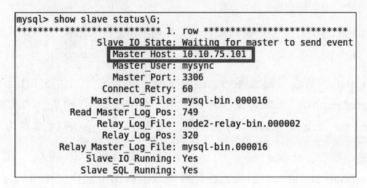

```
mysql> show slave status\G;
*************************** 1. row ***************************
            Slave IO State: Waiting for master to send event
               Master Host: 10.10.75.101
               Master_User: mysync
               Master_Port: 3306
             Connect_Retry: 60
           Master_Log_File: mysql-bin.000016
       Read_Master_Log_Pos: 749
            Relay_Log_File: node2-relay-bin.000002
             Relay_Log_Pos: 320
     Relay_Master_Log_File: mysql-bin.000016
          Slave_IO_Running: Yes
         Slave_SQL_Running: Yes
```

图 9-19

当发生切换后, MHA 进程会自动停止运行, 在管理节点上查看, 如图 9-20 所示。

```
[root@node2 ~]# masterha_check_status --conf=/etc/mha/mha.conf
mha is stopped(2:NOT_RUNNING).
```

图 9-20

把宕掉的主库 node0 (10.10.75.100) 恢复起来, 重新启动 MySQL 服务。现在需要重新指
向现在的新主库 node1 (10.10.75.101), 通过在主库上执行"show master status"命令得到 binlog
文件和 position, 然后在 node1 上重新配置主从关系,重新启动复制,如图 9-21 所示。通过"show
slave status\G;" 验证, 新的一主二从结构完成, 如图 9-22 所示, 主从状态一切正常!

```
mysql> change master to master_host='10.10.75.101',master_user='mysync',master_p
assword='q123456',master_log_file='mysql-bin.000016',master_log_pos=749;
Query OK, 0 rows affected, 2 warnings (0.03 sec)

mysql> start slave;
Query OK, 0 rows affected (0.01 sec)
```

图 9-21

```
mysql> show slave status\G;
*************************** 1. row ***************************
               Slave_IO_State: Waiting for master to send event
                  Master_Host: 10.10.75.101
                  Master_User: mysync
                  Master_Port: 3306
                Connect_Retry: 60
              Master_Log_File: mysql-bin.000016
          Read_Master_Log_Pos: 749
               Relay_Log_File: node0-relay-bin.000002
                Relay_Log_Pos: 320
        Relay_Master_Log_File: mysql-bin.000016
             Slave_IO_Running: Yes
            Slave_SQL_Running: Yes
```

图 9-22

如果还想把 node0（10.10.75.100）变成主库，就需要手动在线执行切换工作。在线进行切换需要调用 master_ip_online_change 脚本。

在管理节点上执行如下命令：

```
masterha_master_switch --conf=/etc/mha/mha.conf --master_state=alive
--new_master_host=10.10.75.100 --orig_master_is_new_slave
```

- --master_state: 代表当前主库的状态为 alive，本例中 10.10.75.101 为当前主库。
- --new_master_host: 代表切换后的新主库，本例中是 10.10.75.100。
- --orig_master_is_new_slave: 切换时加上此参数将原 master 主库变为 slave 从节点。

故障切换时，候选 master 延迟的话，MHA 切换将不能成功。可以加一个参数 --running_updates_limit=10000，表示延迟在此时间范围内都可切换（单位为 s），但是切换的时间长短由恢复时 relay 日志的大小决定。

结果显示输出成功。命令输出结果较长，限于篇幅原因，这里只显示最后一部分内容，如图 9-23 所示。

```
Sun Oct 20 17:34:30 2019 - [info] -- Slave switch on host 10.10.75.102(10.10.75.102:3306)
 succeeded.
Sun Oct 20 17:34:30 2019 - [info] Unlocking all tables on the orig master:
Sun Oct 20 17:34:30 2019 - [info] Executing UNLOCK TABLES..
Sun Oct 20 17:34:30 2019 - [info]  ok.
Sun Oct 20 17:34:30 2019 - [info] Starting orig master as a new slave..
Sun Oct 20 17:34:30 2019 - [info] Resetting slave 10.10.75.101(10.10.75.101:3306) and st
arting replication from the new master 10.10.75.100(10.10.75.100:3306)..
Sun Oct 20 17:34:30 2019 - [info]  Executed CHANGE MASTER.
Sun Oct 20 17:34:30 2019 - [info]  Slave started.
Sun Oct 20 17:34:30 2019 - [info] All new slave servers switched successfully.
Sun Oct 20 17:34:30 2019 - [info]
Sun Oct 20 17:34:30 2019 - [info] * Phase 5: New master cleanup phase..
Sun Oct 20 17:34:30 2019 - [info]
Sun Oct 20 17:34:30 2019 - [info]  10.10.75.100: Resetting slave info succeeded.
Sun Oct 20 17:34:30 2019 - [info] Switching master to 10.10.75.100(10.10.75.100:3306) com
pleted successfully.
```

图 9-23

如果手动在线切换时有如图 9-24 所示的报错信息，就根据提示执行 "rm -f /usr/local/mha/mha.failover.complete" 命令，然后重新手动切换。

```
Sun Oct 20 18:57:56 2019 - [error][/usr/local/share/perl5/MHA/MasterFailover.pm, ln309] Last
failover was done at 2019/10/20 13:09:23. Current time is too early to do failover again. If
you want to do failover, manually remove /usr/local/mha/mha.failover.complete and run this sc
ript again.
```

图 9-24

在两个从库上执行"show slave status\G;"命令查看主从状态,如图 9-25 所示,已经指向新的主库 10.10.75.100。在 node0 上执行"ip addr show"命令查看 VIP 是否切换,将会看到 VIP 已经从 10.10.75.101 切换到 10.10.75.100 上。

```
mysql> show slave status\G;
*************************** 1. row ***************************
               Slave_IO_State: Waiting for master to send event
                  Master_Host: 10.10.75.100
                  Master_User: mysync
                  Master_Port: 3306
                Connect_Retry: 60
              Master_Log_File: mysql-bin.000019
          Read_Master_Log_Pos: 628
               Relay_Log_File: node2-relay-bin.000002
                Relay_Log_Pos: 320
        Relay_Master_Log_File: mysql-bin.000019
             Slave_IO_Running: Yes
            Slave_SQL_Running: Yes
```

图 9-25

155

第 10 章

MySQL Group Replication

MySQL Group Replication（MGR）是 MySQL 官方于 2016 年 12 月推出的一个全新的高可用的解决方案。MGR 被认为是继 Oracle Database RAC 之后又一个"真正"的集群，也是 MySQL 官方基于组复制概念并充分参考 MariaDB Galera Cluster 和 Percona XtraDB Cluster 结合而来的新的高可用集群架构。它是官方推出的一种基于 Paxos 协议的状态机复制，彻底解决了基于传统的异步复制和半同步复制中数据一致性问题无法保证的情况，让 MySQL 数据库打开互联网金融行业的大门。

10.1　MGR 概述

长期以来 MySQL 官方都缺少原生的 MySQL 集群多活且能提供强一致性的解决方案，所以第三方公司基于 Galera 协议的 Percona XtraDB Cluster（PXC）积累了很多客户案例。 2016 年 12 月 12 日 Oracle 发布了 MySQL Group Replication 的首个 GA 版本，并且提供了自家对比 Galera 的性能测试。MGR 作为官方力推的明星产品，的确具备了与市场老牌产品（如 PXC）竞争的资格。MGR 是基于 Paxos 分布式一致性协议的高可用解决方案，完美地解决了 MySQL 在一致性与高可用方面的缺陷。未来 MGR 方案大概率将成为银行、保险、证券等金融业务的高可用和容灾解决方案。

在 MGR 出现之前，常见的 MySQL 高可用方式无论怎么变化架构本质都是 Master-Slave 架构。虽然 MySQL 5.7 支持无损半同步复制（lossless semi-sync replication），但是 Master-Slave 始终无法解决选主（Leader Election）问题，特别是由于网络分区发生脑裂时，目前大多数高可用解决方案都会导致双写问题，这在金融场景下显然是无法接受的。为避免此问题的发生，有时不得不强行关闭一台服务，从而保证同一时间只有一个节点可以写入，然而这时数据库集群可用性又可能会受到极大的影响。MongoDB 等出现之后通过 Raft 协议来进行选主，从而避免脑裂问题的产生，然而采用的依然是单写场景，即一个高可用集群下写入依然是单个节点。

MGR 的解决方案现在来看非常完美，在多写模式下支持集群中的所有节点都可以写入，特点如下：

（1）支持多节点并发地执行事务。MGR 是多节点多副本的集群，有多少个节点，就有多少份数据。节点之间的数据是最终完全一致的。所以，要支持从多个节点并发执行事务，通过 Paxos 协议保证从各个节点并发执行的事务在每个节点都以相同的顺序被执行/应用,这样节点之间的数据才能最终一致。

（2）自动事务冲突检测。在高并发的多写模式（MGR 的一种运行模式）下,节点间事务的提交可能会产生冲突。比如,两个不同的事务在两个节点上操作了同一行数据,这个时候就会产生冲突。假设事务 A 在 A 节点执行,事务 B 在 B 节点执行,两个事务更新同一条记录。在事务的执行阶段,这两个事务是完全独立的,相互不可见,完全感知不到对方的存在。只有当事务执行到 binlog 提交的阶段,将事务的日志通过 Paxos 协议广播到对方节点之后,它们才能感知到对方的存在。利用这些日志,MGR 就能验证事务 A 跟事务 B 是否有冲突,这就是冲突检查机制。然后采用乐观策略:依赖事务提交的时间先后顺序,先发起提交的节点正确提交,后面提交的会失败。

（3）数据强一致性保障。如果使用 MySQL 主从做高可用方案,有时需要避免一些情况的发生:主库服务器在宕机之前没有将所有的日志发送给从库,此时启用从库作为主库,数据将丢失;新主库跟老主库双活,并都有流量写入,就是通常所说的“脑裂”。切换程序以为老主库宕掉了,但实际上没有宕机,两边都有业务流量,数据的一致性将严重破坏。MGR 在传输数据时使用 Paxos 协议,保证数据传输的一致性和原子性。

（4）容错性高。这是 Paxos 协议的多数派原则,当单个节点故障时,不影响集群整体可用性,只要没有超过半数的节点宕机就可以。MGR 可以识别出组内成员是否挂掉（组内节点心跳检测）。一个节点失效后,将由其他节点决定是否将这个失效的节点从组里剔除。

10.2　MGR 基本原理

首先,我们看一下传统的异步复制。异步复制提供了一种简单的主从复制方法,在一个主库（master）和一个或者多个备库之间,主库执行并提交了事务,却不检测其从库上的同步情况,即 master 并不关心 slave 是否接收到 master 的 binlog。slave 接收到 master binlog 后先写 relay-log,再异步地去执行 relay-log 中的 SQL 应用到自身。由于 master 的提交不需要确保 slave relay-log 是否被正确接收,因此当 slave 接收 master binlog 失败时 master 无法感知。异步复制工作流程如图 10-1 所示。

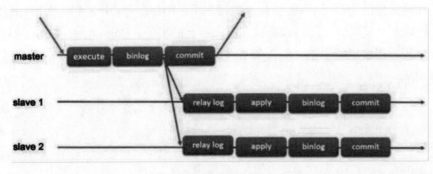

图 10-1

假设 master 发生宕机并且 binlog 还没来得及被 slave 接收，而切换程序将 slave 提升为新的 master，就会出现数据不一致的情况。另外，在高并发高负载的情况下，主从产生延迟一直是传统异步复制的诟病。

基于传统异步复制存在的缺陷，MySQL 以插件的形式实现了一个变种的同步方案，即半同步（semi-sync replication）。这个插件在源生的异步复制上添加了一个同步的过程。如图 10-2 所示，事务在本地节点提交时先生成 binlog，然后传递给从库，当从库接收到主库的变更（事务）时，生成 relay log，再通知主库已经收到 binlog，接着主库继续提交事务，将事务提交流程走完。

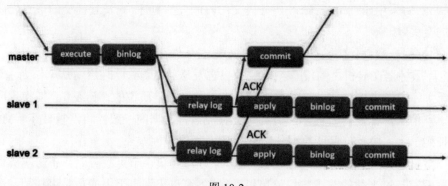

图 10-2

半同步复制只确保一个 slave 能够收到 relay-log，在多 slave 的场景下不能保证其他节点也正确收到 relay-log。当发生 master 切换后，半同步复制一样也会出现数据不一致的情况。

传统异步复制和半同步复制的缺陷是数据的一致性问题无法保证，MySQL 官方在 5.7.17 版本正式推出组复制（MySQL Group Replication，MGR）。一个复制组由若干个节点（数据库实例）组成，组内各个节点维护各自的数据副本，依靠分布式一致性协议（Paxos 协议的变体）实现了分布式下数据的最终一致性。这也是一个无共享的复制方案，每一个节点都保存了完整的数据副本，提供了真正的数据高可用方案。

在 MGR 中，一个事务必须经过组内大多数节点决议并通过才能得以提交。简要地说，当客户端发起一个更新事务时，该事务先在本地执行，执行完成之后就发起对事务的提交操作。在还没有真正提交之前，需要将产生的复制写集广播出去，复制到其他成员。如果冲突检测成功，则组内决定该事务可以提交，其他成员可以应用，否则就回滚。最终所有组内成员以相同的顺序应用相同的修改，保证组内数据强一致性。如图 10-3 所示，由 3 个节点 Master1、Master2 和 Master3 组成一个复制组，所有成员独立完成各自的事务。Consensus 层为一致性协议层，在事务提交过程中产生组间通信，由 2 个节点决议（certify）通过这个事务，事务才能够最终得以提交并响应。

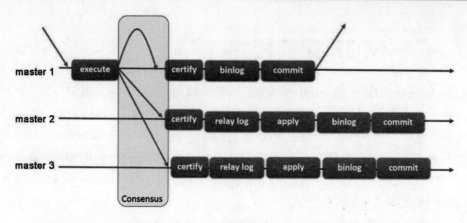

图 10-3

从图 10-3 可以看出，MGR 和半同步复制的差异在 binlog 日志生成的时间点上。MGR 在事务执行后，提交时先将事务日志写入本地的广播通道，然后事务日志通过 Paxos 协议进行全局一致性广播，广播完成之后，再进行事务间的冲突验证。如果验证通过，事务发起节点的用户线程继续提交该事务，然后生成 binlog 日志；其他节点在事务验证通过之后将事务日志转换成 relay-log。如果事务验证失败，则事务的发起节点回滚该事务；其他节点将事务日志丢弃，不再转换成 relay-log。这样就保证了节点间数据的一致性。

MGR 的工作模式相当于在事务进行 binlog 提交的入口处设置了一个门闸，或者说是一个检查站。事务提交时，检查站会对事务进行验证，流程是：先将事务日志通过 Paxos 协议进行全局一致性广播；广播完成之后对这个事务进行事务间的冲突检测；如果检测通过，就放行，事务继续提交；如果不通过，事务就回滚。这就是 MGR 的工作机制。

从 MGR 工作的原理可以看出，Group Replication 基于 Paxos 协议的一致性算法校验事务执行是否有冲突，然后顺序执行事务，达到最终的数据一致性。组内其他节点只要验证成功了，就会返回成功的信号，即使当前数据并没有真正写入当前节点，所以这里的全同步复制其实还是虚拟的全同步复制。

MGR 还可以通过设置参数 group_replication_single_primary_mode 来进行控制是多主同时写入还是单主写入。在生产环境里，对数据延迟要求很苛刻的情况下，官方推荐单主写入，即建议在一个主节点上读写，避免造成数据不一致的情况发生。

此外，Group Replication 内部实现了限流措施，作用就是协调各个节点，保证所有节点执行事务的速度大于队列增长速度，从而避免丢失事务。实现原理很简单：在整个 Group Replication 集群中，同时只有一个节点可以广播消息（数据），每个节点都会获得广播消息的机会（获得机会后也可以不广播），当慢节点的待执行队列超过一定长度后，它会广播一个 FC_PAUSE 消息，所以节点收到消息后会暂缓广播消息，并不提供写操作，直到该慢节点的待执行队列长度减小到一定长度后 Group Replication 数据同步才开始恢复。

10.3 MGR 服务模式

MySQL 组复制支持 single-primary（单主）模式和 multi-primary（多主）模式两种工作方式，默认是单主模式，也是官方推荐的组复制模式。在单主模式下，组内只有一个节点负责写入，但可以从任意一个节点读取，组内数据保持最终一致；多主模式即为多写方案，写操作会下发到组内所有节点，组内所有节点同时可读可写，也能够保证组内数据的最终一致性。MySQL 参数配置文件 my.cnf 里的配置项 group_replication_single_primary_mode 用来配置节点到底是运行在单主模式还是多主模式。

注意，一个 MGR 的所有节点必须配置使用同一种模式，不可混用。比如说 A、B、C 三个节点组成一个 MGR 组，要么都运行在单主模式下，要么都运行在多主模式下。无论部署模式如何，组复制不处理客户端故障切换，必须由应用程序本身或中间件框架来处理。

10.3.1 单主模式

在此模式下，只有一个节点 primary，主节点提供更新服务，组中的其他节点都自动设置为只读模式，即所有其他加入的节点自动识别主节点并设置自己为只读。主节点意外宕机或者下线时，在满足大多数节点存活的情况下，内部发起选举，选出下一个可用的读节点，提升为主节点。

如图 10-4 所示，在单主模式下，当 master 主节点故障时，会自动选举一个新的 master 主节点，选举成功后，它将设置为可写，其他 slave 将指向这个新的 master。选择主节点的方法很简单——按字典顺序（使用其 UUID）选择 UUID 最小的成员作为主节点。

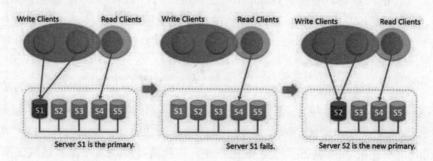

图 10-4

在切换主节点期间，MGR 机器不会处理应用重连接到新的主节点，这需要应用层自己来做或者由中间件 Proxy 去保证。

10.3.2 多主模式

在多主模式下，没有单个主模式的概念，组中所有成员同时对外提供查询和更新服务，没有主从之分，也没有选举程序，因为没有节点发挥任何特殊的作用。加入组时，所有服务器都设置为读写模式。

多主模式在使用时有一些限制：

（1）不支持 SERIALIZABLE 串行隔离级，因为在 MGR 多主模式时，多个成员节点之间的并发操作至少目前无法通过锁来实现串行的隔离级别。

（2）不能完全支持级联外键约束。

（3）不支持在不同节点上对同一个数据库对象并发执行 DDL。并行执行 DDL 可能导致数据一致性等方面的错误，目前不支持在多节点同时执行同一对象的 DDL。

以上限制检查可以通过选项参数 group_replication_enforce_update_everywhere_checks 来开启（在单主模式部署，该选项必须设置为 FALSE）。

10.4　MGR 的注意事项

（1）在 MGR 集群中，只支持 InnoDB 存储引擎的表，并且该表必须有显式的主键。

（2）MGR 组通信引擎目前仅支持 IPv4 网络，并且对节点间的网络性能要求较高，低延迟、高带宽的网络是部署 MGR 集群的基础。

（3）在 MGR 多主模式下，一个事务在执行时并不会做前置的检查，但是在提交阶段会和其他节点通信，对该事务是否能够提交达成一个决议。在多个节点对相同记录进行修改，在提交时会进行冲突检测，首先提交的事务将获得优先权。例如，对同一条记录的修改，t1 事务先于 t2 事务，那么 t1 事务在冲突检测后获得执行权，顺利提交，而 t2 事务进行回滚。显然，在这种多点写入条件下对同一条记录的并发修改会大量回滚，导致性能很低。MySQL 官方建议将这种对于同一条记录的修改放在同一个节点执行，这样可以利用节点本地锁来进行同步等待、减少事务回滚、提高性能。

（4）在多主模式下可能导致死锁。比如 select ...for update 在不同节点执行，由于多节点锁无法共享，因此很容易导致死锁。

（5）MGR 集群目前最多支持 9 个节点，大于 9 个节点时将拒绝新节点的加入。

（6）整个集群的写入吞吐量是由最弱的节点限制，如果有一个节点变得缓慢（比如硬盘故障），那么整个集群将是缓慢的。为了稳定的高性能要求，所有的节点应使用统一的硬件。

（7）MGR 集群自身不提供 VIP 机制，需要结合第三方软件（如 HAProxy+自定义脚本）实现秒级故障切换。

MGR 的发布所带来的意义在于完成了真正的多节点读写的集群方案，基于原生复制及 Paxos 协议的组复制技术，并以插件的方式提供，实现了数据的强一致性。它的扩展性很强，是因为是多节点读写，Failover 切换变得更加简单，增加和删除节点也非常简单，能自动完成同步数据和更新组内信息的操作。

10.5 MGR 部署实战

MGR 集群要求 MySQL 实例至少需要 3 个，环境部署如图 10-5 所示，3 个节点已安装好 MySQL 5.7.22（MySQL 安装在/usr/local/mysql 下，MySQL 数据库文件存放在/data/mysql 下），所有节点必须在/etc/hosts 文件中配置 IP 地址与 hostname 主机名的映射关系，因为组复制通信是通过 hostname 来找到其他成员机器，然后与之通信的。同时建议关闭 iptables 和 SELINUX，实战部署的是多主模式，所有节点都是可读写并且数据是最终一致的。

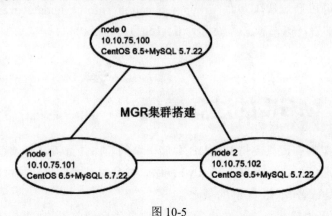

图 10-5

（1）在 3 个节点分别配置好参数文件，配置完成之后重启数据库。

Node0 服务器（10.10.75.100）的 MySQL 参数配置文件 my.cnf 的内容如下：

```
############MGR 集群参数配置##################
[mysqld]
#####通用选项######
server-id= 100 ##每台主机的 server-id 请设置为不一样
character_set_server=utf8
max_allowed_packet = 16M
lower_case_table_names=1
basedir=/usr/local/mysql
datadir=/data/mysql
log-error=/data/mysql/error.log
sql_mode=NO_ENGINE_SUBSTITUTION,STRICT_TRANS_TABLES
########innodb settings########
innodb_flush_log_at_trx_commit = 1 ##改为1 是为了更安全，值为 2 是性能
innodb_buffer_pool_size=1024M
#####replication 复制配置##############
log-bin = mysql-bin
##将从服务器从主服务器收到的更新记入到从服务器自己的二进制日志文件中
log_slave_updates = ON
```

```
##sync_binlog 改为 1 是为了更安全
sync_binlog=1
##MGR 使用乐观锁, 所以官网建议隔离级别是 RC, 减少锁粒度############
transaction_isolation = READ-COMMITTED
#### MGR 必须设置 binlog 格式为 row #########
binlog_format = row
####binlog 校验规则, MGR 要求使用 NONE###################
binlog_checksum = NONE
######首先 MGR 是一定要用 GTID 的, 所以 GTID 要开启 #############
gtid_mode=on
enforce_gtid_consistency= ON
###基于安全的考虑, MGR 集群要求把主从复制信息记录到表中#############
master_info_repository = TABLE
relay_log_info_repository = TABLE
##必须为每个事务收集写集合, 使用 XXHASH64 哈希算法将其编码为散列##
transaction_write_set_extraction = XXHASH64
##MGR GROUP 的名字, 格式和 server-uuid 一致, 不能和机器上 MySQL 实例 uuid 重复
loose-group_replication_group_name ='aaaaaaaa-aaaa-aaaa-aaaa-aaaaaaaaaaaa'
##IP 地址白名单
loose-group_replication_ip_whitelist = '10.10.75.0/24'
# #不要在重启 mysql 服务时自动开启组复制
loose-group_replication_start_on_boot = off
loose-group_replication_bootstrap_group = off
##本地 MGR 实例控制的 IP 地址和端口, 这个是 MGR 的服务端口, 不是数据库的端口
##要保证这个端口没有被使用, 是 MGR 互相通信使用的端口
loose-group_replication_local_address = '10.10.75.100:33061' ##写自己主机所在 IP
##需要接受本 MGR 实例控制的服务器 IP 地址和端口, 这个是 MGR 的端口
loose-group_replication_group_seeds='10.10.75.100:33061,10.10.75.101:33061,
10.10.75.102:33061'
##如果为 false 就是多主模式, 单主模式为 true
loose-group_replication_single_primary_mode = false
#多主模式下, 强制检查每一个实例是否允许该操作, 如果不是多主可以关闭
loose-group_replication_enforce_update_everywhere_checks = true
##########配置完毕####################
```

MGR 中本地成员的地址由参数 group_replication_local_address 决定, IP 地址后面的端口是每个节点都需要一个独立的 TCP 端口号, 节点之间通过这个端口号进行通信。节点 node1 配置文件和 node0 中不同的是把 loose-group_replication_local_address 修改为 "10.10.75.101:33061", server-id 的值为 101, 节点 node2 配置文件和 node0 中不同的是把 loose-group_replication_local_address 修改为 "10.10.75.102:33061", server-id 的值为 102。参数 loose-group_replication_group_name 的值是通过 select uuid()生成的, 并且整个 MGR 集群中是

唯一的，所以其他组成员应该将这个参数的值配置成跟第一台启动 MGR 集群的值一样。参数 group_replication_start_on_boot 设置为 off，不建议随系统启动的原因是怕故障恢复时的极端情况下影响数据准确性，另外也怕一些添加或移除节点的操作被这个参数影响到。参数 group_replication_single_primary_mode 的值取决于想用的是多主模式还是单主模式。如果是单主模式就类似于半同步复制，但是比半同步要求更高，因为需要集群内过半数的服务器写入成功后主库才会返回写入成功，数据一致性也更高，通常生产环境中也更推荐这种使用方法。如果是多主模式，看上去性能更高，但是事务冲突的概率也更高，对于高并发环境，更加可能是致命的。对于 group_replication_enforce_update_everywhere_checks 的值，如果是单主模式，因为不存在多主同时操作的可能，所以这个强制检查是可以关闭的；多主模式下是必须开的，不开的话数据就可能出现错乱。

注意，加载到参数文件里面，需要在每个参数的前面加 loose。

（2）在三个节点上分别创建复制账号。即创建一个用户来做同步的用户并授权，所有集群内的服务器都需要做。特别要引起注意的是，用户密码修改和创建用户操作必须设置 binlog 不记录，执行后再打开，否则会引起 START GROUP_REPLICATION 执行时报错。

```
set sql_log_bin=0;
grant replication slave on *.* to rpl_user@'%' identified by '1234@pass';
flush privileges;
set sql_log_bin=1;
```

如果节点曾经做过 GTID 复制，可能需要执行“reset master;”命令，清空所有旧的 GTID 信息避免冲突。

（3）集群内每台主机都需要先安装组复制插件，命令如下：

```
INSTALL PLUGIN group_replication SONAME 'group_replication.so';
```

MySQL 组复制是一个 MySQL 插件，利用了基于行格式的二进制日志和 GTID 等特性。如图 10-6 所示，执行“show plugins”命令查看 MySQL 已经安装的插件。

```
| CSV                        | ACTIVE   | STORAGE ENGINE     | NULL
  | GPL     |
| PERFORMANCE_SCHEMA         | ACTIVE   | STORAGE ENGINE     | NULL
  | GPL     |
| BLACKHOLE                  | ACTIVE   | STORAGE ENGINE     | NULL
  | GPL     |
| partition                  | ACTIVE   | STORAGE ENGINE     | NULL
  | GPL     |
| ARCHIVE                    | ACTIVE   | STORAGE ENGINE     | NULL
  | GPL     |
| FEDERATED                  | DISABLED | STORAGE ENGINE     | NULL
  | GPL     |
| ngram                      | ACTIVE   | FTPARSER           | NULL
  | GPL     |
| rpl_semi_sync_master       | ACTIVE   | REPLICATION        | semisync_master.so
  | GPL     |
| group_replication          | ACTIVE   | GROUP REPLICATION  | group_replication.
so | GPL    |
+----------------------------+----------+--------------------+-------------------
---+---------+
46 rows in set (0.01 sec)
```

图 10-6

（4）创建同步规则认证信息，和一般的主从规则写法不太一样：

```
change master to master_user='rpl_user',master_password='1234@pass' for
channel 'group_replication_recovery';
```

每个节点上都要配置，MGR 需要这个异步复制通道实现新节点加入集群自动从其他节点复制数据的目的，不需要手动指定从哪个节点复制，当一个成员加入组时会收到组内其他成员的配置信息。

（5）启动 MGR 集群中的第一个节点，注意启动 MGR 是要注意顺序的。因为需要有其中一台数据库做引导，其他数据库才可以顺利加入进来。特别是单主模式，主库一定要先启动并做引导。

在 node0 节点上执行，启动引导做初始化操作。注意，只有首个节点开启引导初始化操作，命令如下：

```
set  global group_replication_bootstrap_group=ON;
```

然后启动 MGR，命令如下：

```
START GROUP_REPLICATION;
```

查看是否启动成功，命令如下：

```
SELECT * FROM performance_schema.replication_group_members;
```

结果如图 10-7 所示，看到 replication_group_members 表中 MEMBER_STATE 字段状态为 ONLINE。这时就可以先关闭初始化引导操作了，命令如下：

```
SET GLOBAL group_replication_bootstrap_group=OFF;
```

```
mysql> set  global group_replication_bootstrap_group=ON;
Query OK, 0 rows affected (0.00 sec)

mysql> START GROUP_REPLICATION;
Query OK, 0 rows affected (2.33 sec)

mysql> SELECT * FROM performance_schema.replication_group_members;
+--------------------------+--------------------------------------+-------------+-------------+--------------+
| CHANNEL_NAME             | MEMBER_ID                            | MEMBER_HOST | MEMBER_PORT | MEMBER_STATE |
+--------------------------+--------------------------------------+-------------+-------------+--------------+
| group_replication_applier | f36c9fb6-dd28-11e9-9929-000c293e9781 | node0       |        3306 | ONLINE       |
+--------------------------+--------------------------------------+-------------+-------------+--------------+
1 row in set (0.00 sec)

mysql> SET GLOBAL group_replication_bootstrap_group=OFF;
Query OK, 0 rows affected (0.00 sec)
```

图 10-7

（6）分别启动 MGR 集群其余节点。

在 node1（10.10.75.101）节点和 node2（10.10.75.102）节点上分别启动：

165

```
START GROUP_REPLICATION;
```

启动成功之后查看节点状态信息，命令如下：

```
SELECT * FROM performance_schema.replication_group_members;
```

节点状态信息如图 10-8 所示，看到 3 个成员的状态 MEMBER_STATE 全部都是 online 就是成功连接上了，开始正常工作，如此就真正实现了多节点的读写操作。如果出现故障，是会被剔除出集群的并且在本机上会显示 error，这时就需要去看本机的 MySQL 报错日志 mysql.err。

```
mysql> SELECT * FROM performance_schema.replication_group_members;
+---------------------------+--------------------------------------+-------------+-------------+--------------+
| CHANNEL_NAME              | MEMBER_ID                            | MEMBER_HOST | MEMBER_PORT | MEMBER_STATE |
+---------------------------+--------------------------------------+-------------+-------------+--------------+
| group_replication_applier | c3d2ac29-df4b-11e8-8469-000c292e0d69 | node1       |        3306 | ONLINE       |
| group_replication_applier | e016d939-f23d-11e9-be9d-000c29fad3f6 | node2       |        3306 | ONLINE       |
| group_replication_applier | f36c9fb6-dd28-11e9-9929-000c293e9781 | node0       |        3306 | ONLINE       |
+---------------------------+--------------------------------------+-------------+-------------+--------------+
3 rows in set (0.00 sec)
```

图 10-8

至此，MGR 搭建完成。可以做 MGR 集群功能测试：比如在 node0 上创建测试库和测试表，在 node1 和 node2 上分别查看是否已经同步过来；比如模拟节点 node1 上数据库服务宕机，在节点 node2 上继续插入数据，当重新启动 node1 节点上的 mysql 数据库服务时，再次查看组成员，发现已重新加入组。

（7）关闭和重启 MGR 集群。

如果从库某一节点关闭，执行操作命令 "stop group_replication;"。所有的库都关闭后，第一个库作为主库，则要首先执行如下命令：

```
set global group_replication_bootstrap_group=ON;
start group_replication;
set global group_replication_bootstrap_group=OFF;
```

剩下的库直接执行 "start group_replication;" 即可。

对参数 group_replication_bootstrap_group 也需要特别谨慎，这个参数设置不正确可能会造成某个节点数据丢失。原因就是当参数 group_replication_bootstrap_group 设置为 on 的时候，执行 start group_replication 命令，当前节点会作为初始节点启动一个新的 MGR 集群，同时该节点的 gtid_executed 会增加一个事务。如果忽略这点，就很容易犯错误，造成某个节点数据丢失。所以，我们在参数文件中将该参数设置为 off，集群的初始节点启动完毕后，该参数立即再设置为 off。

10.6 MGR 的监控

组复制的状态信息被保存在 performance_schema 这个系统数据库下的 replication_group_members、replication_group_member_stats 等几个表中，可以进行 SQL 语句查询。

可以通过 SQL 语句"select * from performance_schema.replication_group_members;"来查看所有组内成员是否都是 ONLINE 状态，如图 10-9 所示。

```
mysql> SELECT * FROM  performance_schema.replication_group_members;
+---------------------------+--------------------------------------+-------------+-------------+--------------+
| CHANNEL_NAME              | MEMBER_ID                            | MEMBER_HOST | MEMBER_PORT | MEMBER_STATE |
+---------------------------+--------------------------------------+-------------+-------------+--------------+
| group_replication_applier | c3d2ac29-df4b-11e8-8469-000c292e0d69 | node1       |        3306 | ONLINE       |
| group_replication_applier | e016d939-f23d-11e9-be9d-000c29fad3f6 | node2       |        3306 | ONLINE       |
| group_replication_applier | f36c9fb6-dd28-11e9-9929-000c293e9781 | node0       |        3306 | ONLINE       |
+---------------------------+--------------------------------------+-------------+-------------+--------------+
3 rows in set (0.00 sec)
```

图 10-9

查看组中的同步情况、当前复制状态，执行命令"select * from performance_schema.replication_group_member_stats\G;"，结果如图 10-10 所示。其中，参数字段代表的意义如表 10-1 所示。

```
mysql> select * from performance_schema.replication_group_member_stats\G;
*************************** 1. row ***************************
                        CHANNEL_NAME: group_replication_applier
                             VIEW_ID: 15721429574286332:9
                           MEMBER_ID: f36c9fb6-dd28-11e9-9929-000c293e9781
           COUNT_TRANSACTIONS_IN_QUEUE: 0
            COUNT_TRANSACTIONS_CHECKED: 3
             COUNT_CONFLICTS_DETECTED: 0
  COUNT_TRANSACTIONS_ROWS_VALIDATING: 0
  TRANSACTIONS_COMMITTED_ALL_MEMBERS: aaaaaaaa-aaaa-aaaa-aaaa-aaaaaaaaaaaa: 1-12
        LAST_CONFLICT_FREE_TRANSACTION: aaaaaaaa-aaaa-aaaa-aaaa-aaaaaaaaaaaa: 12
1 row in set (0.00 sec)

ERROR:
No query specified
```

图 10-10

表 10-1　同步情况与复制状态参数

参数	描述
CHANNEL_NAME	通道名称
VIEW_ID	事务 ID：前缀部分由组初始化时产生，为当时的时间戳，组存活期间该值不分发生变化。所以，该字段可用于区分两个视图是否为同一个组的不同时间点；后缀部分在每次视图更改时会触发一次更改，从 1 开始单调递增
MEMBER_ID	实例的 UUID，每个成员都有不同的值
COUNT_TRANSACTIONS_IN_QUEUE	待处理冲突检测的队列中的事务数。一旦检测到事务的冲突并通过检测，它们就会排队等待提交
COUNT_TRANSACTIONS_CHECKED	已检测冲突的事务数
COUNT_CONFLICTS_DETECTED	未通过冲突检测的事务数
COUNT_TRANSACTIONS_ROWS_VALIDATING	用于认证但未进行垃圾回收的事务数量
TRANSACTIONS_COMMITTED_ALL_MEMBERS	已在复制组的所有成员上成功提交的事务
LAST_CONFLICT_TRANSACTION	已检测的最后一个无冲突事务的事务标识符

如图 10-11 所示，单主模式下可以直接执行如下 SQL 语句来查找哪个才是主节点：

```
SELECT * FROM performance_schema.replication_group_members WHERE MEMBER_ID =
(SELECT VARIABLE_VALUE FROM performance_schema.global_status WHERE VARIABLE_NAME=
'group_replication_primary_member');
```

```
mysql> SELECT * FROM performance_schema.replication_group_members
    -> WHERE MEMBER_ID = (SELECT VARIABLE_VALUE FROM performance_schema.global_status
    -> WHERE VARIABLE_NAME= 'group_replication_primary_member');
+-------------------------+--------------------------------------+-------------+-------------+--------------+
| CHANNEL_NAME            | MEMBER_ID                            | MEMBER_HOST | MEMBER_PORT | MEMBER_STATE |
+-------------------------+--------------------------------------+-------------+-------------+--------------+
| group_replication_applier | f36c9fb6-dd28-11e9-9929-000c293e9781 | node0       |        3306 | ONLINE       |
+-------------------------+--------------------------------------+-------------+-------------+--------------+
1 row in set (0.00 sec)
```

图 10-11

关于检查本节点是不是 online 以及节点是不是可以写入的 SQL 语句如下：

```
select member_state from performance_schema.replication_group_members where
member_id=@@server_uuid;
select * from performance_schema.global_variables where variable_name in
('read_only', 'super_read_only');
```

检查结果如图 10-12 所示。节点状态是 ONLINE，表示属于集群中，正常工作；节点不可写，read_only 为 ON，表示是单主模式中的非主节点。

```
mysql> select member_state from performance_schema.replication_group_members whe
re member_id=@@server_uuid;
+--------------+
| member_state |
+--------------+
| ONLINE       |
+--------------+
1 row in set (0.00 sec)

mysql> select * from performance_schema.global_variables where variable_name in
('read_only', 'super_read_only');
+-----------------+----------------+
| VARIABLE_NAME   | VARIABLE_VALUE |
+-----------------+----------------+
| read_only       | ON             |
| super_read_only | ON             |
+-----------------+----------------+
2 rows in set (0.00 sec)
```

图 10-12

执行"SELECT * FROM   performance_schema.replication_connection_status\G;"，结果如图 10-13 所示，显示有关组复制的信息，例如已从组接收并在应用程序队列中排队的事务（中继日志）。参数字段的含义如表 10-2 所示。

```
mysql> SELECT * FROM  performance_schema.replication_connection_status\G;
*************************** 1. row ***************************
            CHANNEL_NAME: group_replication_applier
              GROUP_NAME: aaaaaaaa-aaaa-aaaa-aaaa-aaaaaaaaaaaa
             SOURCE_UUID: aaaaaaaa-aaaa-aaaa-aaaa-aaaaaaaaaaaa
               THREAD_ID: NULL
           SERVICE_STATE: ON
 COUNT_RECEIVED_HEARTBEATS: 0
 LAST_HEARTBEAT_TIMESTAMP: 0000-00-00 00:00:00
 RECEIVED_TRANSACTION_SET: aaaaaaaa-aaaa-aaaa-aaaa-aaaaaaaaaaaa: 1-15
        LAST_ERROR_NUMBER: 0
       LAST_ERROR_MESSAGE:
     LAST_ERROR_TIMESTAMP: 0000-00-00 00:00:00
*************************** 2. row ***************************
            CHANNEL_NAME: group_replication_recovery
              GROUP_NAME:
             SOURCE_UUID:
               THREAD_ID: NULL
           SERVICE_STATE: OFF
 COUNT_RECEIVED_HEARTBEATS: 0
 LAST_HEARTBEAT_TIMESTAMP: 0000-00-00 00:00:00
 RECEIVED_TRANSACTION_SET:
        LAST_ERROR_NUMBER: 0
       LAST_ERROR_MESSAGE:
     LAST_ERROR_TIMESTAMP: 0000-00-00 00:00:00
2 rows in set (0.00 sec)

ERROR:
No query specified
```

图 10-13

表 10-2 参数字段含义

参数	描述
CHANNEL_NAME	通道名称
GROUP_NAME	组名
SOURCE_UUID	源 UUID
THREAD_ID	I/O 线程 ID 号
SERVICE_STATE	ON（线程存在且处于活动状态或空闲状态），OFF（线程不再存在）或 CONNECTING（线程存在且正在连接到主服务器）
COUNT_RECEIVED_HEARTBEATS	
LAST_HEARTBEAT_TIMESTAMP	从库自上次重新启动或重置或发出 CHANGE MASTER TO 语句以来收到的心跳信号总数
RECEIVED_TRANSACTION_SET	从库接收的所有事务对应的 GTID 集
LAST_ERROR_NUMBER	导致 I/O 线程停止的最新错误的错误号
LAST_ERROR_MESSAGE	导致 I/O 线程停止的最新错误的错误消息
LAST_ERROR_TIMESTAMP	YYMMDD HH:MM:SS 格式的时间戳，显示最近的 I/O 错误发生的时间

关于性能监控，本节点执行队列是不是有堆积，执行 SQL 语句如下：

```
select count_transactions_in_queue from replication_group_member_stats where
member_id=@@server_uuid;
```

结果如图 10-14 所示，值如果大于 0 就表示有延迟。

```
mysql> select count_transactions_in_queue from performance_schema.replication_group_member_sta
ts where member_id=@@server_uuid;
+-----------------------------+
| count_transactions_in_queue |
+-----------------------------+
|                           0 |
+-----------------------------+
1 row in set (0.00 sec)
```

图 10-14

10.7 MGR 的主节点故障无感知切换

　　MGR 并没有为我们考虑周全，应用的连接遇到主节点挂掉的情况，它是不会自动发生切换的。也就是说，MGR 内部没有提供一种机制来实现主节点故障切换对应用无感知。MGR 官方文档提到，我们并不能帮你处理客户端的故障切换，得由应用自己来做，或者是依靠中间件 Proxy 之类的软件。

　　在实际应用中，我们当然希望，主节点挂掉时应用无须重启，自动能够将连接重置到新的主上，继续提供服务。比如可以通过一款 MySQL 中间件 ProxySQL 来解决上面提到的问题。ProxySQL 中间件针对 MySQL 组复制模式，实现读写分离以及主节点故障时能够自动切换到新的主节点而应用对此过程无感知。MGR 组复制能够完成主节点故障后推选出来新的主节点；而我们通过 MGR+ProxySQL 可以实现主节点故障时应用无感应，自动切换到新的主节点。

　　描述一下实现思路：实战部署的 MGR 集群的 3 个节点使用多主模式的方式连接，应用通过连接 ProxySQL 中间件，间接访问后端 MGR 的 3 个主节点。根据 SQL 的属性（是否为 select 语句）来决定连接哪一个节点，一个可写节点，两个只读节点（其实 3 个都是可写节点，只不过通过 ProxySQL 进行了读写分离）。ProxySQL 内部有配置表，可以维护 MGR 节点的访问信息，并开启调度器调度检查脚本（Shell 脚本），定期巡检后端 MGR 节点状态，若发现 MGR 主节点挂掉，ProxySQL 调度脚本检测到这个错误，则确定新的主节点，将原先持有的旧连接丢弃，产生新节点的连接（ProxySQL 内部会维护和后端 MGR 各个节点的连接），这样就实现了主节点故障应用无感知的要求。在上述的整个过程中，前端应用程序无须任何改变，前端应用从意识到发生故障到连接重新指向新的主节点实现秒级别切换。

第 11 章

Keepalived+双主复制的 高可用架构

双主复制配合 Keepalived 这种 MySQL 高可用架构设计也是基于 MySQL 的主从复制原理，而 Keepalived 使用 VIP，并利用 Keepalived 自带的服务监控功能和自定义脚本来实现 master 主服务器故障自动切换。这套 MySQL 双主复制+Keepalived 架构其实可以适用于各种业务，是一种简单、便捷的高可用方案。

11.1   Keepalived+双主架构介绍

使用主从复制即可保证数据库的高可用，但是一旦主数据库故障，切换到从库需要一定的时间，这样就导致了停机时间过长，不能及时恢复业务。另外，主库故障在主从架构中会成为单点故障。因此需要双主互备架构，避免主节点故障造成写操作失效。

使用双主（master）配合 Keepalived，在这种高可用架构中，每台 MySQL 都充当主服务器，同时充当对方的从服务器。在任意一台服务器上的写操作都会被复制到另一台服务器上，从而保证了数据的可靠性。

在双主互备的基础上加上 Keepalived，在其中一台机器上绑定虚拟 IP（VIP）。利用 VIP 统一对外服务，可以避免在两个节点同时写数据造成冲突。同时，当 Keepalived 主节点发生故障时，利用 Keepalived 自带的服务监控功能和自定义脚本来实现 MySQL 故障时自动切换，自动将 VIP 切换到备节点上，从而实现主服务器的高可用。

11.2   Keepalived 介绍

Keepalived 是一个基于 VRRP 协议来实现的服务器高可用解决方案，可以利用其实现避免 IP 单点故障，类似的工具还有 heartbeat 。

Keepalived 软件起初是专为 LVS 负载均衡软件设计的，用来管理并监控 LVS 集群系统中各个服务节点的状态，后来又加入了可以实现高可用的 VRRP 功能。因此，Keepalived 除了能够管理 LVS 软件外，还可以作为其他服务（例如 Nginx、Haproxy、MySQL 等）的高可用解决方案软件。

Keepalived 软件主要是通过 VRRP 协议实现高可用功能的。VRRP 是 Virtual Router

Redundancy Protocol（虚拟路由器冗余协议）的缩写，通过把几台提供路由功能的设备组成一个虚拟路由设备，使用一定的机制保证虚拟路由的高可用，从而达到保持业务的连续性与可靠性。VRRP 出现的目的就是为了解决静态路由单点故障问题的，VRRP 是通过一种竞选机制来将路由任务交给某台 VRRP 路由器的。

在 Keepalived 服务正常工作时，主节点会不断地向备节点发送（多播的方式）心跳消息，用以告诉备节点自己还活着。主节点发生故障时，无法发送心跳消息；备节点也就无法继续检测到来自主节点的心跳了，于是调用自身的接管程序，接管主节点的 IP 资源及服务。当有多个备节点时，根据其 priority（优先级）的值大小来选择谁作为主节点的替代者。当备节点的优先级值相同时，根据其 IP 地址的大小来决定。

Keepalived 服务的工作原理是：Keepalived 高可用对之间是通过 VRRP 进行通信的，VRRP 是通过竞选机制来确定主备的，主节点的优先级高于备节点，因此工作时主节点会优先获得所有的资源，备节点处于等待状态，当主节点挂了的时候，备节点就会接管主节点的资源，然后顶替主节点对外提供服务。在 Keepalived 服务对之间，只有作为主节点的服务器会一直发送 VRRP 广播包，告诉备节点它还活着，此时备节点不会抢占主节点；当主节点不可用时，即备节点监听不到主节点发送的广播包时才会启动相关服务接管资源，保证业务的连续性，接管速度最快可以小于 1 秒。

11.3　双主+Keepalived 集群搭建

双主+Keepalived 集群部署架构图如图 11-1 所示，node0 和 node1 互为主从关系，保证了两台 MySQL 数据的一致性，然后用 Keepalived 实现虚拟 IP，通过 Keepalived 自带的服务监控功能来实现 MySQL 故障时自动切换。

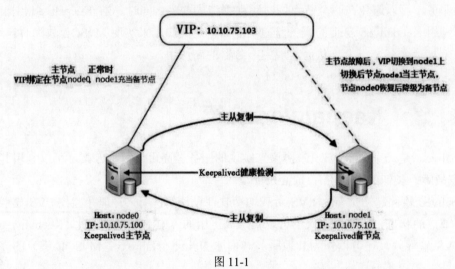

图 11-1

在之前配置的 MySQL 主从复制（GTID 复制，node0 是主库，node1 是备库，它们的 MySQL

172

版本一致，root 用户密码一致）基础上继续操作。

（1）在备库上创建主从同步复制账号（这个账户在主库上已经创建了），如图 11-2 所示。

```
mysql>  GRANT REPLICATION SLAVE ON *.* to 'mysync'@'%' identified by 'q123456';
Query OK, 0 rows affected, 1 warning (0.00 sec)

mysql>    flush privileges;
Query OK, 0 rows affected (0.00 sec)
```

图 11-2

（2）在主库上配置主从同步信息，在主库 10.10.75.100 上将备库 10.10.75.101 设为自己的主服务器，然后开启主从同步，如图 11-3 所示，两个工作线程 I/O、SQL 都为 Yes，代表同步搭建成功。

```
mysql> change master to master_host='10.10.75.101',master_user='mysync',master_password='q123456',
    -> master_auto_position=1;
Query OK, 0 rows affected, 2 warnings (0.02 sec)

mysql> start slave;
Query OK, 0 rows affected (0.01 sec)

mysql> show slave status\G;
*************************** 1. row ***************************
               Slave_IO_State: Waiting for master to send event
                  Master_Host: 10.10.75.101
                  Master_User: mysync
                  Master_Port: 3306
                Connect_Retry: 60
              Master_Log_File: mysql-bin.000006
          Read_Master_Log_Pos: 631
               Relay_Log_File: node0-relay-bin.000002
                Relay_Log_Pos: 804
        Relay_Master_Log_File: mysql-bin.000006
             Slave_IO_Running: Yes
            Slave_SQL_Running: Yes
```

图 11-3

（3）分别在主节点和从节点上安装 Keepalived 软件包，可以使用 yum 安装方式，命令为 yum -y install keepalived，查询软件安装成功，如图 11-4 所示。

```
Installed:
  keepalived.x86_64 0:1.2.13-5.el6_6

Complete!
[root@node0 ~]# rpm -qa |grep keepalived
keepalived-1.2.13-5.el6_6.x86_64
```

图 11-4

（4）分别在两台机器上配置一个 mysql.sh 脚本，如图 11-5 所示。脚本中就一个命令，通过 pkill keepalived 强制杀死 keepalived 进程来进行切换操作。注意，要授权 chmod a+x /etc/keepalived/mysql.sh，给脚本赋予执行权限。

图 11-5

（5）分别在两台机器上修改 keepalived 配置文件，主库/etc/keepalived/keepalived.conf 的内容如图 11-6 所示。脚本中有注释，解释参数的作用。Keepalived 使用 notify_down 选项来检查 real_server 的服务状态，当发现 real_server 服务故障时，便触发脚本强制杀死 keepalived 进程，从而实现 MySQL 故障自动转移。客户端连接的是 VIP（虚拟 IP），这里是 10.10.75.104。

```
keepalived.conf (/etc/keepalived) - gedit
文件(F)  编辑(E)  查看(V)  搜索(S)  工具(T)  文档(D)  帮助(H)

keepalived.conf ✕

vrrp_instance VI_1 {
    state BACKUP          #两台都设置BACKUP
    interface eth0
    virtual_router_id 51      #主备相同
    priority 100         #优先级，10.10.75.100优先级高，10.10.75.101这台设置90
    advert_int 5
    nopreempt           #不主动抢占资源
    authentication {
    auth_type PASS
    auth_pass 1111
    }
    virtual_ipaddress {
    10.10.75.104 ## VIP
    }
}
virtual_server 10.10.75.104 3306 {
    delay_loop 2
    persistence_timeout 50   #同一IP的连接60秒内被分配到同一台真实服务器
    protocol TCP
    real_server 10.10.75.100 3306 {  #检测本地mysql, 备机也要写检测本地mysql
    weight 3
    notify_down /etc/keepalived/mysql.sh    #当mysql服务down时，执行此脚本，杀死keepalived实现切换
TCP_CHECK {
    connect_timeout 3     #连接超时
    nb_get_retry 3       #重试次数
    delay_before_retry 3  #重试间隔时间
    }
}
```

图 11-6

备库的 keepalived 配置文件内容如图 11-7 所示。这台备节点配置和主节点基本一样，但有两个地方不同：优先级为 90、real_server 为本机 IP。主机和备机的 state 都是 backup，并且都是非抢占模式（nopreempt），通过优先级的高低来决定谁是主库，virtual_router_id 虚拟路由 id 是保持一致的。

174

```
keepalived.conf  ✕

vrrp_instance VI_1 {
  state BACKUP            #两台都设置BACKUP
  interface eth0
  virtual_router_id 51    #主备相同
  priority 90             #backup设置90
  advert_int 5
  nopreempt
  authentication {
  auth_type PASS
  auth_pass 1111
  }
  virtual_ipaddress {
  10.10.75.104
  }
}
virtual_server 10.10.75.104 3306 {
  delay_loop 2
  persistence_timeout 50   #同一IP的连接60秒内被分配到同一台真实服务器
  protocol TCP
  real_server 10.10.75.101 3306 {  #backup也要检测本地mysql
  weight 3
  notify_down /etc/keepalived/mysql.sh    #当mysq服down时，执行此脚本，杀死keepalived实现切换
  TCP_CHECK {
  connect_timeout 3    #连接超时
  nb_get_retry 3       #重试次数
  delay_before_retry 3 #重试间隔时间
    }
}
```

图 11-7

（6）启动两台机器的 keepalived 进程。启动主节点的 keepalived 进程，执行"/etc/init.d/keepalived start"，如图 11-8 所示。

```
[root@node0 keepalived]# /etc/init.d/keepalived start
正在启动 keepalived :                              [确定]
[root@node0 keepalived]# ps -ef| grep keepalived
root      7691      1  0 22:02 ?        00:00:00 /usr/sbin/keepalived -D
root      7693   7691  0 22:02 ?        00:00:00 /usr/sbin/keepalived -D
root      7694   7691  0 22:02 ?        00:00:00 /usr/sbin/keepalived -D
root      7698   6996  0 22:02 pts/1    00:00:00 grep keepalived
[root@node0 keepalived]#
```

图 11-8

查看启动日志文件的输出结果，如图 11-9 所示。node0 机器上的优先级高，keepalived 的状态为 MASTER，并且发送了一个广播协议。10.10.75.104 已经在本台机器上，其他机器就不要再使用了。

```
Oct 12 22:02:54 node0 Keepalived_vrrp[7694]: VRRP_Instance(VI_1) Transition to M
ASTER STATE
Oct 12 22:02:59 node0 Keepalived_vrrp[7694]: VRRP_Instance(VI_1) Entering MASTER
 STATE
Oct 12 22:02:59 node0 Keepalived_vrrp[7694]: VRRP_Instance(VI_1) setting protoco
l VIPs.
Oct 12 22:02:59 node0 Keepalived_vrrp[7694]: VRRP_Instance(VI_1) Sending gratuit
ous ARPs on eth0 for 10.10.75.104
Oct 12 22:02:59 node0 Keepalived_healthcheckers[7693]: Netlink reflector reports
 IP 10.10.75.104 added
Oct 12 22:03:00 node0 ntpd[1739]: Listen normally on 10 eth0 10.10.75.104 UDP 12
3
Oct 12 22:03:04 node0 Keepalived_vrrp[7694]: VRRP_Instance(VI_1) Sending gratuit
ous ARPs on eth0 for 10.10.75.104
```

图 11-9

在 node0 主库上执行"ip addr show"命令，查看到有 VIP 绑定了，如图 11-10 所示。

```
[root@node0 keepalived]# ip addr show
1: lo: <LOOPBACK, UP, LOWER_UP> mtu 16436 qdisc noqueue state UNKNOWN
    link/loopback 00:00:00:00:00:00 brd 00:00:00:00:00:00
    inet 127.0.0.1/8 scope host lo
    inet6 ::1/128 scope host
       valid_lft forever preferred_lft forever
2: eth0: <BROADCAST, MULTICAST, UP, LOWER_UP> mtu 1500 qdisc pfifo_fast state UP qlen 1
000
    link/ether 00:0c:29:3e:97:81 brd ff:ff:ff:ff:ff:ff
    inet 10.10.75.100/24 brd 10.10.75.255 scope global eth0
    inet 10.10.75.104/32 scope global eth0
    inet6 fe80::20c:29ff:fe3e:9781/64 scope link
       valid_lft forever preferred_lft forever
[root@node0 keepalived]#
```

图 11-10

在 node1 备库上启动 keepalived 进程，如图 11-11 所示。

```
[root@node1 keepalived]# /etc/init.d/keepalived start
Starting keepalived:                                        [  OK  ]
[root@node1 keepalived]# /etc/init.d/keepalived status
keepalived (pid  7523) is running...
```

图 11-11

查看启动日志的输出，如图 11-12 所示，备库 keepalived 的状态是 backup。执行"ip addr show"命令，如图 11-13 所示，显示已没有 VIP 绑定。

```
Oct 12 22:06:20 node1 Keepalived_healthcheckers[7525]: Configuration is using :
9492 Bytes
Oct 12 22:06:20 node1 Keepalived_vrrp[7526]: Configuration is using : 60748 Byte
s
Oct 12 22:06:20 node1 Keepalived_vrrp[7526]: Using LinkWatch kernel netlink refl
ector...
Oct 12 22:06:20 node1 Keepalived_vrrp[7526]: VRRP_Instance(VI_1) Entering BACKUP
 STATE
Oct 12 22:06:20 node1 Keepalived_vrrp[7526]: VRRP sockpool: [ifindex(2), proto(1
12), unicast(0), fd(10,11)]
Oct 12 22:06:20 node1 Keepalived_healthcheckers[7525]: IPVS: Scheduler or persis
tence engine not found
Oct 12 22:06:20 node1 Keepalived_healthcheckers[7525]: IPVS: Service not defined
Oct 12 22:06:20 node1 Keepalived_healthcheckers[7525]: Using LinkWatch kernel ne
tlink reflector...
Oct 12 22:06:20 node1 Keepalived_healthcheckers[7525]: Activating healthchecker
for service [10.10.75.101]:3306
```

图 11-12

```
[root@node1 keepalived]# ip addr show
1: lo: <LOOPBACK,UP,LOWER_UP> mtu 16436 qdisc noqueue state UNKNOWN
    link/loopback 00:00:00:00:00:00 brd 00:00:00:00:00:00
    inet 127.0.0.1/8 scope host lo
    inet6 ::1/128 scope host
       valid_lft forever preferred_lft forever
2: eth0: <BROADCAST,MULTICAST,UP,LOWER_UP> mtu 1500 qdisc pfifo_fast state UP qlen 1000
    link/ether 00:0c:29:2e:0d:69 brd ff:ff:ff:ff:ff:ff
    inet 10.10.75.101/24 brd 10.10.75.255 scope global eth0
    inet6 fe80::20c:29ff:fe2e:d69/64 scope link
       valid_lft forever preferred_lft forever
[root@node1 keepalived]#
```

图 11-13

（7）测试使用 VIP 是否可以连接到主库。在另外一台机器上进行登录测试，如图 11-14 所示，发现可以通过 VIP 10.10.75.104 正常连接。

```
[root@node2 ~]# mysql -uroot -p123@abc -h 10.10.75.104
mysql: [Warning] Using a password on the command line interface can be insecure.
Welcome to the MySQL monitor.  Commands end with ; or \g.
Your MySQL connection id is 610
Server version: 5.7.22-log MySQL Community Server (GPL)

Copyright (c) 2000, 2018, Oracle and/or its affiliates. All rights reserved.

Oracle is a registered trademark of Oracle Corporation and/or its
affiliates. Other names may be trademarks of their respective
owners.

Type 'help;' or '\h' for help. Type '\c' to clear the current input statement.

mysql> \s;
--------------
mysql  Ver 14.14 Distrib 5.7.22, for linux-glibc2.12 (x86_64) using  EditLine wrapper

Connection id:          610
Current database:
Current user:           root@node2
SSL:                    Not in use
Current pager:          stdout
Using outfile:          ''
Using delimiter:        ;
Server version:         5.7.22-log MySQL Community Server (GPL)
Protocol version:       10
Connection:             10.10.75.104 via TCP/IP
```

图 11-14

（8）模拟主库宕机的故障切换，在主库上执行关闭 mysql 服务操作。通过 cat /var/log/messages 查看日志输出，如图 11-15 所示，显示已经把 VIP 移走了，并且停掉了 Keepalived 的服务。

```
Oct 12 22:34:43 node0 Keepalived_healthcheckers[8300]: Executing [/etc/keepalived/mysql.s
h] for service [10.10.75.100]:3306 in VS [10.10.75.104]:3306
Oct 12 22:34:43 node0 Keepalived_healthcheckers[8300]: Lost quorum 1-0=1 > 0 for VS [10.1
0.75.104]:3306
Oct 12 22:34:43 node0 Keepalived[8298]: Stopping Keepalived v1.2.13 (03/19,2015)
Oct 12 22:34:43 node0 Keepalived_vrrp[8301]: VRRP Instance(VI_1) sending 0 priority
Oct 12 22:34:43 node0 Keepalived_vrrp[8301]: VRRP Instance(VI_1) removing protocol VIPs.
Oct 12 22:34:43 node0 Keepalived_healthcheckers[8300]: Netlink reflector reports IP 10.10
.75.104 removed
Oct 12 22:34:43 node0 Keepalived_healthcheckers[8300]: IPVS: No such service
Oct 12 22:34:45 node0 ntpd[1739]: Deleting interface #11 eth0, 10.10.75.104#123, interfac
e stats: received=0, sent=0, dropped=0, active_time=236 secs
```

图 11-15

在备库 node1 上执行 cat /var/log/messages 命令查看日志输出，如图 11-16 所示。显示备库的 Keepalived 状态已经变成 master。再执行 ip addr show 命令，如图 11-17 所示，发现 VIP 已经成功切换到备库上。

```
Oct 12 22:34:44 node1 Keepalived_vrrp[7614]: VRRP_Instance(VI_1) Transition to MASTER STATE
Oct 12 22:34:49 node1 Keepalived_vrrp[7614]: VRRP_Instance(VI_1) Entering MASTER STATE
Oct 12 22:34:49 node1 Keepalived_vrrp[7614]: VRRP_Instance(VI_1) setting protocol VIPs.
Oct 12 22:34:49 node1 Keepalived_vrrp[7614]: VRRP_Instance(VI_1) Sending gratuitous ARPs on e
th0 for 10.10.75.104
Oct 12 22:34:49 node1 Keepalived_healthcheckers[7613]: Netlink reflector reports IP 10.10.75.
104 added
Oct 12 22:34:51 node1 ntpd[1739]: Listen normally on 7 eth0 10.10.75.104 UDP 123
Oct 12 22:34:54 node1 Keepalived_vrrp[7614]: VRRP_Instance(VI_1) Sending gratuitous ARPs on e
th0 for 10.10.75.104
```

图 11-16

```
[root@node1 keepalived]# ip addr show
1: lo: <LOOPBACK,UP,LOWER_UP> mtu 16436 qdisc noqueue state UNKNOWN
    link/loopback 00:00:00:00:00:00 brd 00:00:00:00:00:00
    inet 127.0.0.1/8 scope host lo
    inet6 ::1/128 scope host
       valid_lft forever preferred_lft forever
2: eth0: <BROADCAST,MULTICAST,UP,LOWER_UP> mtu 1500 qdisc pfifo_fast state UP qlen 1000
    link/ether 00:0c:29:2e:0d:69 brd ff:ff:ff:ff:ff:ff
    inet 10.10.75.101/24 brd 10.10.75.255 scope global eth0
    inet 10.10.75.104/32 scope global eth0
    inet6 fe80::20c:29ff:fe2e:d69/64 scope link
       valid_lft forever preferred_lft forever
```

图 11-17

不影响客户端的连接状态，客户端可以重连，继续使用 VIP 连接，如图 11-18 所示。

```
mysql> \s;
ERROR 2006 (HY000): MySQL server has gone away
No connection. Trying to reconnect...
Connection id:    1880
Current database: *** NONE ***

--------------
mysql  Ver 14.14 Distrib 5.7.22, for linux-glibc2.12 (x86_64) using  EditLine wrapper

Connection id:          1880
Current database:
Current user:           root@node2
SSL:                    Not in use
Current pager:          stdout
Using outfile:          ''
Using delimiter:        ;
Server version:         5.7.22-log MySQL Community Server (GPL)
Protocol version:       10
Connection:             10.10.75.104 via TCP/IP
```

图 11-18

中小型公司搭建这种架构比较简单方便。在主节点出现故障后，利用 Keepalived 的高可用机制快速切换到 slave 节点，原来的 backup master 变成新的主库。Keepalived 架构在设置两节点状态时都要设置成 backup 状态而且是 nopreempt（不抢占）模式，通过优先级来决定谁是主库，以避免发生冲突现象。另外，在进行服务异常判断时，可以修改判断脚本，通过对第三方节点补充检测来决定是否进行切换，这样可以降低脑裂问题产生的风险。备库的配置尽量要和主库一致，绝对不能性能太差。在云平台环境下，这种架构搭建要注意，云服务器上 Keepalived 只能设置单播，通常不支持浮动 IP，往往需要用户提请工单来开通高可用虚拟 IP。

第 12 章
◄ 数据库分库分表与中间件介绍 ►

大型网站用户数和数据库规模急剧上升，关系型数据库常见的性能瓶颈主要体现在两点：一是大量的并发读写操作，导致单库出现负载压力过大；二是单表存储数据量过大，导致查询效率低下。这时常见的做法便是对数据库实施分库分表即 Sharding 改造来应对海量数据和高并发对数据库的冲击，与此同时，支持分库分表并且对业务开发透明的数据库中间件也大行其道。

12.1 关系数据库的架构演变

12.1.1 数据库读写分离

随着网站的业务不断扩展，数据不断增加，用户越来越多，数据库的压力越来越大。在大部分互联网业务场景中，读操作的比例远远大于写操作，而读取数据通常耗时比较长，占用数据库服务器的 CPU 较多，从而影响用户体验。这时，数据库的读压力会首先成为数据库的瓶颈，而此时 SQL 的查询优化已很难达到要求了。在数据库层面，我们首先采用的是数据库读写分离技术，消除读写锁冲突，来提升业务系统的读性能。

数据库读写分离其实就是将数据库分为主从库，如图 12-1 所示，一个主库用于写数据，多个从库用来完成读数据的操作，主从库之间通过某种机制进行数据的同步，是一种常见的数据库架构。让主库负责数据更新和实时数据查询，从库负责非实时数据查询，同时多个从库之间使用负载均衡，减轻每个从库的查询压力。

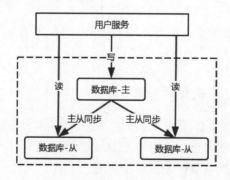

图 12-1

如果主库的 TPS（Transaction Per Second，每秒事务处理量）较高，那么主库与从库之间的数据同步是会存在一定延迟的，因此在写入主库之前最好将同一份数据落到缓存，以避免高并发场景下从从库中获取不到指定数据的情况发生。

12.1.2　数据库垂直分库

随着访问压力的增加，读写操作不断增加，数据库的压力越来越大，所以增加从服务器，做数据库读写分离。可是问题又来了，数据量急剧快速增长，数据库会成为整个系统的瓶颈。这时可以考虑按照业务把不同的数据放到不同的库中。

其实在一个大型而且臃肿的数据库中，表和表之间的数据很多是没有关系的，或者根本不需要（join）操作，理论上就应该把它们分别放到不同的数据库。例如，用户收藏夹的数据和博客的数据就可以放到两个独立的数据库 DB，这两个独立的数据库可以在同一个服务器上或者在不同的服务器上，这种方法就叫垂直切分。

垂直分库与业务架构设计有密切的联系。比如从业务领域对系统进行架构优化，分成多个子业务系统，各个子业务系统耦合度较低，子业务系统间以接口方式进行数据通信和数据交换。

一般的电商平台系统都会包含用户、商品、订单等几大模块，但是随着业务的提升，将所有业务都放在一个库中会变得越来越难以维护，因此建议将不同业务放在不同的库中，如图 12-2 所示。

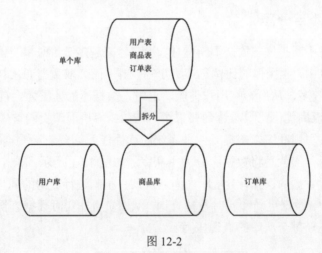

图 12-2

垂直切分后业务清晰，不同业务放在不同的库中，将原来所有压力由同一个库分散到不同的库中，提升了系统的吞吐量。

12.1.3　数据库水平分库与水平分表

垂直分库还是无法解决单表数据量过大的问题，由于单一业务的数据信息仍然落盘在单表中，如果单表数据量太大，就会极大地影响 SQL 执行的性能。水平分表是互联网场景下关系数据库中应对高并发、单表数据量过大的解决方案。

分表就是将原本在单库中的单个业务表拆分为几个"逻辑相关"的业务子表，不同的业务子表各自负责存储不同区域的数据，对外形成一个整体，让每个子表的数据量控制在一定范围内，保证 SQL 的性能，这就是常说的 Sharding 分片操作。

如图 12-3 所示，以 user_id 字段为依据，按照一定策略（hash、range 等），将一个表中的数据拆分到多个表中。每个表的结构都一样，每个表的数据都不一样，没有交集，所有表的并集是全量数据。原来单表的数据量太多，影响了 SQL 效率，加重了 CPU 负担，以至于成为瓶颈。现在单表的数据量少了，单次 SQL 执行效率高，自然减轻了 CPU 的负担。

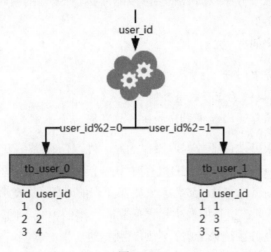

图 12-3

水平分表后的业务子表可以包含在单库中，也可以将水平分表后的这些业务子表分散到 n 个业务子库中。例如，将 userID 散列进行划分后存储到多个结构相同的表和不同的库上。举个例子，假设在 userDB 中的用户数据表中每一个表的数据量都很大，就可以把 userDB 切分为结构相同的多个 userDB，如 part0DB、part1DB、part2DB 等，再将 userDB 上的用户数据表 userTable 切分为很多 userTable，如 userTable0、userTable1、userTable3 等，然后将这些表按照一定的规则存储到多个 userDB 上。

水平分表主要用于业务架构无法继续细分、数据库中单张表数据量太大、查询性能下降的场景。通过水平分表把原有逻辑数据库切分成多个物理数据库节点，表数据记录分布存储在各个节点上，即解决单库容量问题，同时提高并发查询性能。

应该使用哪一种方式来实施数据库分库分表，需要从数据库的瓶颈所在和项目的业务角度进行综合考虑。如果数据库是因为表太多而造成海量数据，并且项目的各项业务逻辑划分清晰、耦合度较低，那么容易实施的垂直切分必是首选。如果数据库中的表并不多，但单表的数据量很大且数据热度很高，这种情况之下就应该选择水平切分，水平切分比垂直切分要稍微复杂，它将原本逻辑上属于一体的数据进行了物理分割，除了在分割时要对分割的粒度做好评估外，还要考虑数据要如何均匀分散。在现实项目中，往往是这两种情况兼而有之，综合使用了垂直与水平切分，我们首先对数据库进行垂直切分，然后针对一部分表（通常是用户数据表）进行水平切分。

12.2 分库分表带来的影响

任何事情都有两面性，分库分表也不例外。采用分库分表也会引入新的问题。

1. 分布式事务问题

做了垂直分库或者水平分库以后必然会涉及跨库执行 SQL 的问题，从而引发互联网界的老大难问题"分布式事务"。

那么要如何解决这个问题呢？

- 使用分布式事务中间件。
- MySQL 为我们提供了分布式事务解决方案。
- 尽量避免跨库操作（比如将用户和商品放在同一个库中）。

分布式事务能最大限度地保证数据库操作的原子性，但在提交事务时需要协调多个节点，推后了提交事务的时间点，延长了事务的执行时间。对于那些性能要求很高但对一致性要求不高的系统，往往不苛求系统的实时一致性，只要在允许的时间段内达到最终一致性即可，可采用事务补偿的方式。与事务在执行中发生错误后立即回滚的方式不同，事务补偿是一种事后检查补救的措施，要结合业务系统来考虑，比如对数据进行对账检查、基于日志进行对比等。

2. 跨库 join 的问题

分库分表后，表之间的关联操作将受到限制，无法 join 位于不同分库的表，也无法 join 分表粒度不同的表，结果导致原本一次查询能够完成的业务可能需要多次查询才能完成。

那么要如何解决这个问题呢？

- 全局表：基础数据，所有库都备份一份。
- 字段冗余：把需要 join 的字段冗余在各个表中，这样有些字段就不用 join 去查询了。
- 数据组装：在系统层面，分两次查询，在第一次查询的结果集中找出关联数据 id，然后根据 id 发起第二次请求得到关联数据，最后将获得到的数据进行字段拼装。
- ER 分片：在关系型数据库中，如果可以先确定表之间的关联关系，并将那些存在关联关系的表记录存放在同一个分片上，就能较好地避免跨分片 join 问题。

3. 结果集合并、排序的问题

因为我们是将数据分散存储到不同的库、表里的，所以当我们查询指定数据列表时，数据来源于不同的子库或者子表，就必然会引发结果集合并、排序的问题。当排序字段就是分片字段时，通过分片规则就比较容易定位到指定的分片；当排序字段非分片字段时就变得比较复杂了，需要先在不同的分片节点中将数据进行排序并返回，然后将不同分片返回的结果集进行汇总和再次排序，最终返回给用户。

4. 数据迁移、扩容问题

当业务高速发展、面临性能和存储的瓶颈时才会考虑分片设计，不可避免地需要考虑历史数据迁移的问题。一般做法是先读出历史数据，然后按指定的分片规则将数据写入到各个分片节点中。此外，还需要根据当前的数据量、QPS 以及业务发展的速度进行容量规划，推算出大概需要多少分片（一般建议单个分片上的单表数据量不超过 1000W）。

如果采用的是数值范围分片，只需要添加节点就可以进行扩容了，不需要对分片数据迁移。如果采用的是数值取模分片，考虑后期的扩容问题就相对比较麻烦。

上面列出了分库分表的常见问题，总地来说：

（1）能不切分尽量不要切分，并不是所有表都需要进行切分，主要还是看数据的增长速度，切分后会在某种程度上提升业务的复杂度，当数据量达到单表的瓶颈时再考虑分库分表。

（2）一定要切分时，一定要选择合适的切分规则，提前规划好。

（3）一定要切分时，尽量通过全局表、字段冗余等手段来降低跨库 join 的可能，业务读取尽量少使用多表 join。

（4）尽可能比较均匀地分布数据到各个节点上。

12.3 常见的分库分表中间件介绍

前面讲过对数据进行分片处理之后，从原有的一个库切分为多个分片数据库，所有的分片数据库集群构成了整个完整的数据库存储。在数据被分到多个分片数据库后，应用如果需要读取数据，就要需要处理多个数据源的数据。原本该是专注于业务的应用，却要花大量的工作来处理分片后的问题。一旦数据库实施分库分表后，应用开发人员就要考虑两个问题：首先，必须明确定义 SQL 语句中的分片字段 Shard Key（路由条件），因为路由维度直接决定了数据的落盘位置；其次，应该如何根据所定义的 Shard Key 进行数据路由，这需要定义一套特定的路由规则。这两个问题解决后，就能让一条 SQL 语句的读/写操作准确定位到具体的业务表中。

需要用一种解决方案来解决分片后的问题，而让应用只集中于业务处理。从技术角度来看，解决方案大致可以分为两大类，即数据库 Sharding 中间件和原生分布式数据库。

（1）原生分布式数据库的架构设计、底层存储和查询处理均面向分布式数据管理需求，数据库集群作为一个整体对外提供服务，用户无须关注集群内部的实现细节，如腾讯自研 TDSQL 数据库。对于原生分布式数据库系统来说，系统支持数据的自动分片以及分片副本在集群节点间的自动迁移和复制，实现负载均衡，在服务器利用率和管理复杂性上的优势明显。

（2）互联网行业最初所使用的分布式数据库方案多数是基于中间件的，在解决服务压力问题上也取得了较好的效果。Sharding 中间件是架构在多个传统单点数据库系统上的中间层解决方案，通过将数据分拆到不同的数据库节点上，基于 Proxy 架构，利用中间件完成数据的路由工作。数据库中间件就是介于数据库与应用之间进行数据处理与交互的中间服务。

目前市面上常见的 Sharding 中间件的产品有以下几种。

- **Amoeba（变形虫）：** amoeba 是阿里在 2008 年推出的，当时正好是在阿里巴巴去 IOE 的浪潮中。这个软件致力于 MySQL 的分布式数据库前端代理层，主要在应用层访问 MySQL 的时候充当 SQL 路由功能，专注于分布式数据库代理层（Database Proxy）开发，具有负载均衡、读写分离功能。在 2012 年随着阿里业务量增长，Amoeba 也越来越不适应当时不断增长的需求，同年在 Amoeba 的基础上阿里开源了替代 Amoeba 的产品 Cobar。

- **Cobar：** 阿里巴巴于 2012 年 6 月 19 日正式对外开源的数据库中间件。前身是早已经开源的 Amoeba，在其作者陈思儒离职去盛大之后，阿里巴巴内部考虑到 Amoeba 的稳定性、性能、功能支持和其他因素，重新设立了一个项目组，并且更换其名称为 Cobar。Cobar 是由阿里巴巴开源的 MySQL 分布式处理中间件，可以在分布式的环境下看上去像传统数据库一样提供海量数据服务。Cobar 自诞生之日起就受到广大程序员的追捧，但是自 2013 年后几乎没有后续更新。

- **Mycat：** 是基于阿里巴巴开源的 Cobar 产品而研发的，Cobar 的稳定性、可靠性、优秀的架构和性能，以及众多成熟的使用案例使得 Mycat 一开始就拥有一个很好的起点。

  社区爱好者在 Cobar 基础上进行二次开发，解决了 Cobar 当时存在的一些问题，并且加入了许多新的功能。目前 Mycat 社区活跃度很高，也有很多公司在使用 Mycat，总体来说支持度比较高。业界优秀的开源项目和创新思路被广泛融入到 MyCat 的基因中，使得 MyCat 在很多方面都领先于目前其他一些同类的开源项目，甚至超越某些商业产品。

- **OneProxy：** 是由原支付宝首席架构师楼方鑫开发的，目前由楼方鑫创立的杭州平民软件公司提供技术支持。它是基于 MySQL 官方的 proxy 思想利用 C 语言进行开发的，是一款商业收费的中间件，专注在性能和稳定性上。目前已有多家公司在生产环境中使用，其中包括支付、电商等行业。

- **Atlas：** 是由 Qihoo 360 公司 Web 平台部基础架构团队开发维护的一个基于 MySQL 协议的数据中间层项目，使得应用程序员无须再关心读写分离、分表等与 MySQL 相关的细节。目前该项目在 360 公司内部得到了广泛应用，很多 MySQL 业务已经接入了 Atlas 平台，可以专注于编写业务逻辑，同时使得 DBA 的运维工作对前端应用透明。

第 13 章
◀ Mycat中间件详解 ▶

由于真正的数据库需要存储引擎，而 Mycat 并没有存储引擎，因此它并不是完全意义上的分布式数据库系统，可以更贴切地说成是数据库的中间件，就是介于数据库与应用之间进行数据处理与交互的中间服务。传统的访问数据库是直接连接数据库，创建数据库实例，根据需求对数据库中的数据进行增删查改。但是，当我们使用 Mycat 后，其实直接连接的是 Mycat，通过 Mycat 对真正的数据库进行操作，在 Mycat 上我们可以做一些分表分库等操作，达到我们对数据库的可扩展要求。

13.1 Mycat 简介

Mycat 的前身是阿里巴巴的 Cobar，核心功能和优势是数据库分片。

Mycat 的目的是打造真正的分布式数据库中间件，如图 13-1 所示。用户可以把 Mycat 看作是一个数据库代理，用 MySQL 客户端工具和命令行访问，而其后端可以用 MySQL 原生协议与多个 MySQL 服务器通信，也可以用 JDBC 协议与大多数主流数据库服务器通信。可以像使用 MySQL 一样使用 Mycat，对于开发人员来说根本感觉不到 Mycat 的存在。

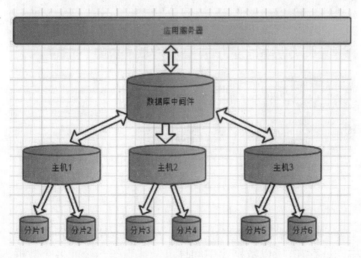

图 13-1

Mycat 的核心功能是分表分库，即将一个大表水平分割为 N 个小表，存储在后端多个数据库（主机）里，以达到分散单台设备负载的效果。应用程序就像连接普通的 MySQL 数据库一样地去连接它，SQL 查询、操作等一模一样；而 Mycat 把数据库复杂的架构以及背后复杂的分表分库的逻辑全部透明化了。Mycat 中间件连接多个 MySQL 数据库，多个数据库之间还可以做主从同步，这一切的一切对前端应用是完全透明的，不用调整前台逻辑，只要连接到 Mycat 即可。这样一来，对前端业务系统来说，业务代码无须过多调整，可以大幅降低开发难度，提升开发速度。

Mycat 可实现数据库的读写分离，在后端的主从复制数据库集群中，通过 Mycat 配置将前端的写操作路由到主数据库中，将读操作路由到从数据库上。Mycat 可以实现读写分离下的读操作负载均衡，将大量的读操作均衡到不同的从库上，主要出现在一主多从的情形下。

Mycat 可实现数据库的高可用，在数据库主节点可用的情况下，配置一台可写从节点，这两个节点都配置在 Mycat 中，当主节点宕机时，Mycat 会自动将写操作路由到备用节点上，轻松实现热备份。

13.2　Mycat 核心概念

Mycat 的核心概念如图 13-2 所示。

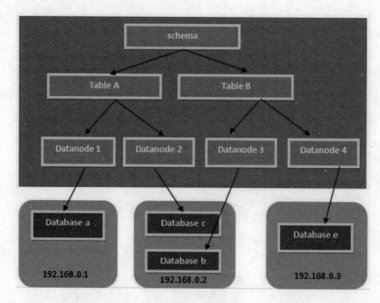

图 13-2

（1）逻辑库（schema）

Mycat 作为一个中间件，实现 MySQL 协议，对前端应用连接来说就是一个数据库，无须让开发人员知道中间件存在，所以数据库中间件可以被当作一个或多个数据库集群构成的逻辑库。

（2）逻辑表（table）

有逻辑库，就会有逻辑表。在分布式数据库中，对应用来说，读写数据的表就是逻辑表。逻辑表可以是数据切分后分布在一个或多个分片库中，也可以不做数据切分，不分片，只由一个表构成。

（3）分片表

分片表是指那些原有的拥有很多数据、需要切分到多个数据库的表。每个分片都有一部分数据，所有分片构成了完整的数据。

（4）非分片表

一个数据库中并不是所有的表都很大，某些表是可以不进行切分的。非分片表是相对分片表来说的，就是那些不需要进行数据切分的表。

（5）ER 表

关系型数据库是基于实体关系模型（Entity-Relationship Model）之上的，描述了真实世界中的事物与关系。Mycat 中的 ER 表就来源于此。根据这一思路，提出了基于 E-R 关系的数据分片策略，子表的记录与所关联的父表记录存放在同一个数据分片上，即子表依赖于父表，通过表分组（Table Group）保证数据 join 关联查询不会跨库操作。表分组（Table Group）是解决跨分片数据 join 关联查询的一种很好的解决方法，也是数据切分规划很重要的一条原则。

（6）全局表

在业务系统中，往往存在大量类似字典表的表，基本上很少变动。字典表的特性是：变动不频繁；数据量总体变化不大；数据规模不大，很少有超过数十万条记录的。当业务表因为数据量规模大而进行分片以后，业务表与这些附属的字典表之间的关联就成了比较棘手的问题，所以 Mycat 中通过数据冗余来解决这类表的 join 关联查询，即所有的分片都有一份数据的备份，所有将字典表或者符合字典表特性的一些表定义为全局表。数据冗余是解决跨分片数据 join 关联查询的一种很好的解决方法，也是数据切分规划的另外一条重要原则。

（7）分片节点（dataNode）

数据切分后，一个大表被分到不同的分片数据库上面，每个表分片所在的数据库就是分片节点。

（8）节点主机（dataHost）

数据切分后，每个分片节点不一定都会独占一台机器，同一机器上面可以有多个分片数据库，这样一个或多个分片节点所在的机器就是节点主机。为了规避单节点主机并发数限制，尽量将读写压力高的分片节点均衡地放在不同的节点主机上。

（9）分片规则（rule）

前面讲了数据切分，一个大表会被分成若干个分片表。按照某种业务规则把数据分到某个分片的规则就是分片规则。数据切分时选择合适的分片规则非常重要，将极大地避免后续数据处理的难度。

（10）全局序列号（sequence）

数据切分后，原有的关系数据库中的主键约束在分布式条件下将无法使用，因此需要引入外部机制保证数据唯一性标识，这种保证全局性的数据唯一标识的机制就是全局序列号。

13.3 Mycat 安装部署

假设在 node2（IP 地址 10.10.75.102）的机器上安装 Mycat，node0 节点（IP 地址 10.10.75.100）和 node1 节点（10.10.75.101）是 MySQL 数据库服务器。因为 Mycat 是用 Java 开发的，所以需要安装 Java，官方建议 jdk1.7 及以上版本，上传并解压 jdk-7u79-linux-x64.tar.gz。另外，还需要解压 MySQL 客户端。

关闭 Linux 防火墙，配置好/etc/hosts 文件，如图 13-3 所示。

```
[root@node2 ~]# service iptables stop
[root@node2 ~]# chkconfig iptables off
[root@node2 ~]# cat /etc/hosts
10.10.75.100   node0
10.10.75.101   node1
10.10.75.102   node2
10.10.75.103   node3
```

图 13-3

安装 Mycat，要创建用户及组。创建一个新的 group 组，命令是"groupadd mycat"；创建一个新的用户 mycat，并加入 group 组，命令是"useradd -g mycat mycat"；给新用户设置密码，命令是"passwd mycat"。把 Mycat 安装文件 Mycat-server-1.5.1-RELEASE-linux.tar.gz 解压到目录/usr/local 下，并对当前目录下的所有目录以及子目录进行相同的拥有者变更，操作命令是"chown -R mycat.mycat /usr/local/mycat"。

编辑/etc/profile 文件，添加环境变量，如图 13-4 所示。保存文件后，需要执行命令 source /etc/profile，使得刚修改的环境变量生效。

```
                        profile (/etc) - gedit
File  Edit  View  Search  Tools  Documents  Help

  Open  ∨   Save       Undo             

 profile  ✕

    umask 022
fi

for i in /etc/profile.d/*.sh ; do
    if [ -r "$i" ]; then
        if [ "${-#*i}" != "$-" ]; then
            . "$i"
        else
            . "$i" >/dev/null 2>&1
        fi
    fi
done

unset i
unset -f pathmunge
export JAVA_HOME=/usr/java/jdk1.7
export PATH=.:$JAVA_HOME/bin:$PATH
export CLASSPATH=.:$JAVA_HOME/lib/dt.jar:$JAVA_HOME/lib/tools.jar
export MYSQL_HOME=/usr/local/mysql
export MYCAT_HOME=/usr/local/mycat
export PATH=$PATH:$MYSQL_HOME/bin:$MYCAT_HOME/bin
```

图 13-4

修改/usr/local/mycat/conf/wrapper.conf 文件，设置 wrapper.java.command 的 Java 路径，即 wrapper.java.command =%JAVA_HOME%/bin/java，如图 13-5 所示。这一步非常重要，如果 JVM 参数配置错误，Mycat 启动会报错误信息"Unable to start JVM: No such file or directory"。

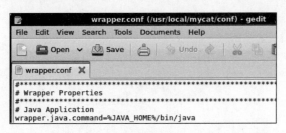

图 13-5

配置 Mycat 用本地 XML 方式，最重要的配置文件有 schema.xml、server.xml、rule.xml，可以先将配置文件改名保存。

schema.xml 作为 Mycat 中重要的配置文件之一，管理着 Mycat 的逻辑库、表、分片规则、dataNode 等。弄懂这些配置是正确使用 Mycat 的前提。其中，schema 标签用于定义 Mycat 实例中的逻辑库；table 标签定义了 Mycat 中的逻辑表；dataNode 标签定义了 Mycat 中的数据节点，也就是通常所说的数据分片；dataHost 标签在 Mycat 逻辑库中也是作为最底层的标签存在的，直接定义分片所属的数据库实例；writeHost 标签和 readHost 标签指定 MySQL 后端数据库。schema.xml 示例如下：

```xml
<?xml version="1.0"?>
<!DOCTYPE mycat:schema SYSTEM "schema.dtd">
<mycat:schema xmlns:mycat="http://org.opencloudb/">
        <!-- 定义一个 Mycat 的模式，此处定义了一个逻辑数据库名称 TestDB -->
        <!-- "checkSQLschema"：描述的是当前的连接是否需要检测数据库的模式 -->
        <!-- "sqlMaxLimit"：表示返回的最大的数据量的行数 -->
        <!-- "dataNode="dn1""：该操作使用的数据节点是 dn1 的逻辑名称 -->
        <schema name="TESTDB" checkSQLschema="false" sqlMaxLimit="100"
dataNode="dn1"/>
        <!-- 定义各数据的操作节点 -->
        <dataNode name="dn1" dataHost="dthost1" database="mldn" />
        <!-- 包括了各种逻辑项的配置 -->
        <dataHost name="dthost1" maxCon="1000" minCon="10" balance="0"
writeType="0" dbType="mysql" dbDriver="native" switchType="1"
slaveThreshold="100">
            <!-- 配置真实 MySQL 与 Mycat 的心跳 -->
            <heartbeat>select user()</heartbeat>
            <!-- 配置真实的 MySQL 的连接路径 -->
            <writeHost host="node0" url="10.10.75.100:3306" user="root"
password="123@abc"></writeHost>
        </dataHost>
```

```
</mycat:schema>
```

server.xml 几乎保存了所有 Mycat 需要的系统配置信息，常用的是配置用户名、密码及权限，示例如下：

```xml
<?xml version="1.0" encoding="UTF-8"?>
<!DOCTYPE mycat:server SYSTEM "server.dtd">
<mycat:server xmlns:mycat="http://org.opencloudb/">
    <system>
    <property name="defaultSqlParser">druidparser</property>
        <property name="serverPort">8066</property>
        <property name="managerPort">9066</property>
    </system>
    <user name="test">
        <property name="password">test123</property>
        <property name="schemas">TESTDB</property>
    </user>
</mycat:server>
```

这里定义登录Mycat的用户名为test、密码为test123，并且可以访问的schema只有TESTDB。

rule.xml 里面定义了我们对表进行拆分所涉及的规则定义。我们可以灵活地对表使用不同的分片算法，或者对表使用相同的算法但具体的参数不同。这个文件里面主要有 tableRule 和 function 两个标签。在具体的使用过程中可以按照需求添加 tableRule 和 function。此配置文件可以不用修改，使用默认设置即可。

启动 Mycat 服务，命令为"/usr/local/mycat/bin/mycat console"，如图 13-6 所示，启动成功。控制台启动这种启动方式在控制台关闭后 Mycat 服务也将关闭，适合调试使用。

```
[root@node2 conf]# /usr/local/mycat/bin/mycat console
Running Mycat-server...
wrapper  | --> Wrapper Started as Console
wrapper  | Launching a JVM...
jvm 1    | Wrapper (Version 3.2.3) http://wrapper.tanukisoftware.org
jvm 1    |   Copyright 1999-2006 Tanuki Software, Inc.  All Rights Reserved.
jvm 1    |
jvm 1    | log4j 2019-09-22 18:16:25 [./conf/log4j.xml] load completed.
jvm 1    | MyCAT Server startup successfully. see logs in logs/mycat.log
```

图 13-6

Mycat 后台启动的命令方式为"/usr/local/mycat/bin/mycat start"，停止 Mycat 服务的命令为"/usr/local/mycat/bin/mycat stop"，查看 Mycat 进程的命令为"ps -ef | grep mycat"，查看日志 mycat 服务启动情况的操作命令为"cat /usr/local/mycat/logs/wrapper.log"。若是 Linux 版本的 MySQL，则需要设置为 MySQL 大小写不敏感，否则可能会发生表找不到的问题。在 MySQL 的配置文件 my. cnf [mysqld]增加一行"lower_case_table_names=1"。

Mycat 的默认管理端口为 9066，用来接收 Mycat 监控命令、查询 Mycat 运行状况、重新加载配置文件等。登录方式类似于 MySQL 的服务端登录，如图 13-7 所示，命令格式为"mysql -u Mycat 登录用户-p 密码-h 安装 Mycat 机器 IP 地址-P9066-D 逻辑库"。

```
[root@node2 ~]# mysql -utest -ptest123 -h10.10.75.102 -P9066 -DTESTDB
mysql: [Warning] Using a password on the command line interface can be insecure.
Welcome to the MySQL monitor.  Commands end with ; or \g.
Your MySQL connection id is 7
Server version: 5.5.8-mycat-1.5.1-RELEASE-20160509173344 MyCat Server (monitor)

Copyright (c) 2000, 2018, Oracle and/or its affiliates. All rights reserved.

Oracle is a registered trademark of Oracle Corporation and/or its
affiliates. Other names may be trademarks of their respective
owners.

Type 'help;' or '\h' for help. Type '\c' to clear the current input statement.

mysql>
```

图 13-7

Mycat 管理命令如图 13-8 所示。其中，show@@database 命令显示 Mycat 数据库列表，运行结果对应于 schema.xml 配置文件的 schema 节点；show@@datanode 命令显示 Mycat 数据节点列表，运行结果对应 schema.xml 配置文件的 dataNode 节点；show @@datasource 查看数据源状态。

```
mysql> show @@database;
+----------+
| DATABASE |
+----------+
| TESTDB   |
+----------+
1 row in set (0.00 sec)

mysql> show @@datanode;
+------+-------------+-------+------+--------+------+------+---------+------------+----------+----------+
--------------+
| NAME | DATHOST     | INDEX | TYPE | ACTIVE | IDLE | SIZE | EXECUTE | TOTAL_TIME | MAX_TIME | MAX_SQL |
RECOVERY_TIME |
+------+-------------+-------+------+--------+------+------+---------+------------+----------+----------+
--------------+
| dn1  | dthost1/mldn |     0 | mysql |     0 |    8 | 1000 |    1299 |          0 |        0 |        0 |
           -1 |
+------+-------------+-------+------+--------+------+------+---------+------------+----------+----------+
--------------+
1 row in set (0.01 sec)

mysql> show @@datasource;
+----------+-------+-------+--------------+------+-----+--------+------+------+---------+
| DATANODE | NAME  | TYPE  | HOST         | PORT | W/R | ACTIVE | IDLE | SIZE | EXECUTE |
+----------+-------+-------+--------------+------+-----+--------+------+------+---------+
| dn1      | node0 | mysql | 10.10.75.100 | 3306 | W   |      0 |    8 | 1000 |    1301 |
+----------+-------+-------+--------------+------+-----+--------+------+------+---------+
1 row in set (0.00 sec)

mysql>
```

图 13-8

Mycat 通过默认的数据端口 8066 接收数据库客户端的访问请求。类似登录数据端口的命令有 mysql -utest -ptest -h10.10.75.103 -P8066 –DTESTDB。其中，-h 后面是 mycat 安装的主机地址；-u 和-p 后面是 mycat server.xml 中配置逻辑库的用户和密码；-P 后面是端口号（注意 P 是大写）；-D 后面是 mycat server.xml 中配置的逻辑库名字。登录后操作，建表并插入一条数据，如图 13-9 所示。

```
[root@node2 ~]# mysql -utest -ptest123 -h10.10.75.102 -P8066 -DTESTDB
mysql: [Warning] Using a password on the command line interface can be insecure.
Welcome to the MySQL monitor.  Commands end with ; or \g.
Your MySQL connection id is 4
Server version: 5.5.8-mycat-1.5.1-RELEASE-20160509173344 MyCat Server (OpenCloun
dDB)

Copyright (c) 2000, 2018, Oracle and/or its affiliates. All rights reserved.

Oracle is a registered trademark of Oracle Corporation and/or its
affiliates. Other names may be trademarks of their respective
owners.

Type 'help;' or '\h' for help. Type '\c' to clear the current input statement.

mysql> create table demo1(tid int primary key, tname varchar(30));
Query OK, 0 rows affected (0.04 sec)

mysql> insert into demo1 values(1,'zhangsan');
Query OK, 1 row affected (0.00 sec)

mysql> select * from demo1;
+-----+----------+
| tid | tname    |
+-----+----------+
|   1 | zhangsan |
+-----+----------+
1 row in set (0.03 sec)
```

图 13-9

可以登录到后端的 MySQL 服务器去验证 Mycat 是否是按照 dataHost 配置执行的，如图 13-10 所示。

```
[root@node0 ~]# /usr/local/mysql/bin/mysql -uroot  -p123@abc
mysql: [Warning] Using a password on the command line interface can be insecure.
Welcome to the MySQL monitor.  Commands end with ; or \g.
Your MySQL connection id is 917
Server version: 5.7.22-log MySQL Community Server (GPL)

Copyright (c) 2000, 2018, Oracle and/or its affiliates. All rights reserved.

Oracle is a registered trademark of Oracle Corporation and/or its
affiliates. Other names may be trademarks of their respective
owners.

Type 'help;' or '\h' for help. Type '\c' to clear the current input statement.

mysql> use mldn;
Reading table information for completion of table and column names
You can turn off this feature to get a quicker startup with -A

Database changed
mysql> select * from demo1;
+-----+----------+
| tid | tname    |
+-----+----------+
|   1 | zhangsan |
+-----+----------+
1 row in set (0.00 sec)
```

图 13-10

13.4　Mycat 配置文件详解

Mycat 通常默认以本地加载 XML 的方式启动。在 Mycat 文件的目录中，conf 目录存放关于 Mycat 的配置文件，主要 3 个需要熟悉：server.xml 是 Mycat 服务器参数调整和用户授权的配置文件；schema.xml 是逻辑库定义以及表和分片定义（如分片节点、分片主机等）的配置文件；rule.xml 是分片规则的配置文件（分片规则的一些具体参数信息单独存放为文件）。配置文件修改需要重启 Mycat 或者通过 MySQL 命令行登录 9066 管理端口执行 reload 命令来更新。

13.4.1　schema.xml

schema.xml 是逻辑库定义以及表和分片定义的重要配置文件。

1. schema 标签

```
<schema name="TESTDB" checkSQLschema="false" sqlMaxLimit="10">
</schema>
```

schema 标签用来定义 Mycat 实例中的逻辑库。Mycat 可以有多个逻辑库，每个逻辑库都有自己的相关配置，可以使用 schema 标签来划分这些不同的逻辑库。如果不配置 schema 标签，所有表的配置会属于同一个默认的逻辑库。逻辑库的概念和 MySQL 中 database 的概念一样，在查询两个不同逻辑库中的表时，需要切换到该逻辑库下进行。

（1）name="TESTDB"是逻辑数据库名，与 server.xml 配置文件中的 schema 对应。

（2）当 checkSQLschema 属性值为 true 时，Mycat 会把 schema 字符去掉。例如，执行语句 select * from TESTDB.company，Mycat 会把 SQL 语句修改为 select * from company，去掉 TESTDB。

（3）当 sqlMaxLimit 属性值设置为某个数值时，若每条执行的 SQL 语句没有加上 limit 语句，则 Mycat 会自动在 limit 语句后面加上对应的数值。

2. table 标签

```
<table name="travelrecord" dataNode="dn1,dn2,dn3" rule="auto-sharding-long"
/>
<table name="company" primaryKey="ID" type="global" dataNode="dn1,dn2,dn3" />
```

（1）name 属性定义的是逻辑表名。

（2）dataNode 表示存储到哪些节点，多个节点用逗号分隔。节点与下文 dataNode 标签设置的 name 属性值是对应的。

（3）primaryKey 属性是逻辑表对应真实表的主键字。例如，分片的规则是使用非主键进行分片的，那么在使用主键查询的时候就会发送查询语句到所有配置的 DN 上；如果使用该属性配置真实表的主键，那么 Mycat 会缓存主键与具体 DN 的信息，再次使用非主键进行查询的时候就不会进行广播式的查询，而是直接发送语句给具体的 DN，但是尽管配置该属性，如果缓存并没有命中，还是会发送语句给具体的 DN 来获取数据。

（4）rule 属性定义逻辑表要使用的分片规则名，规则的名字在 rule.xml 中定义。

（5）type 属性定义逻辑表的类型，目前逻辑表只有全局表和普通表。type 的值是 global 时代表全局表，不指定 global 的所有表都为普通表。

3. childTable 标签

```
<table name="customer" primaryKey="ID" dataNode="dn1,dn2"
rule="sharding-by-intfile">
<childTable name="c_a" primaryKey="ID" joinKey="customer_id" parentKey="id" />
</table>
```

childTable 标签用于定义 E-R 分片的子表。通过标签上的属性与父表进行关联。

（1）name 属性：定义子表的名称。

（2）joinKey 属性：子表中字段的名称，插入子表时会使用这个值查找父表存储的数据节点。

（3）parentKey 属性：父表中字段的名称。childTable 的 joinKey 会按照父表的 parentKey 的策略一起切分，当父表与子表进行连接且连接条件是 childtable.joinKey=parenttable.parentKey 时，不会进行跨库的连接。

4. dataNode 标签

```
<dataNode name="dn1" dataHost="localhost1" database="db1" />
```

dataNode 标签定义了 Mycat 中的数据节点，也就是我们所说的数据分片。一个 dataNode 标签就是一个独立的数据分片。上述例子表述的意思是使用名字为 localhost1 数据库实例上的 db1 物理数据库，组成一个数据分片，最后用 dn1 来标识这个分片。

（1）name 属性定义数据节点的名字，唯一，在 table 标签上用来建立表与分片对应的关系。

（2）dataHost 属性用于定义该分片属于哪个数据库实例，属性与 dataHost 标签上定义的 name 对应。

（3）database 用于定义该分片属于数据库实例上的哪个具体库。

5. dataHost 标签

```
<dataHost name="localhost1" maxCon="1000" minCon="10" balance="0"
writeType="0" dbType="mysql" dbDriver="native" switchType="1"
slaveThreshold="100">
<heartbeat>select user()</heartbeat>
<writeHost host="hostM1" url="192.168.1.100:3306" user="root"
password="123456">
<readHost host="hostS1" url="192.168.1.101:3306" user="root"
```

```
password="123456" />
    </writeHost>
    </dataHost>
```

这个标签直接定义了具体数据库实例、读写分离配置和心跳语句。

（1）name 属性用来唯一标示 dataHost 标签，供上层使用。

（2）maxCon 属性指定每个读写实例连接池的最大连接。

（3）minCon 属性指定每个读写实例连接池的最小连接，初始化连接池的大小。

（4）balance 属性为负载均衡类型。

- balance="0"：不开启读写分离机制，所有读操作都发送到当前可用的 writeHost 上。
- balance="1"：全部的 readHost 与 stand by writeHost 参与 select 语句的负载均衡。简单地说，在双主双从模式（M1-S1，M2-S2 并且 M1 M2 互为主备）正常的情况下，M2、S1、S2 都参与 select 语句的负载均衡。
- balance="2"：所有读操作都随机地在 writeHost、readHost 上分发。
- balance="3"（1.4 之后版本有）：所有读请求随机地分发到 writeHost 对应的 readHost 执行，writeHost 不负担读写压力。

（5）writeType 表示负载均衡类型。

- writeType="0"：所有写操作发送到配置的第一个 writeHost，第一个挂了切到生存着的第二个 writeHost，重新启动后以切换后的为准，切换记录在配置文件 dnindex.properties 中。
- writeType="1"：所有写操作都随机地发送到配置的 writeHost 中。1.5 以后版本废弃，不推荐。

（6）switchType 属性：是否自动切换。

- -1：不自动切换。
- 1：默认值，自动切换。
- 2：基于 MySQL 主从同步的状态决定是否切换，心跳语句为 show slave status。
- 3：基于 MySQL galary cluster 的切换机制（适合集群），心跳语句为 show status like 'wsrep%'。

（7）dbType 指定后端连接的数据库类型目前支持二进制的 MySQL 协议，还有其他使用 JDBC 连接的数据库，例如 MongoDB、Oracle、Spark 等。

（8）dbDriver 指定连接后端数据库使用的 driver，目前可选的值有 native 和 JDBC。使用 native 的话，因为这个值执行的是二进制的 MySQL 协议，所以可以使用 MySQL 和 maridb；其他类型的则需要使用 JDBC 驱动来支持。使用 JDBC 的话，需要将符合 JDBC4 标准的驱动 jar 放到 mycat\lib 目录下。

（9）如果配置了 tempReadHostAvailable 属性，writeHost 下面的 readHost 仍旧可用，默

认为 0，可配置值为 0、1。

6. heartbeat 标签

这个标签内指明用于和后端数据库进行心跳检查的语句，例如 MySQL 可以使用 select user()。

7. writeHost /readHost 标签

这两个标签都指定后端数据库的相关配置，用于实例化后端连接池。唯一不同的是，writeHost 指定写实例、readHost 指定读实例。在一个 dataHost 内可以定义多个 writeHost 和 readHost。如果 writeHost 指定的后端数据库宕机，那么这个 writeHost 绑定的所有 readHost 都将不可用。另外，一个 writeHost 宕机后，系统会自动检测到，并会切换到备用的 writeHost 上去。

这两个标签的属性相同，下面一起介绍：

- 属性 host：用于标识不同实例，一般 writeHost 使用*M1、readHost 使用*S1。
- 属性 url：后端实例连接地址，格式为 "Native: 地址: 端口 JDBC: jdbc 的 url"。
- 属性名 password：后端存储实例需要的密码。
- 属性名 user：后端存储实例需要的用户名字。
- 属性名 weight：权重，配置在 readhost 中作为读节点的权重。
- 属性名 usingDecrypt：是否对密码加密，默认为 0。

13.4.2　server.xml

server.xml 包含了 Mycat 的系统配置信息，是 Mycat 服务器参数调整和用户授权的配置文件。它有两个重要的标签，分别是 user、system。

1. user 标签

```
<user name="test">
<property name="password">test123</property>
<property name="schemas">TESTDB</property>
<property name="readonly">TESTDB</property>
<property name="benchmark">1000</property>
<property name="usingDecrypt">0</property>
</user>
```

user 标签主要用于定义登录 Mycat 的用户和权限，如这里定义的登录的用户名为 test，也就是连接 Mycat 的用户名，连接 Mycat 的密码是 test123，可以访问的 schema 只有 TESTDB。要在 schema.xml 中定义逻辑库 TESTDB，则 TESTDB 必须先在 server.xml 中定义，否则该用户将无法访问 TESTDB。这里用 readonly 的值（true 或 false）来限制用户的读写权限；通过设置 benchmark 属性的值来限制前端的整体连接数量；通过设置 usingDecrypt 属性的值来开启密码加密功能（默认值为 0，表示不开启加密；值为 1 表示开启加密，同时使用加密程序对密码加密）。

2. privileges 标签

对用户的 schema 以及表进行精细化的 DML 权限控制：

```
<privileges check="false">
</privileges>
```

（1）check 属性表示是否开启 DML 权限检查，默认是关闭。

（2）DML 顺序说明：insert、update、select、delete。

```
<schema name="db1" dml="0110" >
<table name="tb01" dml="0000"></table>
<table name="tb02" dml="1111"></table>
</schema>
```

其中，db1 的权限是 update、select，tb01 的权限是什么都不能干，tb02 的权限是 insert、update、select、delete，其他表默认是 update、select。

3. system 标签

这个标签内嵌套的所有 property 标签都与系统配置有关。

（1）charset 属性

`<property name="charset">utf8</property>`配置字符集，一定要保证 Mycat 字符集与数据库字符集的一致性。

（2）processors 属性

`<property name="processors">1</property>`设置处理线程数量，默认是 CPU 核心×每个核心运行线程的数量。

（3）processorBufferChunk 属性

`<property name="processorBufferChunk">4096</property>`表示每次读取流的数量，默认为4096。

（4）processorBufferPool 属性

`<property name="processorBufferPool">409600</property>`表示创建共享 buffer 需要占用的总空间大小。

（5）maxPacketSize 属性

`<property name="maxPacketSize">16M</property>`指定 MySQL 协议可以携带的数据的最大长度，默认为 16MB。

（6）idleTimeout 属性

`<property name="idleTimeout">1800000</property>`指定连接的空闲超时时间，默认为 30 分钟，单位是毫秒。如果某连接在发起空闲检查下发现距离上次使用超过了空闲时间，那么这个连接会被回收，就是被直接关闭掉。

（7）txIsolation 属性

<property name="txIsolation">3</property>设置前端连接的初始化事务隔离级别，只在初始化的时候使用，后续会根据客户端传递过来的属性对后端数据库连接进行同步，默认为 REPEATED_READ，设置值为数字时默认为 3。

```
READ_UNCOMMITTED = 1;
READ_COMMITTED = 2;
REPEATED_READ = 3;
SERIALIZABLE = 4;
```

（8）sqlExecuteTimeout 属性

<property name="sqlExecuteTimeout">300</property>定义 SQL 执行超时的时间，默认时间为 300 秒，单位为秒。Mycat 会检查连接上最后一次执行 SQL 的时间，若超过这个时间则会直接关闭连接。

（9）serverPort 属性

<property name="serverPort">8066</property>定义 Mycat 的使用端口，默认值为 8066。

（10）managerPort 属性

<property name="managerPort">9066</property>定义 Mycat 的管理端口，默认值为 9066。

以上列举的属性仅仅是一部分，可以配置的变量很多。system 标签下的属性一般是在上线后根据实际运行的情况分析调优时进行修改。

4. firewall 标签

这个标签用于防火墙的设置，就是在网络层对请求的地址进行限制，主要是从安全角度来保证 Mycat 不被匿名 IP 进行访问。

```
<firewall>
<whitehost>
<host host="127.0.0.1" user="mycat"/>
<host host="127.0.0.2" user="mycat"/>
</whitehost>
<blacklist check="false">
</blacklist>
</firewall>
```

设置很简单，很容易理解：开启防火墙，只有白名单（设置了白名单）的连接才可以进行连接。

13.4.3　rule.xml

rule.xml 是分片规则的配置文件，定义了对表进行拆分所涉及的规则定义。我们可以灵活地对表使用不同的分片算法，或者对表使用相同的算法但具体的参数不同。包含的标签有

function 和 tableRule。

1. function 标签

```
<function name="rang-mod"
class="org.opencloudb.route.function.PartitionByRangeMod">
  <property name="mapFile">partition-hash-int.txt</property>
</function>
```

- name 属性指定算法的名字。
- class 属性对应具体的分片算法，需要指定算法具体的类名字。
- property 属性根据算法的要求指定，为具体算法需要用到的一些属性。

2. tableRule 标签

这个标签定义表规则。

```
<tableRule name="auto-sharding-rang-mod">
  <rule>
    <columns>id</columns><algorithm>rang-mod</algorithm>
  </rule>
</tableRule>
```

- name 属性指定分片唯一算法的名称，用于标识不同的表规则。
- 内嵌的 rule 标签指定对物理表中的哪一列进行拆分和使用什么路由算法。

columns 内指定要拆分的列名字。algorithm 指定实现算法的名称，对应的是 function 标签中的 name 属性。连接表规则和具体路由算法。多个表规则可以连接到同一个路由算法上。

3. 分片策略

简单来说，我们可以将数据的水平切分理解为是按照数据行切分，就是将表中的某些行切分到一个数据库、另外的某些行切分到其他数据库中。其中，选择合适的切分策略至关重要，因为它决定了后续数据聚合的难易程度。典型的分片策略包括：按照用户主键 ID 求模，将数据分散到不同的数据库，具有相同数据用户的数据都被分散到一个库中；按照日期将不同月甚至日的数据分散到不同的库中；按照某个特定的字段求摸，或者根据特定范围段分散到不同的库中。

Mycat 的分片策略很丰富，是超出预期的，也是 Mycat 的一大亮点。大体分片规则（还有一些其他分片方式，这里不全部列举）如下：

（1）取模分片：mod-long，根据 id 进行十进制求模计算。

（2）分片枚举：sharding-by-intfile，通过在配置文件中配置可能的枚举 id 来指定数据分布到不同物理节点上。

（3）范围分片：auto-sharding-long，适用于明确知道分片字段的某个范围属于哪个分片。

（4）范围求模算法：先进行范围分片，计算出分片组，组内再求模，综合了范围分片和求模分片的优点。

（5）字符串 hash 解析算法：sharding-by-stringhash，截取字符串中的 int 数值 hash 分片。

（6）按日期（天）分片：sharding-by-date，除了 columns 标识将要分片的表的字段，sBeginDate 为开始日期，sEndDate 为结束日期。如果配置了 sEndDate，则代表数据达到了这个日期的分片后会重复从开始分片插入。

（7）按单月小时拆分：sharding-by-hour，表示单月内按照小时拆分，最小粒度是小时，一天最多可以有 24 个分片，最少 1 个分片，下个月从头开始循环，每个月末需要手动清理数据。

（8）自然月分片：sharding-by-month，使用场景为按月份列分区，每个自然月一个分片。

（9）日期范围 hash 算法：思想方法与范围求模一致，由于日期取模的方法会出现数据热点问题，因此先根据日期分组再根据时间 hash，使得短期内数据分布得更均匀。

4. 分片策略使用示例

（1）分片策略使用示例一

```
<tableRule name="rule1">
    <rule>
        <columns>id</columns>
        <algorithm>mod-long</algorithm>
    </rule>
</tableRule>
<function name="mod-long" class="io.mycat.route.function.PartitionByMod">
    <!-- how many data nodes -->
    <property name="count">2</property>
```

定义分片策略 rule1，该策略对分表的 id 进行 mod2 除法，对模 2 算法的结果进行分库。

（2）分片策略使用示例二

要求部门号为 10 的数据被分发到第一个节点中、部门号为 20 的数据被分发到第二个节点中、部门号为 30 的数据被分发到第三个节点中，需定义 3 个值，分片规则均是在 rule.xml 中定义。

首先定义规则 tableRule 标签：

```
<tableRule name="sharding-by-intfile-TESTDB-employee">
        <rule>
             <columns>deptno</columns>
             <algorithm>hash-int-TESTDB-employee</algorithm>
        </rule>
</tableRule>
```

接着定义规则 function 标签：

```
<function name="hash-int-TESTDB-employee"
class="org.opencloudb.route.function.PartitionByFileMap">
```

```
<property name="mapFile">partition-hash-int-TESTDB-employee.txt</property>
<property name="type">0</property>
<property name="defaultNode">0</property>
</function>
```

这里 type 默认值为 0（0 表示 Integer，非零表示 String）。defaultNode 表示默认节点，小于 0 时不设置默认节点，大于等于 0 时设置默认节点。默认节点的作用是在枚举分片时碰到不识别的枚举值就路由到默认节点。如果不配置默认节点，碰到不识别的枚举值就会报错。

最后创建规则文件 partition-hash-int-TESTDB-employee.txt。在 conf 目录路径下创建该文件，定义枚举的规则，内容如下：

```
10=0
20=1
30=2
```

13.5　Mycat 分库分表实战

首先在 Mycat 的 conf 目录下编辑 service.xml、rule.xml、schema.xml 三个文件：server.xml 配置 Mycat 用户名和密码使用的逻辑数据库等；rule.xml 配置路由策略，主要分片的片键、拆分的策略（取模还是按区间划分等）；schema.xml 文件主要配置数据库的信息，例如逻辑数据库名称、物理上真实的数据源以及表和数据源之间的对应关系和路由策略等。

演示案例场景是分别创建了 3 个数据库 db01、db02、db03，有 4 张表 users、item、customer、orders，并分别在这 3 个数据库下都创建了相同的 4 张表。建表语句如下：

```
CREATE TABLE users (
    id INT NOT NULL AUTO_INCREMENT,
    name varchar(50) NOT NULL default '',
    indate DATETIME NOT NULL default '0000-00-00 00:00:00',
    PRIMARY KEY (id)
)AUTO_INCREMENT= 1 ENGINE=InnoDB DEFAULT CHARSET=utf8;

CREATE TABLE item (
    id INT NOT NULL AUTO_INCREMENT,
    value INT NOT NULL default 0,
    indate DATETIME NOT NULL default '0000-00-00 00:00:00',
    PRIMARY KEY (id)
)AUTO_INCREMENT= 1 ENGINE=InnoDB DEFAULT CHARSET=utf8;

CREATE TABLE customer(id int primary key,name varchar(30));
CREATE TABLE orders(id int primary key,name varchar(30),customer_id int,
constraint fk_companyid foreign key(customer_id)references customer(id));
```

　　分库分表测试所要的效果是：users 表存储在数据库 db01，而 item 表的数据分布存储在数据库 db01 和 db02。customer 和 orders 表也是分布存储在数据库 db01、db02、db03 中。与 item 表的分布不同的是，对于 customer 表 id 属于 0~1000 范围内的在 db01.customer 表中，id 属于 1000~2000 的在 db02.customer 表中，id 属于 2000~3000 的在 db03.customer 表中。验证 Mycat 支持 ER 分片，即子表的记录与所关联的父表记录存放在同一个数据分片上，orders 表依赖父表 customer 进行分片。

　　server.xml 配置如图 13-11 所示，数据库的名称为 TESTDB，用户名为 test，密码为 test123，服务端口为 8066。

图 13-11

　　根据要求，Mycat 的 schema.xml 配置内容如图 13-12 所示。

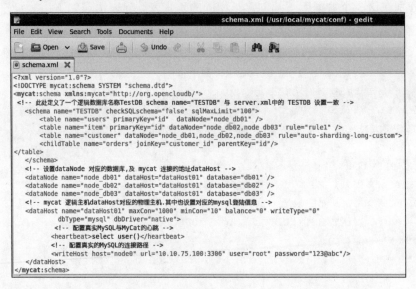

图 13-12

　　分片规则 rule.xml 的配置如图 13-13 所示。Item 表的分片规则为 rule1，分片算法为取模分片 mod-long；表 customer 的分片规则是 auto-sharding-long-custom，分片算法为 rang-long。

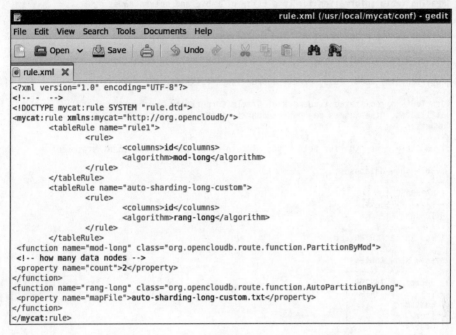

图 13-13

创建规则文件 auto-sharding-long-custom.txt，如图 13-14 所示，id 属于 0~1000 范围内的在分区 1 里、1000~2000 的在分区 2 里、2000~3000 的在分区 3 里。

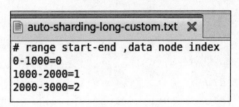

图 13-14

确保 Mycat 正常启动，如图 13-15 所示。

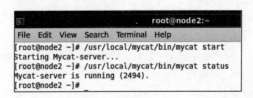

图 13-15

执行命令登录数据端口，命令是"mysql -utest -ptest123 -h10.10.75.102 -P8066 -DTESTDB"，如图 13-16 所示，可以看到逻辑库、逻辑表。

```
[root@node2 ~]# mysql -utest -ptest123 -h10.10.75.102 -P8066 -DTESTDB
mysql: [Warning] Using a password on the command line interface can be insecure.
Reading table information for completion of table and column names
You can turn off this feature to get a quicker startup with -A

Welcome to the MySQL monitor.  Commands end with ; or \g.
Your MySQL connection id is 5
Server version: 5.5.8-mycat-1.5.1-RELEASE-20160509173344 MyCat Server (OpenCloundDB)

Copyright (c) 2000, 2018, Oracle and/or its affiliates. All rights reserved.

Oracle is a registered trademark of Oracle Corporation and/or its
affiliates. Other names may be trademarks of their respective
owners.

Type 'help;' or '\h' for help. Type '\c' to clear the current input statement.

mysql> show databases;
+----------+
| DATABASE |
+----------+
| TESTDB   |
+----------+
1 row in set (0.00 sec)

mysql> show tables;
+-----------------+
| Tables in TESTDB |
+-----------------+
| customer        |
| item            |
| orders          |
| users           |
+-----------------+
4 rows in set (0.00 sec)
```

图 13-16

往表中插入数据，SQL 语句如下：

```
insert into users(name,indate) values('LL',now());
insert into users(name,indate) values('HH',now());
insert into item(id,value,indate) values(1,100,now());
insert into item(id,value,indate) values(2,100,now());
insert into customer(id,name) values(999,'dan');
insert into customer(id,name) values(1000,'jiao');
insert into customer(id,name) values(1003,'song');
insert into customer(id,name) values(2002,'yang');
insert into orders(id,name,customer_id) values(1,'mirror',999);
insert into orders(id,name,customer_id) values(2,'banana',2002);
insert into orders(id,name,customer_id) values(3,'apple',1003);
insert into orders(id,name,customer_id)values(4,'pear',2002);
```

查询各表，如图 13-17 所示，显示数据已正常插入。

```
mysql> select * from users;
+----+------+---------------------+
| id | name | indate              |
+----+------+---------------------+
|  3 | LL   | 2019-10-01 22:48:13 |
|  4 | HH   | 2019-10-01 22:48:13 |
+----+------+---------------------+
2 rows in set (0.00 sec)

mysql> select * from item;
+----+-------+---------------------+
| id | value | indate              |
+----+-------+---------------------+
|  2 |   100 | 2019-10-01 22:48:16 |
|  1 |   100 | 2019-10-01 22:48:13 |
+----+-------+---------------------+
2 rows in set (0.01 sec)

mysql> select * from customer;
+------+------+
| id   | name |
+------+------+
|  999 | dan  |
| 1000 | jiao |
| 1003 | song |
| 2002 | yang |
+------+------+
4 rows in set (0.00 sec)

mysql>
```

图 13-17

可以在 Mycat 上正常地联合查询，如图 13-18 所示。

```
mysql> insert into orders(id,name,customer_id) values(1,'mirror',999);
Query OK, 1 row affected (0.00 sec)

mysql> insert into orders(id,name,customer_id) values(2,'banana',2002);
Query OK, 1 row affected (0.01 sec)

mysql> insert into orders(id,name,customer_id) values(3,'apple',1003);
Query OK, 1 row affected (0.01 sec)

mysql> insert into orders(id,name,customer_id)values(4,'pear',2002);
Query OK, 1 row affected (0.00 sec)

mysql>  select b.*,a.name as custome_name from customer a inner join orders b on a.id=b.customer_id;
+----+--------+-------------+--------------+
| id | name   | customer_id | custome_name |
+----+--------+-------------+--------------+
|  1 | mirror |         999 | dan          |
|  3 | apple  |        1003 | song         |
|  2 | banana |        2002 | yang         |
|  4 | pear   |        2002 | yang         |
+----+--------+-------------+--------------+
4 rows in set (0.05 sec)

mysql>
```

图 13-18

切换到后端的 MySQL 服务器，验证结果，如图 13-19 所示，users 表只存储在数据库 db01
里。

```
[ root@node0 ~]# mysql -uroot -p123@abc
mysql: [Warning] Using a password on the command line interface can be insecure.
Welcome to the MySQL monitor.  Commands end with ; or \g.
Your MySQL connection id is 2782
Server version: 5.7.22-log MySQL Community Server (GPL)

Copyright (c) 2000, 2018, Oracle and/or its affiliates. All rights reserved.

Oracle is a registered trademark of Oracle Corporation and/or its
affiliates. Other names may be trademarks of their respective
owners.

Type 'help;' or '\h' for help. Type '\c' to clear the current input statement.

mysql> select * from db01.users;
+----+------+---------------------+
| id | name | indate              |
+----+------+---------------------+
|  3 | LL   | 2019-10-01 22:48:13 |
|  4 | HH   | 2019-10-01 22:48:13 |
+----+------+---------------------+
2 rows in set (0.00 sec)

mysql> select * from db02.users;
Empty set (0.00 sec)

mysql> select * from db03.users;
Empty set (0.00 sec)
```

图 13-19

item 表的数据只分布存储在数据库 db02 和 db03 中，数据库 db01 中没有 item 表的数据，如图 13-20 所示。

```
mysql> select * from db01.item;
Empty set (0.01 sec)

mysql> select * from db02.item;
+----+-------+---------------------+
| id | value | indate              |
+----+-------+---------------------+
|  2 |   100 | 2019-10-01 22:48:16 |
+----+-------+---------------------+
1 row in set (0.00 sec)

mysql> select * from db03.item;
+----+-------+---------------------+
| id | value | indate              |
+----+-------+---------------------+
|  1 |   100 | 2019-10-01 22:48:13 |
+----+-------+---------------------+
1 row in set (0.00 sec)

mysql> _
```

图 13-20

customer 表中 id 属于 0~1000 范围内的在 db01.customer 表中，id 属于 1000~2000 的在 db02.customer 表中，id 属于 2000~3000 的在 db03.customer 表中，如图 13-21 所示。

```
mysql> select * from db01.customer;
+------+------+
| id   | name |
+------+------+
|  999 | dan  |
| 1000 | jiao |
+------+------+
2 rows in set (0.00 sec)

mysql> select * from db02.customer;
+------+------+
| id   | name |
+------+------+
| 1003 | song |
+------+------+
1 row in set (0.00 sec)

mysql> select * from db03.customer;
+------+------+
| id   | name |
+------+------+
| 2002 | yang |
+------+------+
1 row in set (0.00 sec)

mysql>
```

图 13-21

Mycat 支持 ER 分片，orders 表依赖父表 customer 进行分片，即子表的记录与所关联的父表记录存放在同一个数据分片上。如图 13-22 所示，orders 表的 customer_id 列对应的 customer表的 id 列属于哪个分片，orders 表的那条记录就在哪个分片内。

```
mysql> select * from db01.orders;
+----+--------+-------------+
| id | name   | customer_id |
+----+--------+-------------+
|  1 | mirror |         999 |
+----+--------+-------------+
1 row in set (0.00 sec)

mysql> select * from db02.orders;
+----+--------+-------------+
| id | name   | customer_id |
+----+--------+-------------+
|  3 | apple  |        1003 |
+----+--------+-------------+
1 row in set (0.00 sec)

mysql> select * from db03.orders;
+----+--------+-------------+
| id | name   | customer_id |
+----+--------+-------------+
|  2 | banana |        2002 |
|  4 | pear   |        2002 |
+----+--------+-------------+
2 rows in set (0.00 sec)

mysql>
```

图 13-22

以上演示验证了 Mycat 中间件强大的分库分表功能。

13.6 Mycat 读写分离实战

在很多系统中，读操作的比例远远大于写操作，所以数据库读写分离对于大型系统或者访问量很高的互联网应用来说是必不可少的一个重要功能。对于 MySQL 来说，标准的读写分离是主从模式，一个主节点后面跟着多个从节点，从节点上的从数据库提供读操作，主从节点通过数据库主从复制技术来保持同步。从节点的数量取决于系统的压力，通常是 1~3 个读节点的配置。利用 Mycat 很容易搭建读写分离，如图 13-23 所示，当 MySQL 按照之前的主从复制方式配置好集群以后开启 Mycat 的读写分离机制，所有的读请求都将分发到 writeHost 对应的 readHost 上执行，writeHost 不负担读压力。主流的读写分离是主从复制和 galera cluster，这里需要先配置 MySQL 的主从复制再配置 Mycat 读写分离。

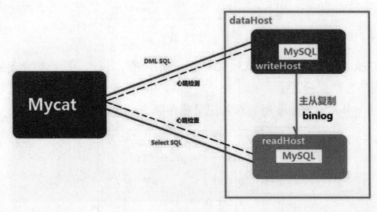

图 13-23

1. Mycat 读写分离配置

后台数据库的读写分离和负载均衡由 schema 文件 dataHost 标签的 balance 属性控制。配置 Mycat 对 MySQL 主从复制的读写分离 schema.xml 文件，内容如下：

```xml
<?xml version="1.0"?>
<!DOCTYPE mycat:schema SYSTEM "schema.dtd">
<mycat:schema xmlns:mycat="http://org.opencloudb/">
    <schema name="TESTDB" checkSQLschema="false" sqlMaxLimit="100"
dataNode="dn1"></schema>
    <dataNode name="dn1" dataHost="dh1" database="mldn"/>
    <dataHost name="localhost1" balance="1" maxCon="1000" minCon="10"
    writeType="0" switchType="-1" slaveThreshold="100" dbType="mysql"
dbDriver="native">
    <heartbeat>show slave status</heartbeat>
<writeHost host="hostM1" url="10.10.75.100:3306" password="123@abc"
```

```
user="root">
    <readHost host="hostS1" url="10.10.75.101:3306" user="root"
password="123@abc" />
    <readHost host="hostS2" url="10.10.75.102:3306" password="123@abc"
user="root"/>
    </writeHost>
    </dataHost>
  </mycat:schema>
```

这里两个从节点 hostS1、hostS2 与一个主节点 hostM1 组成了一主两从的读写分离模式。

在该配置文件中，balance="1"，意味着作为 stand by writeHost 的 hostS1 和 hostS2 将参与 select 语句的负载均衡，实现了主从的读写分离；switchType='-1'，意味着当主节点挂掉的时候不进行自动切换，即 hostS1 和 hostS2 并不会被提升为主节点，仍然只提供读的功能。这就避免了将数据写进从节点的可能性，毕竟单纯的 MySQL 主从集群并不允许将数据读进从节点中，除非配置的是双主。

2. 验证读写分离

编辑/usr/local/mycat/conf/log4j.xml，通过将 log 日志级别改为 DEBUG 来确认基于 Mycat 是不是真的做到读写分离（可以在正式上生产环境前再改成 INFO 级别）。通过 tail 命令从 mycat.log 日志中查看执行的节点就可以知道是不是自己设置的读节点，如图 13-24 所示。

```
01/15 11:26:43.845  DEBUG [$_NIOREACTOR-1-RW] (MultiNodeQueryHandler.java:82) -execute mutinode query select * from trave
lrecord
01/15 11:26:43.846  DEBUG [$_NIOREACTOR-1-RW] (MultiNodeQueryHandler.java:97) -has data merge logic
01/15 11:26:43.846  DEBUG [$_NIOREACTOR-1-RW] (PhysicalDBPool.java:452) -select read source hostS1 for dataHost:localhost
1
01/15 11:26:43.846  DEBUG [$_NIOREACTOR-1-RW] (PhysicalDBPool.java:452) -select read source hostS2 for dataHost:localhost
1
```

图 13-24